AUTONOMY AND GOOD LIFE

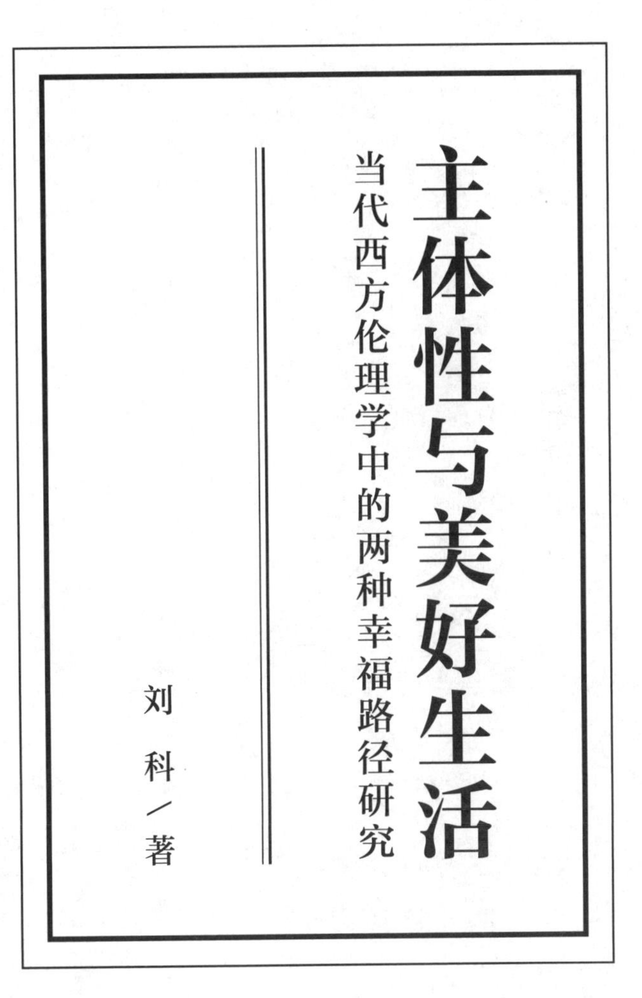

主体性与美好生活

当代西方伦理学中的两种幸福路径研究

刘 科／著

A Study of
Two Approches
of Well Being
in Contemporary
Western Ethics

序　言

受小女嘱托，让我为她这几年的一项研究成果写一篇序言。我与她的专业并不相同，这样作序颇有隔靴搔痒之感。但奈何小女言辞恳切，我便只能勉为其难，试着给她写这篇序言。

这是一部伦理学研究的专著，主书名为“主体性与美好生活”，副书名是“当代西方伦理学中的两种幸福路径研究”。一谈到幸福，中国人的观念里包含着“福气”与“圆满”一说，从传统文化看，幸福是一种内在的心境，而不是外在的物质条件。幸福既然不是由外在的物质条件决定的，那么内心的和谐、宁静和自我实现感想来就很重要。在中国传统文化中，幸福是由身心健康、事业成功、家庭幸福、社会地位、荣誉和智慧等因素共同决定的。但是人们追求这些，主要是为了获得内心的平静、安宁和满足，而不是为了获得外在的物质财富。这种认识与古希腊的说法颇有相似之处。古希腊的伊壁鸠鲁和昔勒尼学派告诉人们要想摆脱痛苦，就要否认外在善的重要性，学会在内心深处实现真正的自由和平静。他们强调最大快乐是最终摆脱所有痛苦。伊壁鸠鲁的快乐论主张快乐既非低俗也非邪恶，而是与身体和精神的康健相联系，痛苦则与疾病相联系。世人在我们这个年纪尤感健康是最好的，在这个基础上的所有世俗快乐都是好的，即使有些快乐掺杂着痛苦或者导致痛苦，但生命本身就是最大的善。亚里士多德在外在的善和内在的善中曾指出，荣耀、名誉属于外在的善，因为它们有赖于他人的评价和给予。外在的尊重和倾慕本身并不具有价值，有价值的是本人赢得他人赞美或尊重的品性。而财产、权力和资源也属于外在的善，它们只有工具价值，只有当这些事物能转换为一个人获得幸福的手段时才有意义。尽管用否定的方式指出上述这些都不是幸福本身，但亚里士多德还是坦言，比如朋友、财富和权力虽然非我们追求的终极之善，但就我们所获取的内在难以剥夺的幸福而言，它们也是一个人过欣欣向荣的生活的有效补充。

这些看似都是古今以来东西方皆以为然的道理，端看你从哪个角度看待问题。东方文化中屡屡谈心性，西学却也能把研究外在福利最终变为一门学问。在中国文化中的儒家经典里有“内圣外王”之说。所谓“内圣外王”是说内备圣人之至德，施之于外，则为王者之政。于是，人们通常通过修身、齐家、治国、平天下的方式来追求幸福。修身指的是修养身心，使自己内心健康、平静；齐家指的是营造和谐的家庭氛围；治国指的是为国家（指诸侯国）做贡献；平天下（指的是更大的范围，即王朝，这里我们暂且把它译为社会）指的是为社会做贡献，使社会和谐美满。修身、齐家属于“内圣”，治国、平天下属于“外王”。能够做到这样，就是人生最大的幸福。从书中可以看到，西方文化开端的古希腊也谈美德与幸福，但到了近代和现代却逐渐从关心快乐发展出了一条通向财富、交换与市场的政治经济学问，纯粹谈德或福也不再是伦理学家的唯一兴趣。现代社会，经济占主导地位，这几乎是在人类历史上首次出现的，如果从经济谈道德、看人生活动、看社会发展动力，依我之见，大约是把“内圣”的主体性力量贯通于经济活动的“外王”之道，反过来也可以看经济与社会发展怎么样能够让众人的生活活跃起来，让一个个家庭安康幸福起来，这在当下是颇有意义的事情。

副标题“当代西方伦理学中的两种幸福路径研究”中的两种路径，其一是幸福与当代西方获取福利的制度活动研究，其二是幸福与西方人处世、齐家和安邦的智慧。面对两个貌似没有交集的路径，融合式的研究能更完整地理解我们现代“人”，也是有意识地、有倾向性地将当代西方社会科学的多种范式放在中国的现实中进行有效审视。今年暑期女儿在广州出差，电话中与我谈到她有一个讲座，主题是如何理解中国式现代化。我觉得这个话题很是宏大，如何谈当看主讲人的学科基础以及研究兴趣。关键是长期伏案工作做思想研究的人怎么能把这些理论性的东西实体化、生活化。大多听众还是喜欢听故事的，尤其是老百姓最喜欢的关系到身边利害得失的东西。我便说到中国现在实施福利的制度环境与西方很不一样，人口基数、工资水平、社保支出与医疗资源的分配，很多策略是有具体的地方需求以及固有路径依赖的，不是理论用于实践这么简单，是很艰难，也很不容易的。我的切实感受是，中国在努力做到老有所养，我们老年人还是有幸福和安全感的。我退休 16 年，我和老伴的养老金每年都在涨，在医保上，病有所医，打针、吃药、住院看病基本都有保障。今年 8 月，我因冠心病住了一个多星期的院，所花费用医保报销了近 80%。无论是女儿还是我们都对医疗这部分的保障关注更多，我们谈到三明医改，以及今年 7、8 月国家在医疗制度与改革上的重拳出击，从宏观上国家每年巨额的医疗支出，到中观的资源调配以及制度保障，再到微观落在老百姓身上的切实感受，近三十年来的情形都不断地变化改善。另外，在日常生活上，我们居住的社区周围有几条很热闹的小街，小街上有社区大食堂、老字号小吃，很有趣的是，这些店铺中午和下午最常见的就是吃饭、聚会的上海老人，饭食不仅可口宜人而且价格便宜，成为我们老年人消磨闲暇生活的好去处。这都使我们感到老有所依，至于说到西方人齐家和安邦的智慧，我们中国人的生活当然也有与其媲美的家庭模式和生活智慧，女儿、女婿对我们孝顺关爱，外孙女也喜欢在家里跟老伴学做菜。一个家庭上慈下孝的模式，说到底，这些还是代表着中国文化的悠久传统，也是书中所谈“主体性”在社会生活中演绎自己人生故事的缩影，它们无不与社会变更、现代化的发展息息相关。

书中已经提到研究创新与贡献在于，当代社会科学有实证和定量的方法，但不过多思量价值前提，而哲学能阐明意义并具有伦理教化的职责，却没有描述精确的社会事件对其进行回应，因而融合研究并非为“融合”而融合，其用心在于兼顾社会科学对规律的说明和对人生意义的理解。我非常认同这点，社会科学不应从狭义上理解，不应当被自然科学化，而应该包括对人的综合考虑，它其实包含着人文传统，一个人对历史、对当下诸多因素的价值评估和意义追求。代代人都在谈美好生活，也期盼美好生活，必须承认，它既是我们如今品尝到的成果，也仍然是未竟的事业。至此，该说的都说了，就此搁笔。最后祝吾儿著书成功，成果丰硕。

刘晓明于上海寓所

2023 年 11 月 9 日

目　　录

序　言 …………………………………………………… 刘晓明　1

绪　论 …………………………………………………………… 1

第一章　幸福与功利主义路径 ……………………………………… 13
　第一节　功利主义幸福观念的内涵与逻辑进路 …………………… 14
　　一、幸福与功利 …………………………………………………… 14
　　二、幸福与价值 …………………………………………………… 16
　第二节　功利主义的三种幸福形态 ………………………………… 20
　　一、快乐论以及主观主义的历史渊源 …………………………… 21
　　二、欲望满足理论及其向外在世界的探索 ……………………… 27
　　三、客观列表理论与幸福的底限原则 …………………………… 31
　第三节　快乐论的当代辩护 ……………………………………… 34
　　一、品味模式与感知模式 ………………………………………… 35
　　三、快乐论对客观性与同质性的探求 …………………………… 37
　　三、“善的制造者”问题 ………………………………………… 41
　第四节　功利主义幸福观念的优势与问题 ………………………… 43
　　一、功利主义在幸福建构与幸福衡量上的优势 ………………… 43
　　二、功利主义幸福观念的实质困境 ……………………………… 47
　本章小结 …………………………………………………………… 53

第二章 幸福与亚里士多德路径 …… 55

第一节 目的论序列与亚里士多德的幸福图景 …… 56

一、目的论在当代是否还有意义 …… 56

二、亚里士多德提供的幸福图景 …… 58

三、亚里士多德思探求幸福的内在动力 …… 62

第二节 共同体主义与当代亚里士多德主义的底色 …… 65

一、麦金泰尔关于实践的内在利益 …… 66

二、自主性之于共同体的生活叙事 …… 70

三、实践智慧与当代幸福路径的规范性讨论 …… 72

第三节 后习俗视域下的亚里士多德路径与共同利益 …… 78

一、亚里士多德路径的当代应用与道德认知能力的发展 …… 78

二、作为美德的实践智慧与正确行动的关系 …… 82

三、美德对幸福生活的创造：从实践智慧到商谈 …… 84

本章小结 …… 88

第三章 幸福两种路径在当代问题中的融合 …… 90

第一节 脆弱性与稳定性的关系 …… 91

一、对不幸的关注：一种治疗哲学的态度 …… 92

二、对关系性的发掘：重新看待脆弱性 …… 95

三、脆弱性对幸福底限的诉求 …… 99

第二节 成就与自由的关系 …… 105

一、自由何以同福利成就产生冲突 …… 105

二、个人优势的四个维度 …… 106

三、自由：功能性活动与可行能力 …… 110

四、理性选择与可行能力方法应用的可行性 …… 114

第三节 福利目标与能动性目标的关系 …… 121

一、平等语境下能力方法的特质 …… 124

二、福利之外的目标导向 …… 126

三、个人视角的遗留问题及批评 …… 129

四、森的两难还是正义理论的两难 …… 132

第四节　从历史性维度考察幸福与正当性的对冲 …… 134
一、森对马克思理论方法的赞同 …… 135
二、认同和社会选择在幸福生活中的基础性地位 …… 139
三、客观的幻象 …… 141
四、正义再分配 …… 145
本章小结 …… 150

第四章　幸福测量的综合性及当代发展范式的转变 …… 154
第一节　价值的不可通约与生活质量的可测量 …… 154
一、摆脱“测量的谬误” …… 155
二、不可通约与测量的可能性 …… 156
三、复杂系统中的判例诊断 …… 159
第二节　福祉测量的趋势：从幸福感到能力发展 …… 162
一、主观性幸福(SWB)的测量方式 …… 163
二、幸福路径(HA)与能力路径(CA)的交叉应用 …… 165
三、能力方法对福利经济学的影响 …… 170
第三节　美好生活的量化努力与人类发展指数 …… 173
一、人类发展指数的能力内核 …… 174
二、以商品为中心的指数(GDP)和以人为中心的指数(HDI) …… 176
三、人类发展指数揭示新问题与新趋势 …… 180
第四节　安全性构成对生活质量的重新评估 …… 184
一、功能运作的不安全与不可持续性 …… 185
二、劣势的动态聚集 …… 190
三、阻断劣势聚集与重新理解安全 …… 193
本章小结 …… 197

第五章　人类发展指数与生态的经济增效 …… 200
第一节　传统幸福测量在生态问题上暴露的缺陷 …… 200
一、发展的收缩与可持续性价值的出现 …… 201

二、美德伦理对功利主义关于幸福之“得”的批评 …… 203
第二节 绿色价值在功利主义与美德基础上的融通 …… 210
一、功利主义与美德伦理在理路上的相似性 …… 211
二、功利主义原则的现实优势与美德的保障 …… 212
第三节 为生态的整体与未来所需要的美德策略 …… 214
一、功利主义与美德在行动中的匹配 …… 214
二、美德的独立性在于辨别伪善 …… 216
三、功利主义的绿色德性 …… 217
第四节 为生态的整体与未来求思的福利策略 …… 219
一、从线性到循环经济——一种新思维的诞生 …… 219
二、新观念在经济策略中逐渐实现赋权 …… 221
三、赋权的行动直面收入差距问题与生态保护的关系 …… 224
本章小结 …… 226

结 语 从马克思价值论看美好生活需要 …… 229
一、美好生活从认识需要出发 …… 229
二、何种需要优先 …… 235
三、谁之需要优先 …… 239
四、冲突的持存与满足美好生活需要 …… 243

参考文献 …… 248

后 记 …… 260

绪　论

伦理学的研究对象是道德，它是对道德现象进行哲学反思的研究活动。但伦理学的根本目标也是为了质询生活的意义，它仍然关心着什么样的行为方式、生活形式和社会建制最能创造出美好的生活。如人们直观所见，在当代讨论伦理学，立刻映入眼帘的往往是那些关于道德规范与道德行动的基础性议题。显然，规范伦理学能够给出的道德劝导——如何获得普遍意义上的辩护，如何在说明具体规范时具有足够的解释力——这些问题更受当代伦理学重视。然而，这些主题面临的最大困境恰恰在于它们指望用规范阐释规范，而事实上任何规范的合理合情之处反而在规范之外的生活意义上，不关注好的生活，规范就会失去“根据”。

幸福何以成为伦理学的主题？这在古典的伦理语境中并不构成问题，因人的行为活动本就为这一种先定的目的而生，“美好生活”“幸福”和“生活意义”是三位一体的伦理学基本问题。但是古代目的论背后的未知力量及其神秘感很快随着人类科技文明的发展而被迅速祛除，现代生产、分配和传播的衍生推动了社会机制的日益发达，从而让人们的生活意义被利益掩盖，行动、利益和规范反倒把生活直接规划为一套盲目的机械行为。在当代，我们重新讨论幸福，不是要反对伦理规范和制度的程序合理性，它们是保证利益和生活的必要条件，而在于：任何制度和规范的合理性绝不能抛弃生活的理由，也就是伦理规范以及优质衍生的社会制度和政策不能失去生活的本来目的。或者笔者愿意称之为生活的永恒事业，那就是每个人终其一生所要追求的构成幸福的事情，比如爱情、友谊、思想、审美和对公共事业的关怀等，甚至如罗素所说，我活着是为了“对爱情的渴望,对知识的追求以及对人类痛苦难以忍受的同情”。①

当代伦理学中那些更具规范性或者是法理学价值的核心概念,如自由、公正、平等等,是为了保证我们生活所处的世界与秩序的稳固,它们必须服务于美好生活。美好生活也罢、幸福也罢,当代伦理学尽管不是故意把它们作为遥远或隐而不发的理念,但事实上却把幸福狭隘化为一种比生活意义小得多的概念,比如快乐、效用等,也将自己的视野陷入因为量化了快乐和利益,从而投身于为此建立规则或正当性的种种社会观点之中。因此,笔者在本书中对当代伦理学在规范性和客观性上的努力是持积极态度的,但时刻保持警惕的是担心伦理学的规则讨论往往沦为一种讨好大众的社会策略,抑或是演变成毫无情感精神的效用式的行动攻略。本书的副标题“当代西方幸福理论的两种路径及其融合”,既旨在暴露当代西方伦理学的这种探寻规范性并把幸福压缩为狭义目标物的趋向,也希望将人们的目光重新拉回到生活世界,以生活看社会、以生活之意义看当代人重视规范性和普遍性的积极努力。

尽管当代伦理学更关注正当性所代表的“应当”,而非对幸福生活何为的终极论证和辩护,但重新提起幸福必然要包含从规范视角来考虑幸福的可能性。规范从来不只是对我们的劝导和诫命,但它们却是人们思索生活品质及其可能性时无法回避的重要维度。一方面,在过去的50年,美德伦理的复兴曾以不可抵挡之势批判了现代道德哲学关于规范性和普遍性的种种困境,以及现代道德规范背后那些错误的预设和日渐背离生活世界的狭隘策略,至善之思仍是伦理学考察人生与社会的共同诉求;另一方面,我们也看到美德伦理的复兴从未谋划取代伦理学探求规范性建构的努力。随着伦理学理论研究的不断推进,幸福视野汇聚越来越多的理论优势:以幸福为目的推动着传统德性论与规范性道德的和解,从幸福总量看社会整体与未来为导向的系统性思维方式,以及基于幸福测量发掘经验性与实证的强大解释力度。这些当代变化都不约而同地让人们认识到,幸福不是一个仅仅谓之以生活热情的鸡汤式话题,而是需要关注具体的实践规律,关注社会公共政策、经济秩序建构的合法基础,尤其是关注制度的规范性与具体情境之契合的动态思考。由此幸福建基

① Bertrand Russell, *The Autobiography of Bertrand Russell*. George Allen and Unwin; Boston and Toronto: Little Brown and Company. Vol. 1, 1967.

于对生活意义的追问,同时既注重规范性的重构,更强调主体对幸福与道德规范之间关系的恰当认知,这些使现代伦理学所讨论的幸福问题有了新的价值内涵。

在西方伦理学史上,亚里士多德无疑是德性幸福论的最伟大代表,幸福成为伦理学最基本的关注就在西方伦理学的第一本重要著作亚里士多德的《尼各马可伦理学》中,亚里士多德把幸福作为伦理学的最高追求。经过多年演变,当代西方伦理学最终呈现为功利主义、义务论与德性伦理三种理论类型。按照研究者的不同理解,幸福被称为内在的善、至善、最高的善或各种善的集合等。古希腊的幸福(eudaimonia)概念也由此被当代学者分别理解为 happiness 或 well-being,甚至是 happiness 与 well-being 的结合。[①] 例如,亨利·西奇威克(Henry Sidgwick)就提醒道,人们在对亚里士多德文本的翻译中把"幸福"一词用 happiness 来表示其实不妥,[②]亚里士多德的 eudaimonia 在英语中并不具有类似的当代含义。W. D. 罗斯(W. D. Ross)建议将亚里士多德的幸福概念翻译成"well-being"(尽管事实上他在牛津版《伦理学》中还是坚持用了 happiness,我们的中文标题也依然使用"幸福"这一比较常见的用法);[③]约翰·库珀(John Cooper)曾经提出用"繁荣(flourishing)"来表达亚里士多德的含义,[④]这在后来纳斯鲍姆的论著中汉语翻译往往用了"欣欣向荣"一词。其实学界通常赋予 eudaimonia 一个实质性的含义,使亚里士多德的幸福尽可能不同于日常道德直觉对幸福的理解。如果说日常幸福表现在达到某种主观标准,那么亚里士多德的幸福则是要达到某些客观性的指标,而且要具备一种身在其中的心灵状态,它是一个人不断成长而逐渐趋于内在与外在的共同繁盛。

幸福的讨论逐渐演变呈现出很多理论分支,当代德性伦理学复兴了古希腊

---

① Kraut, Richard, "Two Conceptions of Happiness", *The Philosophical Review*, Vol. 88, No. 2 (Apr., 1979), pp. 167 - 197.

② Sidgwick, Henry, *The Methods of Ethics*, 7th edn., London, 1907, pp. 92 - 93. 引自 Kraut, Richard, "Two Conceptions of Happiness", *The Philosophical Review*, Vol. 88, No. 2 (Apr., 1979), pp. 167 - 197。

③ Aristotle, *A Complete Exposition of His Works and Thought*, Meridian edn., Cleveland, 1959, p. 186. 除非特别说明,英文学界一般都使用罗斯的翻译。

④ Cooper, John, *Reason and Human Good in Aristotle*, Cambridge, Massachusetts, 1975, pp. 89 - 90, n. 1. 库珀说"幸福"并不是一个好的翻译,亚里士多德关于 eudaimonia 的说法显然不符合通常理解的幸福。比如在《尼各马可伦理学》的 1100al - 4 中亚里士多德的意思是,只有当孩子成年后能够达到 eudaimonia 时,才能被称为 eudaimon。

的德性幸福论传统，以幸福是个人完善生活的实现作为阐述当代幸福理论的一种主要路径。同时功利主义伦理学主张以最大多数人的最大幸福为原则，它对幸福的理解构成了当代幸福理论的另一种主要路径。此外，以康德为代表的义务论虽然以道德来拒斥或超越幸福，但它对道德与幸福关系的思考却是幸福理论所必须处理的问题，也是功利主义与德性论这两条当代幸福理论路径的重要内容。

英文世界对幸福观念的研究颇为丰富，国外近年来代表性论著有：(1) 综合性的研究：牛津大学的詹姆斯·格里芬(James Griffin)对幸福理论的上述四个方面都进行了详尽分析。美国学者尼古拉斯·怀特(Nicholas White)对幸福概念的古今演变和争论焦点做了全面的梳理。(2) 对幸福功利主义路径的研究：加拿大学者 L. W. 萨姆纳(L. W. Sumner)在《福利、幸福与伦理学》中主张在关注人的真实性和能动性的基础上发展一种更好的主观主义幸福论。牛津大学的罗杰·克里斯普(Roger Crisp)在《理由与善》(2006)中对享乐主义进行了深度辩护，他指出主观感受具有作为一种"创造性的善"的优越性，已经具有了客观的同一性。D. 卡纳曼(D. Kahneman)的《幸福：享乐主义心理学的基础》(1999)通过情感和知觉价值等心理学表现论述了主观状态与幸福之间的关联，揭示了财富和幸福之间的复杂关系以及"幸福悖论"的缘由。经济学家理查德·莱亚德(Richard Layard)在《人类满意度与公共政策》中提出收入和幸福视角之间的关系，解释经济繁荣与快乐之间的非必然性问题。理查德·克劳特(Richard Kraut)从 20 世纪 70 年代就提出对两种幸福概念的区分，他主张学界应抛开亚里士多德客观幸福的传统理论，转而注重日常幸福的主观感受。(3) 对幸福德性论路径的研究：朱丽叶·安娜斯(Julia Anns)在《幸福的道德》(1993)中主张美好生活基于稳定客观的品德和环境，古典的和谐的幸福视角是对道德规范、利他行为最好的解释。保罗·布鲁姆费尔德(Paul Bloomfield)在《幸福的德性：一种美好生活理论》(2014)中认为道德不仅为证明行为的正当，其本质是导向一种值得过的美好生活，他根据涉己和涉他两方面论证了它们在幸福范畴中能够有效地整合起来。阿玛蒂亚·森(Amartya Sen)与玛莎·纳斯鲍姆(Martha Nussbaum)合著的《生活质量》提出了美好生活是自身不断发展的完整性，这种完整性是基于人的可行能力以及各种客观因素，它们还被应用到联合国人类发展指数(HDI)上。纳斯鲍姆致力于把森的可行能力方法融入亚里士多德的传统中去，她进一步提出了“人类基本能力清单”。(4) 还有一部分学者专门研究幸福的人际比较，即幸福的衡量及意义。R. 苏格登(R. Sugden)在《福利、资源和能力》(1993)中指出，在获取幸福的过程中运用能力方法是促进社会公平的一种有效理论。乔恩·埃尔斯特和约翰·罗默在《幸福的人际比较》中思考人际幸福比较是否有意义和价值，人际比较能否在理想条件下得到实际执行，以及人际比较的现实执行在何种意义上影响了幸福本身。蒂姆·洛玛斯(Tim Lomas)在《幸福的翻译：幸福的跨文化词汇》(2018)中又提出一种创新的幸福比较研究法，他介绍了一种“语言制图理论”用来导航幸福生活的方法，即运用语言学、心理学跨学科方法对几十种语言中的幸福语词进行细分，指出在不同文化中有三种元类别——情感、关系和个人发展——共同构成了一种幸福衡量的框架。

总体而论，西方幸福理论渊源已久，但当代对幸福研究的理论模式呈现出多样性和跨学科的趋势，近年来，随着心理学和社会学的发展，幸福的功利主义路径更关注人们体验的内在统一性以及寻求更精准的幸福测量依据。而幸福的德性论路径则侧重人们生活的完整性，并通过幸福来考察以正当为主的规范伦理的转变。从当前来看，幸福的内涵、幸福与道德重要性、幸福与价值评判，以及幸福能否成为伦理学的核心等问题仍是目前英美讨论的热点，而两种幸福路径包容共进的发展趋势刚刚崭露头角，尚未形成一个与之具有的社会重要性相匹配的系统全景。

中文世界对幸福理论展开的研究也更多涌现出来。幸福理论的国内研究代表作主要如下：江畅在1999年出版《幸福之路：伦理学启示录》，奠定了德性论为基础的幸福主义伦理学。江畅在借鉴了后现代对现代西方价值观的批评后，在幸福理论中引入责任、环保、和谐、智慧等理念，并在此基础上出版了《走向优雅生存：21世纪中国社会价值选择研究》(2004)以及《幸福与和谐》(2005)，具有了相对完整的幸福论体系。陈泽环在《道德结构与伦理学》(2009)中以底线伦理、共同信念和终极关怀的三维异质道德要素为背景论证个人德性维度之于幸福的内生价值。贺来的《有尊严的幸福何以可能》在人作为价值主体而非工具的意义上阐发了“自由”“正义”是尊严的重要前提，尊严构成了幸福生活的根本保证。此外，从功利主义伦理学讨论美好生活的价值观念，以及从功利主义出发的经济学视角对福祉与社会公平的相关讨论在近年逐渐扩展为有关幸福主题的跨学科研究。龚群在2002年出版的《当代西方功利主义与道义论研究》以及2021年出版的《当代后果主义伦理思想研究》中介绍分析了当代西方功利主义发展前沿对幸福以及内在价值的探讨。傅红春的《两种幸福悖论：收入悖论和欲望悖论》(2014)论证了幸福两种计算公式在经济学框架内统一的可能性。他的《经济学与幸福》《幸福经济学选读》对当代国外经济学领域的幸福立论做了清晰的归纳梳理。青年学者王葎的《幸福与德性：启蒙传统的现代价值意蕴》(2014)主要讨论了卢梭、康德以来的理性启蒙如何尝试讨论德福一致。任付新在《对密尔"快乐"概念的亚里士多德式解读》中指出密尔虽然主张幸福即快乐，但他以更接近亚里士多德的方式重建了快乐的内涵。孙尚诚在《基于最大幸福的最优公正》中从功利主义的边际分析讨论追求最大幸福过程中的公正问题。此外，还有学者从心理学角度阐释幸福的神经机制，彭凯平等人在《幸福科学：问题、探索意义及展望》(2014)中展示了幸福对于健康、创造性和生产力以及社会发展促进的实证研究。

概言之，国内对于幸福的德性论路径的研究较为成熟，近年来幸福的功利主义路径的讨论主要凸显在经济伦理学中，当然伦理学与福利经济学、社会学以及其他跨学科研究中美好生活都以具体问题的形态频繁出现在大众视野中。而目前为止，我们看到的是幸福研究通常呈现出两类明显不同的理论旨趣与进路，但梳理与归纳的研究工作尚未完全展开，这两种路径在演变中彼此影响从而构成对当代学界新问题、新趋向的解释。因此，我们希望对当代西方幸福理论两种路径的形成、发展、趋势及意义有待整体的理解和把握。

当代幸福理论的两种路径在很大程度上影响了近三十年来西方社会治理路径的改变、社会发展范式的转型，就当前西方主流发展理念与新萌发的思想理念间的抵牾而言，决策者对幸福的两种路径探讨的取舍与拿捏可以算是这一理论动向的现实体现。生活之善是一个笼统的表达，但幸福既是伦理学的核心概念，同时也通过经济学的分支福利经济学的测量指标反映着一国的幸福生活水准。因而本书研究的两种路径不仅呈现了伦理学幸福概念的结构框架，也将指出当代伦理学的讨论在实践上促成了当代人测量幸福生活的指标变化的理论依据，甚至是当前以及未来经济发展模式转变的方向与价值预测，这些价值要素为经济发展的“高质量”提供了至关重要的伦理限度。

西方学界近十年来围绕幸福观念的伦理学越来越牵涉到政策伦理、经济伦理等领域以及各种社会公共议题的争论，整体上彰显了理论和实践研究的意义。在理论方面，首先，当代西方幸福理论的这两种路径涵盖了当代伦理学对善以及善与正当问题的广泛解释。本书将通过对当代幸福理论两种路径的梳理，展现幸福理论近十年所取得的实质进展，澄清对幸福的含混或片面理解，解析其内涵、结构、衡量策略与意义。其次，提炼和归纳幸福的主客观含义，辨析幸福的个人维度与社会维度，全面总结幸福对个人完善和社会发展的意义。在实践方面，讨论美好生活的语境是具体且有明确时代特点的。随着经济学对幸福生活的不断关注，伦理学的研究也将从根本上分析和界定例如循环、均衡以及可持续这些话语的价值转向。联合国在每年的人类发展报告中都会对人类发展状态提出一个鲜明的主题，例如从 2019 年到 2022 年人类发展报告的主题分别是：2019 年“超越收入，超越平等，超越当下：21 世纪人类发展历程中的不平等问题”、2020 年“下一个前沿：人类发展与人类纪”、2021/2022 年“不确定的时代，不稳定的生活：在转型的世界中塑造我们的未来”。这些主题的变化反映了人们在不同时期对美好生活需要的不同理解。因而本书旨在从当代社会发展变化的背景出发分析美好生活的核心概念与时代特征，对幸福的观念体系做出准确阐释，有助于以更开放的全球视野和更具力度的理论工具分析当前新生活方式、新关系模式的性质和特征，并以全新的思路、方法为幸福生活提供社会规范的伦理参考。

本书指出幸福生活的讨论路径主要有两种：一种是功效主义，功效主义的幸福观指认效用或功利实现的最大化就是幸福。福利经济学可以理解为是后果主义伦理学思想的经济学实践。另一种是美德理论，该路径指出幸福就是德性的实现活动，幸福蕴含在道德生活之中。我们的工作是将两种路径下幸福生活的概念构架进行对比，为什么这种对比是有必要性的？在性质上人们发现二者的共同性更大于差异，且各自的优势在幸福理论的不同发展阶段独具有互补的功能特征。

一直以来功利主义是传统福利经济学的伦理学基础，经济学思考的是物质福祉，整个社会福利是所有个人福利的简单加总，它考评的是结果的总量。

功利主义是通过审慎价值确立道德行动正确性的一种规范伦理理论，全社会整体福利的最大化就是道德行动或正确行动的原则。尽管功利主义以个人的快乐感受为幸福的内在价值，成熟期也发展为个人的欲望满足以及福利等具有内在价值的形式，但是功利主义后果最大化的现实应用可能会与平等、正义、自由等话题发生越来越显见的冲突。在平等主义以及义务论的不断攻击下它遭遇了自身价值与科学逻辑自洽的危机，功利主义的理论结构无法顾及福利在质量、获取程序以及广度和深度上的灵活变化，也不再能够继续以福利为基础解释幸福生活的丰厚内涵。伴随着德性论在当代伦理学中的复兴，它开启了一种观察行为主体的更具语境和社群关怀的新视角。亚里士多德式的路径，以强调美德伦理的方式聚焦于“生活的意义”而不是“行动的正当”，它超越规范性的现代语境，考察的是个人品性习得、意义世界建构、人际比较在实现生活之善过程中的多层面问题。关于何为好生活的问题它能给出具有历史性和特殊性的思考，因此以德性幸福论这种与功利主义完全不同的路径来考察生活之善，能够更好理解功利主义与美德论在当代的融合趋向。

然而无论是功利主义路径还是亚里士多德路径在确立幸福观念的时候都需要面对两个层次的问题，首先是幸福的内涵问题，其次是如何理解审慎价值与道德价值的问题，在这两个层次的问题上幸福观念才可能构成一个完整的体系。功利主义的优势在于以充分且直接的体验确认了幸福是一种审慎价值。在第一层问题上，它指出幸福作为一种审慎价值，主要讨论的就是主体的感受及欲望是如何产生价值的，焦点是欲望—价值的模式到底应该如何，是什么成就了好生活中的“好”等问题。就是传统功利主义讨论的价值结构如何形成的内部生成问题，这一问题随着功利主义对内在价值的反思日趋成熟。这个问题的成熟意味着什么？其一意味着伦理学的理论创新可以补充经济学的社会发展指标的基础性要素，哪些审慎价值能构成幸福的主要内容，哪些重要价值被忽视了。既然效用的最大化是幸福，那么效用就应当获得一个与关于行为者相关的准确解释。

第二个层面的问题是幸福作为一种道德价值，它是不是当代伦理学的核心主题，以及何种意义上是道德生活中有分量的研究主题。这可以说是从关于幸福的外部视角展开了对幸福的伦理重要性的辩护，在应用中也体现在应当更明确且细致地为经济学福利主义提出必要的伦理限制及其依据。它意味着实现幸福这件事至少需要面对着与之同等重要的其他价值的挑战。比如尊严、自主性、正义、公平等，它们是被纳入幸福整体之中，还是与幸福同等重要？这是目前学界长期争论的话题，但在当代出现了新趋势。当代功利主义的革新在于，它们回应平等主义以及康德主义的严厉批评时，特别重新返回对人性特质的慎重思考上，而且提出要关注道德价值与审慎价值于行动中自成一体化的现象。这一变化取决于功利主义开始关注并希望借助亚里士多德路径探讨上述冲突。在第二个层面的问题上亚里士多德路径的优势就体现出来，当代美德伦理的复兴让亚里士多德的古典思维范式再次进入人们视野，它侧重于通过具体的历史性情景理解多元价值冲突的现象，它强调以主体性实现的真实状态来讨论幸福生活，而所谓真实的主体性恰恰不能脱离特定背景与情感感受的复杂关联。两种路径都肯定了幸福之于道德生活的核心地位，但亚里士多德路径超越了功利主义将一切都归位为福利计算的还原论方法，发掘人们在现实生活中实质的自主性，从而重新理解美好生活所指向的生活质量。由此，这两种路径的具体差异体现如下。当代幸福理论的两种路径在很大程度上影响了近三十年来西方经济发展策略与社会发展范式的转型，在具体结构上可以看到西方两种主流发展理论在基本问题上的彼此互鉴。

针对幸福的内涵、结构、衡量及意义两种路径在理论建构上各有异同。(1) 在幸福的内涵上，早期功利主义者以快乐来界定幸福，形成了备受争议的享乐主义(Hedonism)幸福观，经过批评和修正后，当代功利主义者又陆续提出了以欲望(desire)、偏好(preference)等来界定幸福的各种主观主义幸福观，以及以知情欲望(informed desire)、需要(needs)等来界定的客观主义幸福观，发展到客观列表主义的价值指标，它们都在不同时期成为福利主义经济学论证的基本立场。与之相对，德性伦理学以德性的完善与生活成就来定义幸福，形成了完善论的幸福观。(2) 在幸福的结构上，由于幸福必然包含各种不同的价值与善，而这些不同的价值与善之间可能存在冲突，为解决这些冲突，两种路径分别提出了单一尺度的还原论(功利主义路径)与结构和谐论(德性幸福的路径)。(3) 在幸福的道德意义上，首先，两种路径共同面对的是康德主义义务论者对幸福的批判，即道德是与幸福无关，甚至是对立的。其次，两种路径都要阐明幸福在当代伦理学中的地位，如幸福与正当、幸福与自由等之间的关系。(4) 在幸福的测量上，功利主义路径探讨的主要是幸福的计算与测量，又根据个人幸福与社会幸福两个维度，进一步形成了福利主义、生活质量等理论学说，并引入了心理学、社会学、经济学的相关内容。相比之下，德性伦理学基本上拒绝对幸福进行单纯数量上的计算，而是严格围绕主体的能力以及相关资源的完善程度来考察幸福。

就当前西方主流发展理念与新发展理念间的彼此冲撞与互补纠缠的现象而言，当前学界的讨论对上述(1)的认识大致来说已达成共识，福利经济学中的客观列表主义已经成为功利主义伦理学中最复杂、最精细的理论形式。问题(2)和(3)是彼此连贯的，若从结构上给定了某种幸福状态的道德地位，那么其他因素的价值排序则高下可判。这里的实际任务在于，功利主义预设的幸福生活是怎样容纳自由、公正、平等这样的价值诉求？有一种表现是，当代功利主义尝试突破其还原论的原始样态，借助于美德伦理的结构和谐的视角建构一类普遍认可的生活质量。或可说它借助美德伦理的结构向平等主义、康德主义做出了妥协，它寻求一种基本的社会尊严水平上的能力增强，从而以保证每个人实质自由的方式促进发展。因而(2)的讨论催生了对生活质量与自由之结构的新认知，即能力理论以及拥护者提出的现实指标，20 世纪 90 年代联合国开发计划署就根据能力理论提出超越福利经济学的指标——人类发展指数。学界对能力理论的研究在过去三十年中已较为成熟，但能力理论仍然值得关注，在当代全球发展面临巨大风险与不确定性时，对于处理幸福生活与自主性、公平、代际问题以及人与生态等问题，仍然具有很大的解释空间。由此关系到(4)幸福生活的具体测量问题时，人们会发现当前一个伦理学基础理论的革新对经济学指标的影响，经济学指标对幸福生活的勾画已经不再着眼于效用在量的最大化上的线性发展，而更倾向于通过增加新指标来呈现当代生活的一种收缩式的可持续性品质。

本书主要从五个方面展开论述。首先基于历史发展的视野，将幸福理论概括为两条进路：一是以边沁式立场为基础的功利主义幸福理论；二是以亚里士多德式立场为基础的德性论幸福论。

第一章主要介绍幸福与功利主义路径。功利主义注重价值论的奠基，从而围绕幸福是什么的问题不断探索那些在主体的经验世界中具有内在价值的事物。按照理论发展的内在逻辑分别为享乐主义、欲望理论、偏好理论、需要理论，它们以各自的方式强调幸福的定性和定量研究。同时这一章介绍了功利主义在快乐论上的复兴，它们借鉴了当代心理学理论的发展从而探求主观性与普遍性的共识。功利主义在理论更新中也暴露出其困境，这种困境看起来是幸福生活与道德行动的冲突，但本质上是因为对主体性回归的重新反思，学界对主体的自主性、选择能力以及人格状态的关注，一方面暴露出功利主义在还原论和最大化原则上的不尽人意，甚至是在理论与实践中的双重失效，另一方面，功利主义也呈现了一种依赖于品格的美德化倾向。幸福的功利主义路径曾聚焦于欲望－价值的模式争论，其中萨姆纳、彼得·雷尔顿（Peter Railton）等学者以客观主义立场批评快乐论，但克里斯普与安德鲁·摩尔（Andrew Moore）对快乐感受的论述就运用了亚里士多德式辩护，这反映出功利主义论证幸福的路径出现了兼容客观性的新趋势。

第二章主要介绍幸福与亚里士多德路径。亚里士多德路径主张幸福生活本身就具有价值，人的运作和发展构成了幸福的主要内容。这一路径指出以正当为核心的规范伦理学是对好生活的根本误解，取而代之的应是一种将幸福作核心、以个人完善为宗旨的现代德性伦理学。功利主义路径从幸福解释“善行”，将善行纳入幸福内涵；而德性论路径偏重从“善行”解释幸福生活何以可能，将尊严、德性作为幸福的必要条件就必须涵盖对人性特征的客观解释。当代亚里士多德路径的发展在幸福图景的展示中虽然逐渐消解了目的论的影响，但在共同体的建构中奠定幸福生活的基调。以实践的内在利益理解实践智慧的个体性机制，并试图在文化背景与制度化的阐释中处理多元价值的冲突与均衡问题。亚里士多德主义尽管强调共同体以及某种隐含的公共善，但是在幸福之于道德生活的核心地位上，它仍然强化着一种独特的主体性视角，这一视角的可贵之处恰恰在于，它对于实质性生成活动的关注，对于生活质量的敏感高于结果式的判断。

第三章通过三对关系和一种历史性维度的考察，指出幸福生活在功利主义路径与亚里士多德路径上的融合，其主要表现是在三对关系中的变化与转折，分别是从发展的稳定性转向对脆弱性、偶然性的关注，从对福利成果的重视转向对行动选择的审视，从为幸福目标转向承认幸福与其他自主性目标并存。第一对概念的转变解释幸福生活对偶然性、脆弱性和运气这些不可控因素的立场，功利主义和德性论路径都揭示了“不幸福”的存在，但亚里士多德路径不仅讨论友爱与互惠的重要性，更从对不幸的关注推出生活对基本生活的保障。第二对概念的转化侧重于幸福与自主选择的冲突，自主性在伦理学中具有重要的道德地位，它从思想史上体现在密尔的两难困境中，当代学者对密尔的解读则更进一步。第三对概念的转化把幸福作为一种个体内在诉求的唯一性扩大到放眼个人生活之外的利他的主体性目标，这是个人/社会视野的转变，指出幸福在本质上涵盖了更广泛的个体对他者、社会及自然物的关切，这使福利目标区别于主体性目标。功利主义路径在规范性解释上更具优势，而德性论则补充了这一论断的内在价值。以往关于幸福的道德哲学讨论只是单方面地从特定主题或人物入手，对不同主题或问题之间的理论关联分析不多，从而无法从宏观上把握当代幸福论证的实质突破。本书将从这三对关系的对冲和接合处入手，具体考察和评判两种路径的理论得失，从而尝试发现其优势的互补性。

第四章与第五章主要讨论幸福生活的测量以及当代现实问题。这部分侧重幸福理论在人际比较上的改良和社会发展范式转型两个方向上的拓展研究。一方面是人际比较的幸福测量问题：围绕幸福测量主体的主客观两个方面尝试建立神经心理学感受清单和基本核心能力清单的综合量表。而建立量表的前提是要回答：美好生活背后的多元价值能否比较？在不同人之间进行幸福比较是否有意义？人际比较能否在理想条件下实际执行？人际比较的目的在现实执行中是如何影响前三者的？另一方面是发展范式的转型问题：经济学“幸福悖论”引发了对 GDP 社会发展范式的质疑，当代学者越来越多地关注非 GDP 因素对生活质量的影响。第四章指出能力理论作为当代人类发展指数的合理性以及巨大的理论发展空间，进一步在森和纳斯鲍姆的能力理论的基础上，指出主体的机能与资源不可持续是安全性的巨大威胁，这是人类发展在当前全球背景下面临的主要困难。第五章主要指出发展与生态经济的均衡是幸福生活的重要内容。本书在功利主义路径与亚里士多德路径的融合下，解释了环境生态保护下节制与均衡这一品质扭转了“最大化”的发展趋势与生活态度。两种路径综合发展对人们幸福观的培养以及对幸福生活之基本需要的测量都提供了科学系统的理论借鉴。

第一章　幸福与功利主义路径

一个典型的伦理理论通常包含价值理论部分和行动理论部分。价值理论是说明哪些东西是善的或有价值的；行动理论则是说明哪些行动是应该的、允许的。这两个部分的先后顺序决定了伦理学理论考察问题的不同路径。比如功利主义理论就是先独立地定义善和幸福，然后将正确的行为定义为促进了善的行为，道德行动是从幸福派生的，从而人们看到一种通过审慎价值而导致道德的路径。此外，还有一种方向就是不那么明确地把幸福仅看作一种审慎价值，而是认为德性生活具有独立价值，且人们所要追求的幸福是通过德性而达至完满的。那么，这就构成了我们讨论幸福的两种路向。

把幸福分别看作审慎价值和道德价值是以回溯式的眼光对历史上幸福描述的不同立场进行划分，审慎价值指向的是以功利主义理论为代表的将功效、快乐计量幸福的立场，道德价值则代表着从美德伦理学的视野追溯善行在好生活中的构成性功能，幸福生活的道德价值便由此而来。回溯古希腊，幸福这样的古老议题既囊括德性生活的创建，也蕴含着人们对快乐价值的丰富讨论。快乐论在哲学史上有着悠久的历史，这一古代哲学的核心话题既诞生了亚里士多德的德性论的幸福主义，也诞生了晚近以来功利主义理论的萌芽。尤其在晚近以来，伦理学受到普遍热议的快乐发生学问题的影响，人们更多关切幸福与快乐是如何产生的问题，以及它在何种意义上构成人们的良好生活，幸福理论的两条路径具有各自的优势与特色。

第一节 功利主义幸福观念的内涵与逻辑进路

功利主义在伦理学理论中包含两个部分，其一是它的价值论部分，就是处理幸福的本质是什么的理论论证；其二是道德原则的设计，就是最大多数人的最大幸福是衡量道德行为正当性标准的这一论断。实际上伦理学对功利主义的研究大多集中在后者道德原则的论证上，针对道德原则提出的批评也最多，相对来说这部分的研究在目前学界更加成熟。但是功利主义的幸福观念在当代产生多种不同的价值类型，既包含着主观的因素也有偏向于客观的因素，它们怎样构成对幸福的完整理解成为当代伦理学、经济学、社会心理学集中关注的话题，这意味着能对好生活做出全新的描述和界定，代表着当代社会可能产生更有生命力的策略。

一、幸福与功利

边沁等古典功利主义者的基本主张是，一个行动后果的好与坏，主要看这个行为对自己将产生怎样的苦与乐的后果。且在边沁这里，一个社会的利益不过是个人利益的简单相加，它是一个从个人功利的幸福最大化至整体社会功利的最大化的推论。在功利主义的基本主张中，功利指向的是人的快乐和痛苦感受，功利主义将行为后果作为道德评价的唯一标准，且只有当一个可选行为能够产生最大化善时，在道德上才是正确的。这个表述当中包含了两部分的内容，前者是功利主义关于幸福的价值判断，即哪些才是幸福值得追求的东西；后者则是幸福的行为理论的部分，从幸福视角看来就是在冲突与分歧之中如何获得幸福的行动指南。换言之，功利主义承诺了一种关于"功利"的相关内容的价值论，因此基于功利主义价值论，一种道德行为理论由此产生。行为的道德价值唯一地以行为所产生的快乐或痛苦的后果所决定。快乐与痛苦被作为最高的善，所有价值都从属于这个最高价值。

上述观念体现在边沁的古典功利主义理论中，也是古典功利主义的主要代表形态。然而当代功利主义在发展过程中逐渐将功利扩展为行为的广义后果(consequence)。这个广义后果指的是行为所产生或引发的事态(states of affairs)或事态的变化,作为像快乐或痛苦一样具有内在价值的事物。[1] 当代功利主义把“事态”而不仅仅是快乐作为行为后果时,指的是行为过程本身也可以算作宽泛意义上的后果。当代行动功利主义代表人物布兰特、斯马特提出过,行动功利主义可分为两种类型,其一是“将快乐作为唯一可欲求的(后果)事态”,被称为“快乐主义的行动功利主义”;其二是“将意识到的其他事态也看作具有内在价值的(后果)事态”,可称为“理想的行动功利主义”。[2] 也即当代学者并不把快乐最大化作为功利主义的唯一后果,而后果具有更宽泛的意义,就是一个事态能够产生价值的最大化后果。功利主义在扩展的后果主义上的幸福思考其实是一种理论进阶。作为事态的后果略区别于人们的常识认知,功利主义认为行动的过程很重要,并不是说就放弃了对后果的关注,而是他们将行动的全过程能引发某种事态,也即这一过程中的快乐或愉悦的总体感受都是功利主义后果上的幸福。如果用旅游为例子,达到旅行目的地不算是后果,整个旅游活动所引发的快乐才是幸福,它才能评定这次旅游的活动是否值得。在这端看哪种后果的功利最大,更能引发内在愉悦才是功利主义的评价标准。

当代功利主义在对后果的解释中扩展了很多不同的类型,但转而在行动理论上有一个根本宗旨,就是功利主义始终将一个行动的后果是否能够产生最大化作为衡量行为正当与否的标准。如何理解这种功利主义最大化或后果最大化的行动理论?如果幸福是它所指的那些具有内在价值的后果化,那么这种功利最大化的行为标准就是功利主义实现幸福的行动指南与思维路径。功利主义把人们的行为看成是一个事先存在的可选择的过程,面对各种不同行动方案,当事人的选择依据就是那种能够最大化好结果的方案。换言之,一个行为只有在可选行为方案中选择能产生最大化的善或者说最好的事态,才是道德上正确的行为。因此,功利主义作为行为指导理论的部分,关注的是行为者在活动中面临多种可选择方案时,应当选择那种可能产生最大善的行为方案是幸福的指导性原则。

---

① Brandt, Richard B., *Ethical Theory*, Prentice-Hal., lnc., 1959, p. 380.

② Ibid, p. 381.

总之，功利主义的价值理论关涉幸福是以哪些价值来定义的，而行动理论则考虑行动获得幸福的有效原则。这种行为理论关系到幸福的实现路径，以及评价机制，它实际上从可比较的意义上明确了后果以及后果的最大化是唯一可以用于衡量一个人生活状态的指标。功利主义幸福观念的典型理论解释了为什么后果是如此重要的幸福因素，功利主义承认只有一种东西具有内在价值，那就是行动所产生的事态，确切地说是发生在行为者身上的或快乐或痛苦的事态。

二、幸福与价值

幸福在日常语言当中被理解为一种有价值的事物，以及值得追求的事物，这就意味着幸福必然与价值具有内涵上的一致性。幸福作为一种价值是什么意思？那就要考虑功利或者快乐属于何种性质的价值。

1. 审慎价值与道德价值

功利主义的价值具有两个层面的意思，一层是价值论部分所突出的幸福内涵应当指向那些具有内在价值的终极快乐，而另一层则是因为确立了价值论而产生的道德行动的判断，从而那些被选择的行动与目标则具有了道德价值。从价值是否具有道德属性而言，价值又可以区分为审慎价值与道德价值。做这个区分的目的在于，相比于德性论通过讨论品格与习惯而实现幸福的完善论论证，我们可以看到功利主义作为伦理学理论的建构逻辑更加的直接而清晰。当代英国著名伦理学家格里芬说："现在我们发现完善论没有给我们提供有用的幸福说明，除非它被纳入一个完整的审慎价值理论之中。如果我们最终对道德理论所需的幸福概念感兴趣的话，那它看上去一定是由审慎价值理论提供的。"①

功利主义的幸福具有作为审慎价值的性质是什么意思？审慎价值就是非道德价值，它指向的是从人们生活与行动的经验事实中的那些根本特征，从一个行动的后果考虑幸福就要对这个后果的价值进行审慎的计算与数值上的衡量，这里的价值仅指一个行动后果或事态对主体的有用性，且它能以特定方式

① Griffin, James, *Well-Being, Its Meaning, Measurement, and Moral Importance*, Oxford University Press, 1986, p. 72.

加以换算。当然，审慎价值要成立，需要的前提条件就是，需要从形而上学的论证中为上述衡量确立一个普遍性基准，主要是指功利主义幸福可运算的可能性。换言之，我们需要在哲学上预设总有一些行动的后果具有同质化、可普遍化的特征以供人们进行审慎计算。古典功利主义代表人物密尔着重讨论过幸福的"质"与"量"的问题，这一讨论奠定了后来关于价值是不是同质化的论证基础。

而道德价值在功利主义这里是从审慎价值的基础上确立起来的，一个行动能够产生内在价值的最大善就是一个道德上正确的行动，从而该行动具有道德价值。当然功利主义关于幸福的最大化在道德评价上具有很强的社会意义，他们从社会整体利益甚至是全人类利益视角出发看待功利主义的幸福最大化原则的运用。当代重要的功利主义者斯马特在《功利主义，赞成与反对》中对行动功利主义的界定就表达了这一视角，"一个行动全部的好或坏唯一依据的后果乃是，该行动对全人类存在者(或一切有知觉的存在者)的福祉所产生的后果"。[①] 看起来斯马特的功利主义在何种最大幸福的范畴上出现了转折与突破，他将人的行动的后果与整个人类的生存与福祉关联在一起。这就把某一行动价值的判断放在了社会整体利益的道德高度上，从而基于幸福最大化原则将促进整体幸福的目标变成了一项项具体可要求的道德责任。

实际上，古典功利主义的另一代表人物密尔已经在边沁基础上指出幸福最大化的道德价值，功利主义的"最大幸福标准所说的'最大化'并不是行为者自己的最大幸福，而是最大量的幸福"。[②] 密尔的幸福在本质上同边沁有所区别，它不是个体幸福的最大化推而广之到简单加总的幸福最大化，而是个体行为者在全社会的最大幸福中的个人幸福。因而当一个人从全社会整体幸福的角度出发而行动的时候，功利主义的行动原则具备了最强的道德意义。"对于功利主义的最大幸福原则，密尔认为其不仅适用于整个人类的存在者，而且也适用于所有时间的一切有生命的存在者，因而这无疑是从全人类而且从整个生命世界的视域出发来看待功利主义的最大幸福原则的运用。这样一种幸福

---

① Smart, J. J. C. and Williams, Bernard, *Utilitarianism*, *For and Against*, Cambridge University Press, 1973, p. 4.

② Mill, John Stuart, *Utilitarianism*, the University of Chicago Press, 1906, p. 16.

也是功利主义的后果论的观点。甚至在20世纪著名的道义论代表人物罗斯那里，也有类似的全人类的幸福观点看待道德的立场。”[①]功利主义的提出虽然建立在个体经验快乐感受的审慎价值之上，但它在“幸福最大化”这一宗旨下推理出的行动原则具有了对善恶、对错、正当与否或合理与否的普遍评价性功能。它通过非道德事实展开道德评价，在个体幸福生活的意义上，如果快乐的量大于痛苦，则功利主义就认为这一选择是善的或正确的行动；同时，从幸福的人际比较意义上，如果某个行动相比于另一个行动可能会产生最大化的快乐，那么这一行动就是值得追求的道德价值。

2. 内在价值与工具价值

在功利主义这里，审慎价值是幸福的主要内容，但审慎价值也分为工具价值与内在价值两种不同层次。生活中的许多事物都具有工具性的价值，比如金钱、健康、社会地位，它们都是好东西，但很少有人为了这些事物本身而去喜欢它们，因为它们服务于人们最终关注的东西，就是内在的善或有内在价值的好东西。功利主义的幸福论述区分了内在价值与工具价值。一方面，幸福是人们终极追求的内在善，它们就是生活的目的，若没有关于幸福取决于什么的设定，一切工具就失去了意义；另一方面，追求幸福是因为它们本身就是善的，而工具善则是实现这些的手段。可以说，功利主义的幸福是建立在价值排序的基础上的。快乐、欲望的满足这些特征都是天然地存在于人的感性经验之中的，之于人的生活来说快乐、痛苦天然就具有内在价值，不需要依赖于其他东西，它是内在于这一事物本身的，并不因为它充当了某种工具而有价值。因此，价值有着明确的层次之分，当人们在比较两种生活状况哪个更好时，它提供的参考就是应当关心两种生活状况在内在价值方面的差异。首先，功利主义的答案是——快乐是生活中唯一的内在善。如果有两个人的生活情况，较有钱的人相比金钱较少的人反倒在生活中感受不到更多快乐，那么功利主义会说后者生活中包含的快乐量更大，生活状态更幸福。其次，工具善在促成内在善的过程中效率是因人而异的。经济学中人们常常把收入作为衡量生活状态的指标，这里默认每个人的收入转化为福祉的能力是相当的。但是当代经

① 龚群：《当代后果主义伦理思想研究》，中国社会科学出版社2021年版，第28页。

济学家发现，恰恰因为转化效率因人而异，所以像个人收入等工具价值并不能印证人们生活的内在善的状态。

既然价值在工具性和内在目的性上是有区别的，人们当然更看重那些具有内在善的事物。功利主义在探讨什么样的事物才是终极的或是内在善的时候，诉诸人们的直接感受和体验。这也是从古典功利主义开始伦理学中影响最大、最为人熟知的观点，只有某些心理状态才能够作为决定幸福的内在善，即快乐主义或快乐论。这些心理状态一部分被理解为快乐感受，也有一部分人认为应该是欲望被满足的状态。在一般人看来这二者似乎并没有太大区别，欲望被满足不就等同于快乐吗？然而事实上，从快乐论到欲望满足理论是功利主义论述那些具有内在价值的幸福形态的不同阶段，它意味着功利主义在实践慎思的过程中对行动的后果产生了主观主义和客观主义的不同思考，随着讨论的深入，它们展现出一个根深蒂固的矛盾，那就是幸福生活的不同价值形态如何看待主体和客体的关系？

客观主义诉诸一个基本的洞见，即作为某人行为的结果，它在世界中实际发生的事实才是在幸福衡量中最为首要的，而这个结果与践行者实际的心理特征是相分离的。而主观主义则不认可这种心理特征分离的观点，他们认为一种状态积极指向幸福的标准是源自主观的因素——快乐的，且那些客观的结果之所以能够有成效，是因为它们带来快乐感受，这些尺度应是从主观中派生出来的。从而快乐论同欲望满足还是有一定差别的，快乐论可以说是主观主义的幸福理论，而欲望满足理论在幸福的论述中则兼顾主观因素又试图强调客观的实际后果。在功利主义理论发展史上，人们看到幸福的内在价值形态出现了很多类型，比如快乐论、理想事物理论、感性快乐理论、欲望满足理论以及客观列表理论等以及分支理论。我们将依循功利主义在幸福理论中的不断变化完善主要偏重于快乐论、欲望满足理论与客观列表理论，作为功利主义幸福理论在发展中的三种代表性类型，它们主张各异但逻辑理路却内在相连，在承诺对人的主体性最大关注的同时探索幸福内在价值的客观性基础，因而主观性与客观性如何均衡的问题贯穿功利主义幸福讨论的始终。

简言之，功利主义的幸福观念建立在经验基础上，幸福最大化就是功利主义原则的主要表述，往往有学者认为功利主义在价值理论部分对幸福所做的阐释是经验性的且浅薄的，未见任何形而上学的深度思辨而仅仅建基于人性趋乐避苦的自然事实上。这样的评价有一定道理，功利主义的理论几乎是一种显而易见的常识，将幸福简化为单一的心理感受很难说它具有古典德性幸福理论的宏大世界观，也欠缺像康德道德形而上学那样的复杂抽象的反思。但另一方面来说，功利主义源自经验主义与实证主义的理论传统，它们对于幸福作为一种审慎价值的剖析，以及对最大幸福原则的论证却极尽精细，充分影响了当代福利主义经济学的基本走向。功利主义把人类自然的趋乐避苦的本性作为价值诉求的人类学基础，它作为功利主义幸福观念的理论基石，构成了无可回溯的经验性的出发点，它最有力之处就在于诉诸经验以及心理状态的强大解释力。

功利主义在回答幸福取决于什么的问题时给出了三大内在价值的形态，从无论是主观主义还是客观主义的分野来看，这三种类型都延续古典功利主义诉诸主体与个体主观感受的传统，也充分体现了这一理论在贯通内在世界和外在世界中所做的努力。

第二节 功利主义的三种幸福形态

人们的幸福生活取决于有内在价值的事物，功利主义在历史上曾经将幸福界定为快乐、愉悦以及功效等，除此之外还有什么内在价值在本质上构成美好生活的要素？大致来说，功利主义阵营将幸福具有的内在价值形态归纳为三种类型：快乐主义理论（Hedonism），欲望满足理论（theory of desire fulfillment）和客观列表理论（theory of objective list）。[①] 这一划分来自著名英国伦理学家德里克·帕菲特（Derek Parfit）做出的经典归纳，之后大卫·格里芬又做过更具体的阐述，他们的工作完成了当代功利主义对“功利”“福利”和“好生活”等概念的重新理解，“他的实质贡献可以说是在解释好生活或者‘功

① Parfit, Derek, *Reason and Person*, Oxford University Press, 1986, p. 493.

利’的时候重新区分了‘utility’这个概念与在古典功利主义中含义的区别”。[①]格里芬在三种主要形态中概括了“功利”所指向的更丰厚的幸福意义。

一、快乐论以及主观主义的历史渊源

快乐论在历史上是最早出现的，也是功利主义理论中年代最悠久且颇具分量的理论立场。格里芬指出：“快乐论的方式，这里考虑的并不是心理上的快乐主义，而是审慎的或者可评估的快乐论……快乐论从其古老根源可以证明，长期以来似乎是一个合理的观点。幸福对我有益，可能是因为它们与对我有益的事物自然而然联系在一起，对大多数人而言，愉悦的确是有益的……人们对生活的愉悦感越强，生活就会越好。”[②]快乐论可以说是最接近人的直接主观感受的一种理论预设，也主要侧重于人的一种心灵状态的享受与舒适。因此，在功利主义诞生之后对幸福生活的解释一直都围绕着快乐的多少、最大多数人最大快乐来解释功利的意义。

功利主义的快乐论论证很大一部分的理论支撑就来自希腊化时期的快乐主义思想传统。柏拉图在《普罗塔哥拉篇》中提到苏格拉底为快乐进行辩护，并且在很多其他对话中都严肃对待它，包括《斐利伯斯篇》与《理想国》。亚里士多德在《尼各马可伦理学》和《修辞学》中也对快乐展开过严密分析。亚里士多德为好生活设置了严格的世俗条件，一种好生活是明智的人过的生活，明智的生活在很多方面都依赖外在物质条件和教育条件，甚至依赖身体的善（健康的状态）。亚里士多德的快乐论更具精英主义的味道，且更强调快乐是上述条件兼具时的一种状态。希腊化时期的哲学家则更关注人的内在世界，尤其对激情、欲望以及以情感为基础的内在变化持有更加复杂的态度。伊壁鸠鲁和昔勒尼学派就比亚里士多德更包容、更少精英意识，他们告诉人们要想摆脱痛苦，就要否认外在善的重要性，学会在内心深处实现真正的自由和平静。他们强调最大快乐是最终摆脱所有痛苦，这种对快乐感受的极力辩护被世人理解

---

① Sumner, Leonard W., “Something in Between”, In Roger Crisp and Brad Hooker (ed.), *Well-Being and Morality: Essays in Honour of James Griffin*, Clarendon Press, 2000, p. 3.

② 参见 Griffin, James, *Well-Being, Its Meaning, Measurement, and Moral Importance*, Oxford University Press, 1986, Part1。本文引用了 Griffin 撰写的 Stanford Encyclopedia of Philosophy 中“Well-Being”词条 4：Theories of Well-Being，https：//plato.standford. Edu/entries/well-being。

为“享乐主义”,受到斯多亚派猛烈攻击——耽于“享乐”和“纵欲”。自17世纪始,快乐论再次蓬勃兴起,其理论成果最终成为国经验主义者从霍布斯到小密尔的思想体系的普遍准绳。到了20世纪,快乐论变得不那么流行了,我们将展现快乐论在当代功利主义理论中起初被忽视、后来又成为聚焦之地的变化过程。当代功利主义的确对快乐论的本质作了精细论证,它不仅仅是某种代表性的学术观点,也标志着古典快乐论在当代复兴的伦理价值,它从当下时代的社会心理中尽可能全面地展示了快乐和好生活之间的种种可能。

1. 希腊化时期的快乐论

在希腊化时期,人们强调快乐论通常容易被误解为追求内心宁静以逃避痛苦,但事实上,快乐论仍然肩负着一种使命——必须给予人们一种新生活,这意味着人们最终会把这种新生活作为对他们当前生活状态的一种改进,否则其价值至多是人们在内心世界修身养性。我们将看到,快乐论的确贡献了一种伦理解释,它启发人们主动探寻自身的需要和直觉,其思考对象恰是那些与人们最深的欲望、直觉和需要相关的东西,是与他们对重要事务的理解保持密切联系的关键之物。

希腊化时期面对着深刻的社会矛盾、种种奢靡与生活苦难的激烈冲突,使得哲学家们往往倾向于关注人之信念和欲望的变化,尤其致力于使内心世界摆脱对外在善物的依赖。伊壁鸠鲁的快乐论主张快乐既非低俗也非邪恶,而是与健康相联系,痛苦则与疾病联系。健康是好的,在这个意义上所有快乐都是好的,即使有些快乐掺杂着痛苦或者导致痛苦,但生命本身就是最大的善。[①] 对柏拉图、亚里士多德来说,有好的快乐,也有坏的快乐,比如无节制的奢饮。他们认为,快乐确实是好生活实现过程中的一部分,但快乐是有德性的人所过的幸福生活中必然附加的感受。而伊壁鸠鲁同他们最大的区别是,所有关于快乐的感受都是善的,好生活就是快乐生活,德性也是实现好生活的手段。伊壁鸠鲁的逻辑在于,一切对生命有益的东西都是快乐的,否则就是痛苦,它在快乐论中呈现了“一套不妥协的利己主义快乐论体系”。[②] 但因为将快乐置于好生活的首位甚至是全部,伊壁鸠鲁的快乐论就给世人留下了如此

① Scarre Geoffrey, “Epicurus as a Forerunner of Utilitarianism,” *Utilitas*, Vol. 6, pp. 219 - 231.
② Ibid, p. 223.

印象:“只关注内在的自足性,满足于自己的肉体和精神状态,抑制不必要的欲望。”[1]这很容易让人们感到伊壁鸠鲁等希腊化时代的哲学家对个人与社会关系的反思不够深刻。

事实上,伊壁鸠鲁的快乐论并不排除对社会疾病的关注,除了为人们熟知的如何享受好生活带来的价值之外,伊壁鸠鲁令人信服地呈现了具体社会条件是如何塑造了情感、欲望和思想的。他表明了对世界的另一种洞察:“欲望和思想在他们当下呈现的样子上是畸形的,与其详细描述快乐的本质何为,不如看到他们描述快乐的真实意图是在告诉人们快乐是通过社会结构及其革新被重新塑造出来的。”[2]正是在这种理解上,我们对快乐论的缘起持有更多慎重和敬意,甚至说,希腊化时代的哲学家通过欲望、感受来洞悉世界,整体上仍然延续着目的论传统,快乐于他们而言本就同好生活是一体的。

伊壁鸠鲁主义在17世纪的复兴成为挑战经院哲学的自然观和道德观的一部分,这一挑战深刻地影响了英国经验主义,比如对霍布斯、洛克,乃至于休谟。霍布斯虽然同17世纪的伊壁鸠鲁主义有一定差异,但他的自我主义理论根基同伊壁鸠鲁一脉相承,且霍布斯关于自然状态中个体的行动基础是自利和自我保存的观念都同伊壁鸠鲁主义的人性观有着非常紧密的联系。霍布斯意识到,避免痛苦和自我保存是人最深层和最根本的欲望,这是建立契约并产生利维坦的人性动因。从霍布斯理论的崛起到洛克理论中的经验主义痕迹,都让我们看到伊壁鸠鲁的快乐论在现代语境下的重述。洛克推翻了认识论上的形而上学概念,他提出颇负盛名的说法是:人类通过他们感觉的中介“经验了”世界;“对洛克来说我们所有的观念或者来自感觉或者来自反思……我们的词语是源自普遍的感觉观念,即使是那些论及‘移除了感觉’的观念的词语也是‘出自感觉’”。[3] 相比经院哲学和亚里士多德的理性—自然法传统,深受伊壁鸠鲁主义影响的哲学家们构造出一种意志—人造物传统,在启蒙时代开

① Scarre Geoffrey, “Epicurus as a Forerunner of Utilitarianism,” *Utilitas*, p. 222.

② 玛莎·纳斯鲍姆:《欲望的治疗:希腊化时期的伦理理论与实践》,徐向东、陈玮译,北京大学出版社2018年版,第10页。

③ 克里斯托弗·J. 贝瑞:《苏格兰启蒙运动的社会理论》,马庆译,浙江大学出版社2011年版,第106页。

创了前所未有的心灵和世界的关系。[1] 所以，哲学家、思想史家罗森在回顾伊壁鸠鲁快乐论对政治学思想史的贡献时特别指出：快乐论带来的挑战更多“是揭示了人们如何才能通过改变构思自然的方式来调和自然和人为的关系”，甚至进一步而言，“他排除了一个障碍，为政治社会提供了一个比托马斯主义所设想的更为灵活和现实的基础”。[2] 总的来说，17 世纪复兴的伊壁鸠鲁主义推动了“人为之事”的兴起，而这种观念的兴起也逐渐引发基于经验感受而设立“规范”“原则”等行动标准的理论风气，从而使审慎价值的计算从传统的、完整的人生思考中脱离出来，审慎价值和道德价值开始分裂为不同领域。

2. 快乐论从古典功利主义到 20 世纪的转变

接下来，休谟创新了经验主义的成果，他将经验主义的快乐论版本从对激情、欲望的描述转而深入到对快乐与行为动机的考察。他讨论了利益或者说功利与快乐的关系，并认为功利是值得赞许的，而这些事物能够被赞许主要因为它们可以给我们带来快乐：“眼睛对于丰收的田野和硕果累累的葡萄园的景色、对于羊马成群的牧场风光感到愉悦，而避开了那些隐匿豺狼毒蛇的荆棘丛林的景象。”[3]休谟指出功利或效用的目的在于讨论它们产生快乐的属性与人的行为动机的关系，他并没有强调功利最大化的意图，也没有把它直接变成共同行动的标准。休谟的思路跟功利主义是不同的，他认为既然功利体现为快乐，快乐是每个人都有的普遍情感，人们有理由追求比寻求快乐更好的社会生活，因为道德情操是基于普遍同情，情感的愉悦本身是快乐的且可欲的，这些与公共利益无关。

这里休谟非常慎重地采纳了快乐的主观性和可欲性，而不去考虑如何量化的问题。笔者认为，正因为休谟不纠结于功利最大化的问题，反倒在快乐阐释上比古典功利主义的快乐更深地触及了快乐与情感动机之间的关联。约翰·麦基(J. L. Makie)评价道：“休谟并没有采纳诸如一种功利最大化的观

① 霍布斯可以说是开创了意志—人造物传统，但洛克比较复杂并不能明确归属于这一传统。参见列奥·施特劳斯：《自然权利与历史》，彭刚译，三联书店 2006 年版。但同样要指出的是，苏格兰启蒙哲学家对感觉、经验的重视是对快乐论由内在心灵转向政治哲学的最大继承和发展。

② 弗雷德里克·罗森：《古典功利主义：从休谟到密尔》，曹海军译，译林出版社 2018 年版，第 22 页。

③ 休谟：《道德原则研究》，曾小平译，商务印书馆 2001 年版，第 219 页。

念……而是进一步，更关注动机和特性，而不是行动和衡量标准的对与错。”[①]可以说注重分析快乐的实质和特性，使得休谟在快乐论的道德思辨上走得更远。休谟为什么如此重视快乐？原因在于他注意到快乐可以延伸到那些具有可欲性和可赞许的行为和目标上，从而快乐可以作为一种最普遍的情感——赞许，注入道德动机中。休谟更看重的是探寻快乐的发生学根源。他曾讨论道：“当一个目的本身绝不影响我们时，说任何事物作为达到这个目的的手段而使人快乐，这是自相矛盾的。因此，如果有用性是道德情感的一个源泉，如果这种有用性并不总是以自我为参照来考虑的，那么结论就是，凡是有助于社会的幸福的东西都使自己直接成为我们赞许和善意的对象。”[②]休谟用快乐和情感普遍联系——同情，来阐明道德起源的方式被麦克德评价为一种“包豪斯的伦理理论——在涉及伦理学的时候使用了持久的心智或性格特征这些博取赞许之物，在赞许之时，根据的是非常适合实现某些目的或者解决某些问题”。[③]

麦克德对休谟的伦理学理论用了“包豪斯”的评价相当传神，一方面，它暗示了伦理学本质上是一种人为设计，而设计所依据的是人性中寻求快乐的欲望；另一方面，表明休谟采用了一种最简洁直观的方式解决伦理学问题的风格，相比于制造出更多衍生的工具性概念，休谟快乐论的解释帮助他确立了道德情感的人性基础，但并没有让他陷入把行为、规则、动机或性格特征的实际或者预期后果勘定为道德衡量的批评中。人们往往只看到他对道德情感的论述，但实际上主观的快乐感受是他道德情感理论确立的核心因素。可以说，休谟的创新在于为快乐论之于好生活的解释提供了一种既主观，但同时又具有客观性、稳定性的解答，他用来解释道德情感的方法实际上为功利主义对审慎价值的计算和测量提供了新的维度。

边沁在《道德与立法原理导论》首页便谈道：“自然把人类置于两位主公——快乐和痛苦——的主宰之下。”[④]对于快乐和痛苦的本性，边沁并没有

---

① Makie, J. L., *Hume's Moral Theory*, Routledge and Kegan Paul, 1980, pp. 151－154.

② 休谟：《道德原则研究》，曾小平译，商务印书馆 2001 年版，第 317 页。

③ Sayre-McCord, Geoffrey, "Hume and Bauhaus Theory of Ethics" in Rachel Cohon (ed.), *Hume, Moral and Political Philosophy*, Ashgate, 2001, p. 485.

④ 杰里米·边沁：《道德与立法原理导论》，时殷弘译，商务印书馆 2000 年版，第 57 页。

直言，他通过归纳快乐和痛苦的种类而提出“估算快乐和痛苦的值”，[①]这表明他认为快乐在本质上是可通约、可测量，或者说是同质性的。密尔对边沁的快乐主义本质进一步做了质和量的区分，首先，他指出那些值得欲求的东西为人所欲的原因在于它们可使人快乐：“所有值得欲求的东西之所以值得欲求，或者是因为内在于它们之中的快乐，或者是因为它们是增进快乐避免痛苦的手段。”[②]其次，快乐有质的差别，“某些种类的快乐比其他种类的快乐更值得欲求”。[③] 但是密尔并没有给出使快乐在质上有区别的依据和标准，最后只能求助于那些体验过两种快乐的人的主观标准。因此，一些学者认为，密尔快乐主义的困境有两方面：“其一，以主观快乐作为善或价值的标准，其后果便难以避免道德或价值的相对主义；其二，如果从一开始就把快乐理解为仅仅局限于个体之中的现象，那么它便难以走出个体的藩篱而通向共同体的建构。也就是说，如果从快乐主义出发，真正共同体之善的建构永远是个问题。”[④]

个人态度在好生活的构成中的确重要，能更清晰地表达人们对好生活的理解，但快乐论的主观因素也面临着最大的挑战，即相对于客观主义来说，快乐的主观感受如何能够定义一种好生活。根据主观主义的快乐论，只要我的主观态度中产生出一种虚构的美好，以及对它的赞成和偏好，那么我依然是在享受我的快乐经验和感受。可是如果一个人生活在幻觉中，或者是“一种适应性偏好”中，[⑤]我仍然认为我是幸福的，这就遮蔽了很多现实问题。还有一些学者从另外角度意识到，“一个人只要他足够浅薄或执着，就能避免别人批评他的人生目标浅薄或执着”。[⑥] 既然主观的快乐集中于人类心灵的内省感受，那么主观快乐论如何分辨出真实和幻觉，如何真正知晓自己过得好不好？

在20世纪快乐论变得不那么流行了，最主要原因就是上述密尔对快乐的

---

① 杰里米·边沁：《道德与立法原理导论》，时殷弘译，商务印书馆2000年版，第68页。

② 约翰·密尔：《功利主义》，徐大建译，上海世纪出版集团2008年版，第7页。

③ 同上书，第38页。

④ 郝亿春：《快乐的本性及其在好生活中的位置——从德性伦理学的视域看》，《现代哲学》2012年第5期；徐珍：《功利主义道德哲学的嬗变》，《湖南社会科学》2015年第6期。

⑤ 阿玛蒂亚·森经常举这个例子，就是在印度某地区对自身健康状况的调查中，妇女对自身健康状态的评价高于男性，但实际上印度妇女的健康指标低于男性。而适应性偏好使她们习惯了苦难和低生活质量，从而表现出一种适应性的幸福感。

⑥ Peter Railton, "Taste and Value", in *Well-Being and Morality: Essays in Honour of James Griffin*, Clarendon Press, 2000, p. 61.

解释自身充满矛盾，恰恰是密尔的论证让人们抛弃了享乐主义。其他的原因是G. E.摩尔在他的著作《伦理学原理》中提出的几种对快乐论或享乐主义很有影响力的反驳。摩尔以及后来的康德主义伦理学家斯坎伦（Thomas Scanlon）都批评了快乐论的自我主义（self-egoism）理论基础，指出其本身在道德上没有任何价值。[①] 当快乐论衰落的时候，罗伯特·诺齐克（Robert Nozick）又用他著名的体验机的例子给了致命一击。[②] 结果导致当代哲学家很少关注快乐论，且在研究中也逐渐有意识地远离，因为它已经是一个被驳倒或者含混不清的主张，不能帮助人们明确定义幸福生活。

快乐论主张幸福仅归因于快乐，但即使在人们直观看来，事实上仍然有一些感受是不能完全被快乐或痛苦涵盖的，它们同样也蕴含着积极或消极的感受。批评者对快乐论的质疑导致人们超越快乐转而进一步扩充积极感受。比如我们在日常生活中，除了快乐、痛苦还能感受到更多更复杂的心理状态：冷漠与热情、忠诚与背叛、希望与绝望、创造与平庸等。那么，可以说如果这些心理状态表现得越积极、越正面，那么一个人就越幸福。但扩充后的复杂心理状态引发一些新问题，快乐与痛苦这类心理状态可以被描述为简单的感受性，在动物身上同样具有；而正如满足、自豪这样更高级的感受只有发生在人身上，而且它们更体现了人们对外在事实的一种意向性感受。

二、欲望满足理论及其向外在世界的探索

在这里，幸福取决于欲望的满足被看作功利主义幸福理论的第二种形态。[③] 在概念上，它用欲望满足的形式取代了感官的直接具体内容，不仅如

---

① 参见[美]托马斯·斯坎伦：《道德之维》，朱慧玲译，中国人民大学出版社2014年版。斯坎伦认为人际间道德涉及将你的行为能力指向他人时候的一种正当化，快乐论的出发点是纯粹的自我主义的，它不具备给予他人之应得的责任动机，从这个意义上无法追溯快乐论的道德价值。

② 诺奇克在《无政府、国家和乌托邦》中提出体验机的例子引发对个人的体验的质疑，普特南在1981年的《理性、真理与历史》用这样的例子主要讨论认知，但经过普特南等人的加工后已经被描述为著名思想实验“缸中之脑”。

③ 本书只选择三种主要形态进行论述，但并不反对其他学者对功利主义幸福形态多种的详细列举，其他每种分支理论都包含着对欲望满足理论细节问题的质疑与修正，但我们认为总的来说欲望满足代表了一种在快乐论与客观列表理论之间的过渡类型，它以幸福的形式取代幸福的具体内容，且尤其关注主体的内在世界与外在世界之连贯的问题，为客观列表理论的提出奠定了一种内在普遍性的基础。从整个意义来说，理想型、偏好理论、有理据的欲望理论具有大致相同的类型结构。

此，它还逐渐强调主体在心灵世界和外在世界的交互体验。欲望理论另一个区别于快乐主义的显著之处在于它指出，幸福不仅应该是心灵状态的享乐和舒适，而更应该是一种关于世界的状态。幸福应该包容更宽泛的定义，它是一种关于人和世界整体的状态。① 这意味着，考察幸福的生活状态不能是只简单关注个人内心的状态，而重在发现内在世界和外在世界的勾连，人指向外在世界的欲望以及真实欲望的满足。欲望满足理论因而可以反驳诺齐克的挑衅，人们要的不仅是那种快感，而是欲望在实际满足中的过程和体验。实际满足是欲望理论的最简单版本，它遭遇的质疑在于，欲望有着非常复杂的样式和情形，但如果实现欲望即福利，那么昂贵的欲望和偏好、以伤及他人为乐的欲望似乎在直觉上都是不可被社会广泛接受的。就此，欲望理论发展出一种更复杂的版本——有理据的欲望满足，那些能够被满足的欲望指的是，人们在掌握充分信息的基础上（这其中就包含着对他人自由的考量，以及个体选择品味和志趣时的自主性等因素），通过审慎判断并对自己本质有真实了解之后产生出的欲望，才是能够被社会广泛接受可以被称为福利的东西。

1. 欲望满足理论的优势

意向性关联了当事人的感受与外在实际发生的事实之间的互动，人们在其间产生的疑问是，我们到底仅仅因为一种积极的心理感受而幸福，还是因为获得实际发生的积极事实而幸福？此处心理状态似乎就遗漏了一个关乎幸福的重要成分，即一个人的真实活动、真正的成功和欲望的真实实现。诺齐克的体验机的例子讽刺了这种简单的快乐论主张，因为相比于在体验机中获得快乐感受，大多数人还是愿意选择真正地经历并实现他自己的愿望。由此，欲望满足在这个意义上就确立了达成客观属性的可能。这一思考引出了功利主义解释幸福的一个进阶类型——欲望满足理论或者称为趋向论（preference theory）。相比于快乐论，欲望满足理论是一种形式上的幸福理论。因为快乐主义的主张提出了一个对幸福的实质性描述，就是指定了哪种事物或事态（state of fair）作为内在善构成了幸福生活。但是欲望满足理论并不能明确指定一些内容，而仅仅提出欲望被满足这样一种形式。

① James Griffin, *Well-Being, Its Meaning, Measurement, and Moral Importance*, Oxford University Press, 1986, pp. 8 - 9.

"知情欲望的解释并不要求欲望的满足在任何情况下都转化为有欲望的人的经验,这就是赋予该解释作为一种使生命有价值的理论的广度和吸引力的原因。在我看来,这似乎是知情欲望解释必须发展的方式。定义本身很简短:'功利'是知情欲望的实现,欲望越强,效用就越大。然而,这种阐释的发展方式表明所有这些关键术语都是在相当大的程度上是技术性的。"[①]也即欲望在何种意义上是"有理据的"在于需要结合语境的方式把握客观性与主观欲求的技术上的平衡,否则的话正如之后一些学者的批评,"有理据"会被扩充为一个脱离个体实际生活的无意义概念,我们接下来会谈到。

欲望满足理论在功利主义中扩充了对心理状态的描述并重新确立客观性因素与心理状态的内在一致性。它有几个显著优势,首先,欲望满足理论在寻求客观性的过程中无须诉诸任何先验观念或形而上学的价值,也不预设特定的目的论。其次,欲望满足理论体现了对个体道德自主性的关注。因为它提出的是一种形式化的理论,在欲望满足的主张中隐含了对个人所欲和所求内容的尊重。它特别强调人们的幸福生活是建立在各自不同的欲望的满足基础上,只要满足欲望的同时不妨害他人的欲望满足,那么他的趣味和偏好都应当由自己决定。再次,欲望满足理论的优势一定程度避免了诺齐克的体验机对快乐主义的反诘。欲望理论表达了快乐感受与实现过程的内在关联,无论成功与否,它至少在个人的意向性与后果实现的共同作用下努力尝试打破主观世界和客观世界的屏障。

那么问题就出现了,当欲望被满足仅仅作为一种形式时,何种欲望被满足、如何被满足都可能作为内容出现在对幸福的阐释中,反倒有可能出现行动的后果与我们的幸福直觉相背离的情况。笔者通过对欲望满足理论的质疑以及其回应来看它怎样逐步改进的。

2. 欲望满足理论的两种类型与问题

有学者认为欲望满足重点在于幸福指的就是实际欲望的满足。那么这一主张会不会导致一些荒唐的结果呢?在一些情况下人们有很多具体的欲望,但并不是每一种欲望的满足都指向个人的福利,也不是说所有欲望都是不加

---

① James Griffin, *Well-Being, Its Meaning, Measurement, and Moral Importance*, Oxford University Press, 1986, p. 14.

限定的。比如一个瘾君子实际欲望的满足就是病态的，瘾君子对欲望的感知、对信息的误判都使他距离毁灭更近，而非真正的幸福。同时，一个人以虐待他人为乐趣，这种欲望和趣味也不可能被满足，它的实际满足意味对他人造成伤害和灾难。因此，在现实中不同人那里的实际欲望因为种种原因可能是不合理的，而建立在满足这些欲望之上的幸福是不可靠的。这种现实欲望满足理论进一步被理想化的或者说有理据的欲望(informed desire)理论所取代。

什么是有理据的欲望？这是其实是对现实欲望限制之后提出的欲望类型，就是它本身的满足能够增进一个人的生活幸福，有理据需要在理想条件下设想，信息准确、冷静祛除偏见的理性思考、具有实践智慧等。摩尔就表达过这个理想的欲求事物"'必须包括一切无论具有多大内在价值的事物'，而所谓理想事物，也就是在全部我们已知的因素构成的整体中，那一个比其他的一切都好。理想事物既是具有内在价值的，同时也是相比较而言，是比其他一切因素都好的事物"。[①] 摩尔认为在有理据的欲望中蕴含着一种理想型的客观性，听起来是有道理的，然而它也蕴含着无法被认可与实践的非现实性，"作为人类活动或行动的目标具有某种乌托邦形式，换言之，这样具有内在价值的事物或事态只是一种理想目标，实际的行动后果并非能够完全体现出来"。[②] 就人们自身而言，有理据的欲望应当反映一个人所能认识到的必须过的生活，一种更有成就感的生活。

这种要求实现起来并不容易，"它是一种必须在'功利'(utility)的界限内找到一席之地的价值"。[③] 什么样的欲望是一个人具体生活中针对他具体境况而言最能实现幸福的欲望？虽然上述给出的理想条件不可能真的全都实现，但有些基本的特征是可以接纳的。格里芬说，有些理想的欲望不构成当事人福祉的一部分，比如我希望在火车上偶遇的朋友能够在比赛中获胜，我欲望所有人能够飞翔。并不是说所有欲望的满足都会构成你的幸福生活，而是有些欲望只有进入一个人真实的生活才构成他的福祉。当然一个人欲望火车偶

---

① 龚群：《当代后果主义伦理思想研究》，中国社会科学出版社2021年版，第10页。
② 同上书，第11页。
③ James Griffin, *Well-Being, Its Meaning, Measurement, and Moral Importance*, Oxford University Press, 1986, p. 18.

遇的朋友能成功,相比于我欲望我的后代能够有所成就,这二者进入我生活的方式截然不同,前者不构成我们对自身人生成就和福祉实现的一部分,而后者则作为实现我人生成就这一终极目的所始终坚持的路径。[①] 对每个人来说理想型欲望都很难分辨,甚至对理想型欲望的坚持同样也会产生一些荒诞的结论。那就是一个人的现实欲望是什么对他的幸福来说根本不重要,只有那个理想中的或者说有理据的欲望才指向人们的幸福。最后的可能结果竟然是一个人过上了幸福生活,但这并不见得让他感动快乐,也不是他真实的欲望,这个结果的确很奇怪。但为什么只有理想型的欲望被满足了才是实现了真正的幸福?这就必须诉诸一个客观的善,它不依赖于人们的实际欲望而诞生幸福生活,这就使得欲望满足理论越来越偏离其确立之初对心理状态与幸福关系的强调。

总的来说,快乐主义把幸福定义为快乐的增进和痛苦的减少,但忽视了更复杂的心理状态,以及心理状态中蕴含着个体对外在事物的明确意向性特征,这些心理状态呈现的积极状态和消极状态更接近我们对幸福的体会。尤其是体验机的例子批评了快乐主义可能伴随着的种种错觉,以及人们可能生活在幸福幻想之中时,欲望满足理论致力于表达主观欲望与外部事态的意向性关系是值得严肃对待的。但是这种努力却将功利主义理论导向了一种客观的善,反而使得主观心理状态同客观的善完全脱离开来。持有功利主义立场的另一些学者则坚持第三种类型即客观列表理论,从而对幸福展开客观主义的理论建构。然而有趣的是,快乐主义也相信有一种客观且唯一的善,那就是快乐,他们并未放弃主观感受性的强烈吸引,由此当代功利主义掀起了快乐主义的复兴之势。

三、客观列表理论与幸福的底限原则

功利主义幸福观念的第三种类型是认为幸福取决于一些重要的客观因素。从客观主义出发考察获取幸福的基本要素,这些要素并不在主体的内在和外在特征上进行区分,而是从人们普遍认可的底线原则出发对那些构成好

① James Griffin, *Well-Being, Its Meaning, Measurement, and Moral Importance*, Oxford University Press, 1986, p. 22.

生活的基本要素进行归纳，以列出清单的方式将传统功效主义的幸福概念范畴缩小到具体可量化、可操作的系列指标上。这种列清单的方式也被称为客观列表理论(objective list theory)，它在当代福利主义经济学中拥趸甚多，奠定了福利主义的伦理学基础。相比于快乐论、偏好理论与欲望满足理论，客观列表理论可以算是功利主义中具有鲜明客观主义特征的幸福形态。人们认为客观列表理论也代表了功利主义的幸福形态的发展方向。帕菲特指出，“根据这一理论，特定事物对人们而言是善的或恶的，而不论人们是否想要这些好的事物，或想避免这些坏的事物。好的事物包括道德上的善、合理性活动、人的能力的发展、有子女和做一个好的父母、知识、对真正美德的意识”。[①] 相对于善的方面，帕菲特也提出了恶的方面的客观列表，这个列表中所陈列的因素对人们来说可能会有所不同，但它们的意义在于并不是出自某些特定个体的偏好而产生的价值，而是如斯坎伦所说的，“其实质性的东西在于，有这样一些理论，根据这些理论，对一个人好生活的评估涉及何种事物使生活变得更美好的实质性判断”。[②] 这一类事物对于偏好或欲望来说都可以被看作客观价值。

帕菲特从正反两个方面提出了这个清单的客观性，功利主义学者萨姆纳在他的基础也总结了客观列表与前述的有理据的欲望满足的承续关系。人的行为以及活动具体特征以客观要素的形式被纳入追求美好生活的考虑之中，这“其中就包括私有制理论(private ownership theory)、需要理论(needs)、运作和能力理论(functionings and capabilities)以及目的论理论(the teleological theory)，客观理论往往以各种客观要素为形式列出理论框架……”[③]尽管客观列表主义在各自的幸福清单中列举出不同的客观生活要素，且这些要素在清单中的权重各异，但一致之处在于他们承认幸福的范畴应受限于一种稳定且客观存在的人类生活的关系中，拥有客观和非个人性的因素将会使得人们的生活普遍趋向美好。曾经的欲望满足理论希望用“有理据”这一定语为各异的主观欲望找到某些客观性的限制，摩尔就使用了理想型的欲望对象来解释功

① Derek Parfit, *Reasons and Persons*, Oxford University Press, 1984, p. 498.

② ［美］托马斯·斯坎伦：“价值、欲望和生活质量”，载于《生活质量》，阿玛蒂亚·森和玛莎·纳斯鲍姆主编，龚群、王文东译，社会科学文献出版社2008年版，第199页。

③ Leonard Wayne Sumner, *Welfare, Happiness, and Ethics*, Clarendon Press, 1999, p. 45.

利主义幸福概念中那些客观价值的含义，而客观列表在本质上算是对摩尔的理想型概念的具体修正。斯坎伦曾提到，毋庸置疑客观列表中的各项因素被人们指认为"是知情欲望的目标，即它们将会被完全理解它们的本质和生活本质的人所欲求"，[①]斯坎伦的意思会让人以为，所谓客观列表理论的客观性最终又循环回到了对客观因素的欲求主观欲望上，但事实上我们需要认识到，客观列表是功利主义幸福理论中客观性因素发展的顶点，它完善了幸福或好生活的实质内容，且排除了主观任意的偏好，将目标指向了欲望满足过程中的那些明确具有现实说服力的客观之善。

从另一方面来说，客观列表理论也阐释了功利主义的幸福理论在主体与客体之间的关系性探索。格里芬就曾经分析过客观列表中"需要理论"的客观性如何是一种不同于欲望的客观事物。尽管需要似乎也是出于主观的欲求但是它在本质属性具有一种不以主观偏好为转移的特点。例如当我生病时我需要吃阿司匹林，那么阿司匹林作为一种缓解我病症的药物针对身体而言就是一种被需要的客观事实，其一在于它是根本性的底限，其二在于无论你是否偏好它，它都是一种不以你的意志为转移的实质性关系。它不同于欲望或想要的心灵状态可以任意的偏好下产生一种追逐的主观意向，"基本需要的概念很有吸引力，因为它比欲望的概念更深入。它在实际欲望的背后赋予它们有关重要性的考量；与实际欲望相比，需要更安全地关联到真正的幸福事物"。[②]客观列表理论包含了各种不同的价值，因而以列表的理论形式呈现，但它们所具有的共性在于一定程度上都促成了功利主义幸福理论在主体性与客观因素上的联结。他们既强调幸福生活在社会实践中的客观性，也处理了人的心灵状态与外在于人的世界状态之间的融贯。

总的来说，快乐论面临的主观主义的批评使人们的快乐体验与现实世界的关系完全分离。欲望满足理论或偏好理论则从具体的经验感受出发将快乐看作对实际欲望或偏好的满足，但它的问题是欲望满足要么仍然是当事人内

① ［美］托马斯·斯坎伦："价值、欲望和生活质量"，载于《生活质量》，阿玛蒂亚·森和玛莎·纳斯鲍姆主编，龚群、王文东译，社会科学文献出版社 2008 年版，第 201 页。

② Griffin, James, *Well-Being, Its Meaning, Measurement, and Moral Importance*, Oxford University Press, 1986, p. 98.

在的主观解释，要么就是一种不在当事人主观偏好中的理想型欲望，脱离了人的实际生活的意义。因此，它们都朝向了一种更具客观、实质性的幸福理论的转化方向。这是功利主义发展至今对幸福阐释的几种主流观点，几类观点也代表了幸福作为审慎价值的当代思考。从格里芬对“功利”和“快乐”做出概括性解释开始，它们已经成为20世纪80年代以来学界讨论功利主义价值理论的一般性常识。[①] 客观列表理论基于人类普遍经验到的生活境遇，从普遍的底限原则上对幸福的基本要素（如衣食住行等）进行归纳而获得诸如“基本性善/益品”的清单，它相当于明确了美好生活应当在底限水平上满足的“优势需要集”。然而，随着幸福观念的不断发展实质性的问题也在不断涌现。对这些客观性的列举实际上已经独立于一个人的自我感受，用这些要素来解释好生活，虽然它们可以提供一种外在生活的图景，但是这些客观因素是怎样使得一个人过上幸福生活的？一个快乐论者可能会列举那些直接享受者的体验，而不仅仅是某些客观上是善好的名词。这些快乐体验是与那些人性完善的生活相一致性的，如果说体验愉悦是一种人性，而好生活恰恰存于人性之中，那么回过头来，快乐论似乎比客观列表理论更直接地解释幸福，也更吸引人。

第三节　快乐论的当代辩护

幸福作为一种审慎价值曾被划分为客观的与主观的，后果主义在讨论慎思价值的过程中强调客观主义所形成的外在事实，曾经在很长一段时间里，主观性的考量在后果主义伦理学中一直居于次要地位。但由于近年来随着一些经济学家和社会心理学家对幸福感以及社会生活满意度的研究，从快乐的心理感受展开的道德辩护得到进一步讨论。当代功利主义阵营中的著名学者对快乐论的本质做了精细的补充和论证，但人们很容易忽视快乐论在当代的自我辩护和崛起，呈现了思想史的连贯性和当代功利主义理论的整体面向。

---

① L. W. Sumner, *Welfare, Happiness, and Ethics*, Clarendon Press, 1999, 4.1.

一、品味模式与感知模式

快乐论总体上是依附于功利主义的，而在当代，功利主义理论在经济学上表现为一种福利主义，福利主义经济学倾向于考虑对人而言的快乐与福祉，从而通过一种量化计算考察人们的生活水准。在古典功利主义中快乐论往往容易被人们误解为简陋而粗鄙的主观主义理论，而伦理学家格里芬在考察上述三种幸福形态的利弊之后，将快乐与幸福的关系进行重新定位。他指出快乐不仅仅是主观快乐，而是一个同幸福相关且长期看来都比较合理的状态。这一论断看起来毫不起眼，但实质的问题恰是从这一快乐解释开始的，格里芬认为没有必要一定将快乐框定在古典功利主义的框架内，而不妨把功利看作常规意义上一种对某人过好生活所具有的审慎价值的分析。相对于传统功利主义的功利即快乐的态度，他指出快乐不一定是好生活的唯一实质因素，但快乐肯定是实现好生活的要素之一。因此按照格里芬的阐释，将快乐论置于一种并非仅限于“功利”，而是对后果广泛关切的理论背景下，或许能更贴近快乐论对好生活的解释。

格里芬指出了快乐体验的两种发生学模式和它们在慎思意义上的价值，以及快乐论指向两种可能的关系。[①] 一种被称为“品味模式”(taste model)，即在欲望理论和具体的欲望—价值关系的模式之间，我们谈论一个事物有价值，是因为它被我们所欲望。比如边沁等古典功利主义哲学家认为，“快乐”概念就是一种积极的、具有愉悦性的感觉(feeling)体验，它在本质上是纯粹由人类心灵所把握的经验感受，是一种纯粹的内省体验(introspective experience)。另一种被称为“感知模式”(perception model)，我们感知到某种事物令人快乐或痛苦，乃是因它独立于我们的态度之外的某些特征和属性，使得我们产生快乐感受和体验。

格里芬指出品味模式是一种“主观的基于个体的心灵状态(mental states)，它表现为人们对某种体验的赞许或者厌恶的态度。感知模式则是关于世界的状态(world states)，它是人和世界在交互时我们对外在于我们的世界的感知

① Griffin, James, *Well-Being, Its Meaning, Measurement, and Moral Importance*, Oxford University Press, 1986, p. 30.

和体验，而重要的是这种体验是一些有关我们快乐或痛苦的现象”。[1] 相比之下，感知模式和品味模式分别具有各自的特点，品味模式认为快乐乃是人的主观感受。人们称之为快乐的东西可以通过内省而感受到的心灵状态，所以经验者有着不同的体验和态度，比如我们人类存在者在正常情况下对这些经验对象总是倾向于产生某些如“喜欢”“欲求”“厌恶”等的态度。感知模式更强调快乐是存在于外在的经验对象中的一种“快乐属性”，就产生快乐感受而言，是因为经验对象具有同质性的(homogeneity)内在属性。

格里芬是持有一种品味模式的立场的，因为在他看来，品味强调快乐的内省感受，正如西季威克指出快乐的内省感受在本质上可以说是经验者与特定经验之间依靠某种主观态度而联系起来的关系。[2] 这种态度理论非常适合解释一些感知模式无法解决的情形。比如格里芬举出弗洛伊德晚年的例子，他宁可在痛苦中清醒思考，也不愿意注射药物让自己变得麻木而神志不清，格里芬问道：“我们能否凭借他所做出的排序，在弗洛伊德的两种选择中找到一种单一的感觉或心理状态?”[3]格里芬反对“同质性”的说法，认为并没有什么单一的感受或精神状态居于首位，这些或赞许或拒绝的不同态度也几乎不能被条理清晰地分辨出来。格里芬的态度理论解释道，弗洛伊德如果说他选择不吃药并保持痛苦的清醒是在吃药和保持清醒这两种感觉中选择“快乐属性”更高的做法，这种解释颇为牵强且荒谬。但换一种说法，弗洛伊德这样做虽然承受身体和精神每况愈下的痛苦，可他选择疼痛感的背后是坚持对人生问题的理解和思考的态度，这达成了他思辨和智识上的满足感，这让他感觉更好些。

在格里芬的上述讨论中，快乐论是对好生活的一种审慎思考的基础，而不牵涉道德价值。当代功利主义者彼得·雷尔顿(Peter Railton)对格里芬的评价是：如果是寻求道德标准那他会放弃品味模式，但如果是讨论审慎价值的

---

① Griffin, James, *Well-Being, Its Meaning, Measurement, and Moral Importance*, Oxford University Press, 1986, p. 31.

② Henry Sidgwick, *The Method of Ethics*, Macmillan, 1907, Book 3, Chap. 14.

③ Griffin, James, *Well-Being, Its Meaning, Measurement, and Moral Importance*, Oxford University Press, 1986, p. 10.

话，格里芬是重视这种以欲望和趣味作为前提条件的因果关系的。[①] 人们往往看到格里芬在主观主义和客观的感知模式上自我矛盾，而事实上并不矛盾，在道德价值上格里芬更倾向于客观标准，但在品味模式中，它认为在好生活的审慎价值中内在欲望是价值的制造者，也是价值的终结者。如果一个目标不会出现且不能进入我的人格改进的主观体系中，那么它就不可能构成对我人生进行审慎评价的标准。

三、快乐论对客观性与同质性的探求

一个快乐论者坚持认为个人的快乐体验毫无疑问是与指向人性完善的解释性问题保持一致的。快乐是依靠经验者的主观态度加之经验对象之上才能得到的，另外，快乐论强烈的力量抱负就在于这种主观态度需要具有同质性，因为同质性是快乐可以量化的保证，也是幸福获得稳定性和客观性的基础。

近年来一些学者对快乐论的主观态度进行了细分，挖掘其中可作为标准的因子。比如学者 F. 费尔德曼就提出了针对快乐论出自个体态度的两种理解。他的关注点在“态度”一词上，他引入了一个经典的形而上学区分，即“非命题性态度”和“命题性态度”。一个“命题”(proposition)指的是对世界的状态(state of worlds)或者说某种事态(state of affairs)的特定描述。费尔德曼通过将快乐论中的某些态度定义为“非命题性的态度”，就是那些“喜欢”“不喜欢”的主观态度，而“命题性态度”的根本特点就是恰恰将人们在某个时刻的心灵状态与事态相连，因此命题态度必须具有客观、稳定的命题内容。[②] 比如说这种命题态度就包含着信念，因为它是在人类认知基础上逐渐强化而形成的意志状态，又比如说欲求，它和信念共同构成了人类行动的意向性，换言之，这意味着我“相信了某种世界状态”，而且这种“相信”是直接同我在世界中的状态相连的。但问题是对快乐论的感官主义改良一旦采取了“内在为真的态度”(intrinsically veridical attitudes)，那么针对上述客观主义的问题会再次袭来，

---

① Railton, Peter, “Taste and Value”, in *Well-Being and Morality: Essays in Honour of James Griffin*, Clarendon Press, 2000, p. 63.

② 张曦：《快乐主义与生活之善》,《世界哲学》2015 年第 5 期，但“世界的状态”是格里芬相对于心灵的状态提出的。

假如人们基于一个所谓的正面的命题态度，那我能不能从中获得享受呢？问题的要害在于“没有一种感受注入其中的态度，就根本不能捕捉到‘快乐’这个概念的关键要素”。[①]

当然，费尔德曼在“命题态度”中指出一种主观感受不仅仅只有情绪、感觉，更重要的是它能容纳一种认知功能，这并不必然地要被归结为客观要素。菲尔德曼这种讨论的成果深刻影响了当代情感主义理论，也被后来的情感主义研究延续下来，最终赋予快乐以认知性的（cognitive）和意动性（conative）相结合的特征是对这一立场大体一致的解答，这一态度也是当代著名伦理学家纳斯鲍姆强度道德情感的论证前提。

但是，还有另一种路向略微区别于具有认知功能的论证。格里芬的学生克里斯普（Roger Crisp）的策略是，从对象物和体验者的经验感受的关联中找到一种同质性，它是基于二者关系的同质性，而并不是说一定在主体身上或者一定在外在世界那里，换言之，既不是内在主义也不是什么外在主义。[②] 克里斯普在他的《密尔论功利主义》一书中指出，“应该用密尔的‘enjoyment’（乐趣或享受）一词取代‘pleasure’（快乐），‘suffering’（遭受）取代‘pain’（痛苦）”。[③] 基于这样一种转换，他把快乐论转换为一种乐趣理论（enjoyment theory），“任何值得欲求的事物，也就是好的事物，之所以如此，在于它所包含或产生的快乐”。[④] 在克里斯普看来，与其说快乐论仅仅是关于个人感官的描述，不如说快乐论应该阐明那些对人有益之物，例如荣誉、成就、愉悦经历（无论是主观还是客观的）如何具有令人愉悦的感受（或者它们的可享受性），而这是唯一一种“制造善”（making good）的机制或属性。克里斯普打破格里芬对同质性的否

---

① 参见张曦《快乐主义与生活之善》中引用 Mason, Elinor, “The nature of Pleasure: A Critique of Feldman”, in *Utilitas*, Vol. 19, No. 3, 2007, pp. 379 - 387.

② Sumner, Leonard. W., *Welfare*, *Happiness*, *and Ethics*, Oxford: Oxford University Press, 1996, p. 89. 萨姆纳曾经把快乐论分为内在主义和外在主义的解释。内在主义强调快乐感受的同质性，外在主义则立足于外在价值的不可通约和非同质性。比如内在主义的代表主要是休谟和边沁，他们主张愉快经历的共同之处“是它们积极的感觉基调：一种内在的、不可分析的愉悦品质，在所有这些经历中或多或少都存在”。反对内在主义的学者比如格里芬就认为，我们实际上喜欢的所有事物并没有这样一种共同的令人愉悦的品质。但是，在内在主义看来，即使是格里芬也不得不承认指向不同快乐对象的各种情绪中普遍具有的一种积极态度。

③ Crisp, Roger, *Mill on Utilitarianism*, London: Routledge, 1997, p. 26. 中译参见罗杰·克里斯普：《密尔论功利主义》，马庆、刘科译，人民出版社 2023 年版。

④ 罗杰·克里斯普：《密尔论功利主义》，马庆、刘科译，人民出版社 2023 年版，第 28 页。

定态度，尝试找到新的共存属性来确立快乐论的辨识标准。克里斯普借用了学者雪莱·卡根(Shelly Kagan)一个关于声音的类比揭示了不同快乐感受背后有一种同质性的属性。

卡根认为积极态度应该是人行动的一种内在动力，那就是欲望，享受可以作为一个单一的"维度"，在这个维度上体验也能够发生一些变化。这正如声音和音量的关系，卡根用了这样一个例子。他认为，音量不是听觉体验的"组成部分"，而是"声音的一个方面，可以根据这个方面对声音进行排序"。[①] 如果享受可以类比音量，那么坚持说享受不能算作是愉悦体验的共同属性，因为它们之间有质的差异，就好像说，因为音色和音质不同，所以没有单一的音量作为声音的共同属性而存在。从经验的组成要素而言，铃铛声的构成和喇叭声的构成是不一样的，那么响亮的喇叭声和响亮的叮当声也是不同的。但卡根认为，音量不是一种声音的"类型"，所以铃铛声和喇叭声可以在音量上有种一致性。

当然，卡根的这种类比并不见得具有特别的形而上学意义，但是他揭示了一个常见的现象，当人们说响亮的铃声和轻柔的铃声都是一种声音时，人们通常只关注是什么事物发出的声音，而不是声音的大小。那么卡根的这种内部主义的解释是否行得通？西季威克曾指出："我能找到的唯一共同品质是感觉[享受]似乎是一种与欲望和意志的关系，而欲望和意志是由一般术语'可欲的(desirable)'表达出来的。"[②]因此，按照西季威克的说法，我们可以给快乐下个定义，即作为一种情感，当有智性的存在者体验到这种情感时，至少会被含蓄地理解为是一种可欲性(desirability)。所以，卡根的意图已经表明了，他坚持快乐的一种内部主义解释，快乐的属性是西季威克意义上的可欲性。

克里斯普结合卡根的例子对西季威克所指的可欲性进行解释。首先，用可欲的概念取代了被欲望(desired)的概念，则这里的概念使用应被理解为一

---

① Shelly Kagan, The limits of Well-Being', in E. F. Paul, F. D. Miller, Jr, and J. Paul (eds.), *The Good Life and the Human Good*, Cambridge University Press, 1992, p. 173.

② Sidgwick, H., *The Methods of Ethics*, 7th edn., Macmillan, 1907: 127.

种限制在“有理智的存在者”上；[①]其次，可欲性表达了行为主体对某种事物的价值认知和判断，而非被动地吸引或诱惑，那么这种可欲的体验就要求一种程度较高的认知能力，它就要高于那些非理智的存在者享乐的能力。克里斯普在此希望强调，“享受不仅仅是一种由主体所欲望的体验，在某种意义上，主体必须以它是如何感受的来渴望这种体验”，[②]而不仅仅是它所谓的特性或者那些独立于感受的特性。因而，我们也可以将之归纳为快乐具有同质性的表达，即那些值得期待的体验就是且仅仅是感觉好。

克里斯普认为，快乐论的价值在于它支撑了一种内在主义理论，即享受是所有令人期待体验的共有的单一情感基调。这里就引出一个问题，为什么那些不同的体验都可以被描述成享受？[③] 他的回答是：内在主义可以较好地指出我们对享受的一般性理解。第一，享受通常来说是多种体验的单一属性。正如格里芬举出的吃、读书和工作，这三种活动都以不同的理由、不同的方式使它们值得期待，但它们能够具有的同样属性就是值得期待。第二，我可以要求你依据这些不同体验对它们多么具有可期待性进行排序。这并不是对你的偏好排序，也不是问你哪个更好，而是要你根据你对它们每个的享受和期待程度分出高下。

从克里斯普的上述讨论中可以看到，快乐论的内在主义模式容易被大部分哲学家忽视，因为大多数时候，人们停留在了那些确定了的(determinate)异质性的快乐感受上，而停止了关于可能性的探讨。换言之，值得欲求的体验和可确定的快乐，这些因素所指向的对象和产生的感受虽然彼此不同，但是它们都让人感到了值得期待这一特性。我们看到，克里斯普在快乐论的辩护中继承了休谟的路径，也结合了当代情感主义的研究成果。如果回到休谟的立场，快乐本身属于一种情感，既然从普遍意义上快乐又是一种人感到期待的情感，那么寻找好生活的内心力量则完全具有经验上的说服力。如果按照当代情感主义的研究，情感本身则具有认知功能这一观点已经部分成为共识，那么由情感自身所衍生的认知、信念就已经构成了快乐的某种客观且稳固

①② Crisp, Roger, *Reason and the Good*, Oxford University Press, 2006, p. 109.

③ Ibid., p. 108.

的基础。[①]

当代功利主义为快乐论辩护的过程也参考了心理学的研究成果来阐明异质性理论是站不住脚的。1967 年左右诞生的头脑—图像学研究已经指出，“多巴胺系统”是享受的一种生理触电，无论是精神还是身体都基于这样一种单一功能的生理基础。但是后来又有研究表明，多巴胺系统只是欲望的基础，而不是体验者与体验感受者之间共同作用产生“享受”的基础。那么享受在大脑中的相关处在哪里？一个心理学的答案是药物成瘾机制，它不仅能带来食欲的享受，而且还能带来某些社会性感觉，如安全感、愉悦感、和谐感等社会享受。甚至有心理学家指出这种对社会性感觉的需求和享受来自被称为“腹侧苍白球”（ventral pallidum）的大脑更深层部位，在药物成瘾过程中起着重要作用。这些事物包含在享受中，享受的每一种形式都同具体的神经子集相关联。

需要指出的是，我们对快乐论的辩护并不依赖于心理学的实验数据，快乐论本身对于人生的价值和意义是不可能也无法被心理学机制取代的，[②]毕竟人对心灵的反观和意义世界的严肃讨论仍然是包括快乐论在内的伦理理论的终极使命。

三、“善的制造者”问题

面对客观列表理论描述幸福的底线原则，人们还是要追问这些客观的清单为什么能够与人的内在感觉发生关联，还能形成对人生意义的建构？这里有必要指出快乐论的理论吸引力，安德鲁·摩尔（Andrew Moore）曾经指出，“诸价值本身都是部分地由欲望构成的”，而且当代功利主义者，甚至包括格里芬在内“在审慎评价方面可能是一个主观主义者”。[③] 在格里芬对欲望以及个体的能动性使好生活成为“好的”这一表述上，他启发了克里斯普去揭示一个对传统客观主义的误解。表现在格里芬这里，品味模式和感知模式并不是截然对立的两种立场，而只是在这两种模式之间缺失了关于善的制造者（good

---

① 参见莎伦·R. 克劳斯：《公民的激情：道德情感与民主商议》，谭安奎译，译林出版社 2015 年版。

② 王球：《演化心理学与人生意义》，《现代外国哲学》2020 年第 16 辑，上海三联书店，第 18—19 页。

③ Moore, Andrew, “Objective Human Goods”, In Roger Crisp and Brad Hooker (ed.), *Well-Being and Morality: Essays in Honour of James Griffin*, Clarendon Press, 2000, p. 76.

maker)的答案,因此,克里斯普认为,人对好生活的欲望就是善的制造者。

克里斯普对快乐论的辩护就指出,格里芬的审慎价值虽然列举了客观价值清单,但是大部分具体的客观价值都可以逐个被解释为代表着一种欲望,[①]换言之,它们会呈现出一种主观的善。"那个使所有这些价值依赖于欲望并因此变得更具主观性的事实是,它们至少部分地是由欲望构成的。"[②]如果说在好生活何以成为好生活的问题背后存在一个隐而不现的善的制造者的话,那么善的制造者也分为主观主义和客观主义两种解释。一方面,我们认为审慎的善根据它们的本性或可欲的特征从而可以普遍被称为是客观的;但另一方面,这些善具有欲望依赖性,如果这种欲望依赖性使它们成为善的,那么善的制造者也就具有欲望依赖性。由此在客观主义的表述上可否再附加一层解释,所谓客观性并不是指它在内容上是一种独立于人的主观欲望的,而是说当它且仅当它独立于"它们是否会成为任何欲望的目标这一问题时",[③]它才是客观的。

事实上,审慎价值这一维度的加入使得功利主义快乐论在质和量的区别上多了一个"价值"上的区别,甚至可以说"价值"是保证"质"的高贵性和排序优先的标准。克里斯普曾举过一个著名例子——牡蛎和海顿——这似乎是密尔关于痛苦的苏格拉底和快乐的猪猡的问题重现。但此刻出现的问题是,如果所有关系到好生活的东西都是令人期待的体验,难道做一只牡蛎的生活价值就不能高于海顿的生活价值吗?事实上,密尔对"更令人期待"这个评价如何得出并没有给出答案,我们重新回到密尔的论述来看这个问题。密尔主张中的一个解释是,一种快乐更高级是因为它们更"高贵",他在这里通过非享乐式的价值进入他的常规理论而放弃了享乐主义。逻辑上,密尔一直主张高贵性提升了那些令人期待的体验,也因此在强度和持续度上增加了"价值"的维度。克里斯普关于牡蛎和海顿的例子正是提醒密尔的这一策略还是存在问题的,因为密尔的标准无法解释为什么高贵就能使一种体验更值得期待。

---

① Moore, Andrew, "Objective Human Goods", In Roger Crisp and Brad Hooker (ed.), *Well-Being and Morality: Essays in Honour of James Griffin*, Clarendon Press, 2000, pp. 398 - 613, 399.

② Griffin, James, *Well-Being, Its Meaning, Measurement, and Moral Importance*, Oxford University Press, 1986, p. 47.

③ Moore, Andrew, and Crisp, Roger, "Welfarism in Moral Theory", p. 602.

但笔者认为密尔的路径是对的，当代功利主义对密尔工作的评价并不是否定他，而是在为密尔衡量快乐的标准做补充，甚至继承他创造性地指出快乐背后的那种具有同质性的东西，这可以说是当代功利主义对自身理论的立场和结构的重建。我们的结论是：用今天的观点来看，西季威克的可欲性是值得采纳的，而用在密尔这里，对那种更令人期待的特性加以框定的策略同样可以聚集在强度和持久度上。但这里要指明的是，它并不是感官的强度，而是某一事物可享受的或者令人期待的强度；进一步说，强度是指享受作为享受在一个行为者的生活体验上在多大程度上是令人期待，以及在何种强烈程度上是令人期待的。

总的来说，快乐无论是强度还是持久度都不是最重要的，因为它们无法提供一种独立的评价标准。但快乐的这些特性都依赖于人的体验，就体验的依赖性而言，快乐论同样也可以对善行或者严格意义上的道德行为做出自己的解释。

第四节　功利主义幸福观念的优势与问题

快乐论澄清了自身发展的一些问题，同时在自我辩护过程中也让其成为一个颇有前途的理论。它既从主观视角贴切地考察了幸福之于主体的内在价值，也为“善的制造者”提供了内在状态与外在世界的心理学意义上的有力关联。功利主义对快乐的开明态度，应当是任何一种社会文明都不会拒绝的，随着功利主义的价值理论在观念以及内在结构上的不断修正，它呈现了客观与主观二者积极并举的态势。笔者将看到功利主义快乐论的广泛应用，幸福确立了内在心理的稳定性基础，同时伴随着客观列表理论在20世纪80年代的崛起，使幸福需求对标于外在世界的客观性也逐渐清晰，由此曾经隐藏在功利主义幸福观念中的冲突与困境也随着理论更新而凸显出来。

一、功利主义在幸福建构与幸福衡量上的优势

功利主义理论相对于很大一部分伦理学理论而言，可以说是对善的解释

最为充分而透彻的了。古典功利主义从边沁、密尔等人首先提出将快乐主义作为衡量功利或幸福的内在价值，这种从直接的快乐、痛苦感受出发定义幸福的做法，无论在边沁的时代，还是在任何一个传统道德观念充斥的社会中，都无疑是激进的。许多思想家都赞扬功利主义对感受的直接关注与对传统道德质疑的决心。[①] 继而，功利主义在快乐论的基础上向外在世界探求客观性与主体之间的关联进一步发展出了欲望满足理论、偏好理论，幸福作为欲望的满足这一形式化的表述逐渐锁定了某些外在世界的客观指标，如何衡量幸福成为功利主义的一个重要课题。随之而来的是，客观列表理论承认人的主体诉求指向的是复杂多样的价值，而如果存在导向幸福生活的客观善物，那必然是一些形成幸福生活的底限原则，因而客观列表理论在人的本质与社会生活的意义上聚焦于获得幸福生活的底限要素。

1. 功利主义由审慎价值而建立道德价值的结构

功利主义首先找到某类具有内在价值的审慎价值通过了客观性的分析，但是在善的制造者这里，它留给我们的是一种非常适度的欲望依赖性。这种欲望上的依赖取决于一般人必须能够拥有的某种欲望，而这种欲望之存在完全是因为外在善进入了人的认知系统，且人们对价值的认知与欲望要始终保持内在的联系。

在道德价值上，人对好生活的欲望就是善的制造者，既强调了外在善的任何价值都取决于人们主观的认知系统，道德价值的合理性首先源自对主体的关切，同时也阐明了功利主义的幸福观念体系与幸福行动体系是内在融贯的，没有离开幸福而独立存在的正确行动。尽管生活中的一些道德价值可能并不会对善的制造者产生明显的依赖，且审慎价值与道德价值的区分并不具有天然且清晰的界限。但是在对生存价值的反思中，快乐论获得了道德意义上的积极回应。比如在备受争议的安乐死问题上，幸福的道德价值就是通过快乐

---

① [美]玛莎·纳斯鲍姆：《正义的前沿》，朱慧玲、谢惠誉媛、陈文娟译，中国人民大学出版社2016年版，第239页。纳斯鲍姆认为功利主义者边沁和密尔在提出以人的快乐为中心的内在价值时坚持的是一种激进主义和对传统道德质疑的决心。功利主义拥有一种以结果为导向的幸福观，尽管最大幸福的后果存在着各种内在冲突，但功利主义的原则相比于其他社会规则如契约论的理论，“它们就必须考虑对作为衍生物和后来者而不能参加契约形成过程的那些存在者，应当负有什么样的责任”。以及20世纪70—80年代一批学者对功利主义的评价都强调了主观感受的积极有效性，如Kraut，Richard.，Two Conceptions of Happiness，*The Philosophical Review*，Vol. 88.，No. 2，Apr.，1979，pp. 167 - 197.

的内在体验得到印证的。如果生命的价值取决于个体生存所能体验的生活质量,对功利主义来说,快乐体验才具有真实的内在价值。那么依据快乐论,当面对一个困于疾病痛苦且毫无救治希望的病人提出安乐死的要求时,就应当允许他实现这一愿望。快乐论在这里启发人们对不作为的行动后果也要保留积极的道德追问,可以说它为功利主义讨论美好生活提供的是思路而不是界限。

功利主义确立的感受性特征成为各种幸福理论中最具优势的,其主要优点是能够认真对待个人的感受和欲望,从而表现出对人们需求的尊重,而恰恰是这种直接感受能够以最快、最敏感的方式把握某个特定社会的幸福状况。人们为快乐论辩护的兴趣并不仅仅在快乐概念本身,功利主义的幸福观念能够被当代政治哲学作为不可忽视的指导性观念,因为它的幸福观要求一个社会应当首先尊重人的需要和感受,且这种被尊重的程度体现了当下社会道德标准和政治观念的亲和性和现代化程度。洞悉快乐论的本质最终目的还在于,能够借此对那些塑造了幸福体验和期待的外在规范进行反思。

2. 幸福的"感受性"特征与对质量的衡量

感受性是功利主义理论在描述幸福时颇具特色的地方,同时也体现了功利主义理论论证时的灵活性。功利主义认为,人们应当促进什么样的后果取决于同善有关的那部分内容是快乐、偏好还是长远利益等,这也是功利主义最少遭到批评的地方,因为人们通过功利主义总是可以调整关于幸福和善的说明,甚至还可以补充承认一开始功利主义并没有特别强调的重要事物,比如多元的善价值、对权利的保护,甚至是个人认同或以为主体为中心的善物。

其一,功利主义在幸福观念中不仅强调个体的感受性,而且还将感受性以及欲望的满足扩展为客观价值的普遍性。它们既是功利主义对外探求的结果,也是实现幸福生活时对群体与社会生活的必要理解。感受性是功利主义主张趋乐避苦的依据,它把个体快乐主义的冲动同时也泛化为一种集体益处最大化的价值原则,快乐论其实也注意到了快乐的复杂内容还包含着人与人之间的相互依赖性。作为群体的感受性不是指群体作为感受主体,而是说快乐在社会关联性中得到充分且有层次的表达。功利主义的哲学家仍然试图在探寻人际比较的恰当指标,一方面,他们认为在不同快乐感受之间分出等级或档次仍然是当代快乐理论的主要工作;另一方面,努力探寻那些幸福生活中普遍值得拥有的、客观性价值也能实现生活的改善与衡量。

其二,当代快乐论自我辩护经历了内在心灵世界与外在世界之关联的更新。认为感受性不仅是感官的强度而且还是事物值得期待的强度。我们从西季威克关于"值得期待的""可欲的"的主张中可发现感受性更宽泛的解读。它在审慎价值上使得一个事物比另一个事物更值得期待,相对于密尔提出在快乐的质和量的两种维度,它还添加了第三种关于"价值"的维度。密尔将快乐区别为质和量,有些快乐值得欲望在于它们质上的不同。但是这种质的不同在意义上是抽象的。反过来,它无法回答为什么在"质"上更高级的事物就值得期待?功利主义运用感受性特征描述快乐,其实是为"质"和"量"的区别提供了第三种解释,因为某些快乐在对于主体的感受性上是值得的。那种更令人期待的感受性并不是感官的强度,而是某一事物可享受的或者令人期待的强度,它很直观地表达了一个事物的"价值"属性。① 强度是指享受作为享受在一个行为者的生活体验上在多大程度上是令人期待,以及在何种强烈程度上令人期待的。当代功利主义在重新发现快乐这一古老主题时强调了"感受性",用值得期待的感受性来解释快乐的"质",这其实是在用主观主义的传统来解释密尔的客观性问题,它无需诉诸外在客观事物就达到了对幸福差异的评价。

功利主义经济学家依据快乐感受不仅能对不同生活进行量化衡量,而且对生活的不同因素都可以予以整合。因此,总体效用或平均效用可以囊括关于自由、经济福利、健康和教育水平的很多信息,尽管这些信息分属不同价值,但是它们都可以通过主体的感受性进行化约计算,它在生活的现实抉择与衡量中能够高效整合多方信息,从而用来提升社会总体的善。功利主义根据总体或平均效益衡量幸福(尽管我们在后面会提到这一做法的巨大缺陷),但目前作为普遍方法,当代功利主义者们承认这是衡量幸福的优势,指出这是功利主义强有力的一点。②

---

① Crisp, Roger, *Reason and the Good*, Oxford University Press, 2006.

② Peter Singer, 1972; Liam B. Murphy, *Moral Demands in Nonideal Theory*, Oxford University Press, 2000.

3. 功利主义幸福观念对价值的深入探讨

主客观联系客观列表理论进一步对实质性的善做了不同种类的列举，在价值论的意义上，它实际指出了主体在欲望上对更明确的客观事物的指向性，这同功利主义幸福的其他几类主观形态并非陡然分开的，毋宁是欲望满足理论的扩展性继承与完善。功利主义的客观列表理论似乎是将对价值的理解发挥到了较高的程度。功利主义幸福做出的价值阐释同我国学者的价值论在内容上几乎是吻合的，只是侧重点略有差异。李德顺教授认为，本质上，需要是"主体发起对客体作用的内在动因""代表着主体与客体之间一种客观的联系"，主体的能力越强，能够发起的"内在动因"就越大，主体需要的范围就越广、结构就越复杂、种类就越多样，"需要不依主体意志或其他意识为转移"，[①]这既表明了需要的客观性，也强调了在实践中主客体之间存在着一种互动关系，即客体的存在意义仍然在于人的主体性。对于价值的表述，或者用"善的制造者"的发掘使得功利主义幸福理论特别强调具有能动性的主体在生活与行动中的重要作用。

当代功利主义的发展脉络中既有快乐论，也包含着偏好论或欲望满足理论，甚至偏好论也往往化约为快乐论，人们可以说偏好或欲望的满足最后都是为了获得快乐。快乐主义心理上把幸福定义为快乐的呈现和痛苦的减少，但它忽视了在心理感觉上还有其他正价值或负价值的心理状态。因此欲望偏好理论试图通过主观与客观的匹配来确定幸福的意义，但由于种种因素人们的欲望满足并不意味着幸福，因而将幸福导向了一种客观善的观念。客观善并不意味着一个外在善物，而是一种稳定的生活方式所蕴含的某种独立价值。由此，人们关于幸福的另一种思考路径同功利主义的当代脉络出现了交集。

二、功利主义幸福观念的实质困境

学界对功利主义的批评总有很多方面，大部分学者是从功利主义的道德原则以及由此引出的社会正义问题来批评后果最大化的方案，且都已经讨论

---

① 李德顺：《价值论》，中国人民大学出版社 2020 年版，第 44 页。

到非常细致的程度。伯纳德·威廉斯针对功利主义的后果最大化提出过非常深刻的批评，纳斯鲍姆与阿玛蒂亚·森也都陈述了对功利主义的批评，“总的来说所有功利主义观点都具有三个方面：后果主义、总和排序和一种与善有关的实质性观点”。[①] 他们是在正义视角下评价功利主义道德原则对基本道德概念的无视与冲突，我们则借鉴这些批评，从美好生活的视角指出功利主义路径下的幸福的确忽视了另一些关于美好生活的重要因素，而这些因素构成人们对生活的繁盛与存在意义的深度关怀。

1. 功利主义将幸福量化的问题

功利主义擅长根据总体或平均效益来衡量幸福，但是量化使得一个个人被设定为单一原子式个体，成为功利的计算单位后个体所具有的独特性就被牺牲掉了。这里的独特性即个体有可能是处于社会底层的小部分人，他们的需求和欲望会因为上层社会多数人的极大幸福而被忽略和抵消；另外，个体的独特性还包括每个人作为主体所声张的权利都具有独特的善价值，它们并不能同其他价值进行比较并且以量化的形式相互替代。因而量化计算就在取消独特性的意义上忽视了主体对各种价值的期待与赞许，从而功利主义的单一善价值与多元价值出现了冲突。

2. 功利主义将幸福作为后果衡量的问题

一方面，功利主义把偏好、欲望都作为后果衡量，那么一个人当下有什么样的情绪和偏好就具有极大的收缩性，这种主观性体现在人们很容易满足于那些当下的可得事物，而不去期望当下传统和政治现实不允许他们得到的东西，这一点在功利主义对自己的幸福批评中就常常提到，经济学家称之为“适应性偏好”，从纯粹的感受性或满意度上，功利主义的测量只关注当下的心满意足，而无法考虑到人生活动中还有奋斗进取的主体性的发挥，从而作为一种公共政策有可能压制人们可能的广泛选择而提升自己的满意度。另一方面，功利主义注重后果而忽视了过程，从而一个人的具体的生存状态、个人具体能力，以及是否能够有效获取资源这些实现幸福过程中的要素被完全遮蔽了。我们不知道他们实际上能做什么或能成为什么，最终幸福变成了偏离个人具

① [美]玛莎·纳斯鲍姆：《正义的前沿》，朱慧玲、谢惠誉媛、陈文娟译，中国人民大学出版社 2016 年版，第 238 页。

体的自主选择和生活实现的一些数值总量或结果。因此,功利主义强调后果就在遮蔽了过程性的意义上抛弃了对人的主体性的关注,使福利后果与个人自由发生了必然冲突。

上述两点是对功利主义幸福所导致的价值评价问题以及过程问题的一些汇集,但是能看到这些问题表现在形式上是有重叠的。我们认为仍然有一种根本性的批评,可以从人生规划的实质属性看到功利主义路径的最大问题。

3. 功利主义后果最大化对完整性的伤害

伯纳德·威廉斯、墨菲等学者曾提出过对功利主义最大的异议集中在最大化问题上,认为后果最大化是对个人完整性(integrity)的伤害。最初的批评认为功利主义的后果最大化原则产生了极严苛的道德责任,这在结果上是有违人们的道德直觉的。功利主义认为正确的行动就是在可选行动的后果中做出使得结果最大化善或是最小化恶的选择。这就导致一个问题,即在功利主义所认为的"结果最大化"的背景下,也就是密尔以及斯马特在前面曾提到的"全人类的存在者的福祉"(welfare),那么这样一种要求被当代学者称为是严苛性的要求(demandingness),墨菲就把斯马特这样一种为了全人类福祉的功利主义目标称为最优仁爱原则(the optimizing principle of beneficence),最优仁爱原则总是要求行为者尽其最大可能为他人,这个原则有其简单性的优点,但是苛刻要求对于每个人来说都是荒谬的,[①]这违背了人们的常识道德。从日常道德来看,人们的确有义务捐款帮助穷人,也有义务帮助路遇的残障人士,但同时也有不去捐款、不去帮扶的自由,而彻底的功利主义者所贯彻的后果最大化则是从所有资源的最大化善的后果考虑,从而行善所救助的人越多越好,最终成为一个人必须要做的义务。这虽然谈的是功利主义后果最大化导致道德原则上的不近人情,但同时也暴露了后果最大化的论断在幸福人生判断上的错误。

---

① Liam B. Murphy, *Moral Demands in Nonideal Theory*, Oxford University Press, 2000, p. 6. 严苛性的说法首先是伯纳德·威廉斯提出来的,后来人们又从道德义务角度讨论严苛性的问题,类似的例子还可以参见 Christine Swanton, "The Problem of Moral Demandingness", *New Philosophical Essays*, ed., Timothy Chappell, Macmillan Inc., 2009, p. 111.

进一步而言,我们的重点不在道德义务的严苛性问题上,重要的是功利主义后果最大化对幸福生活在完整性上的规划产生了最大伤害。帕菲特和伯纳德·威廉斯都将批评的实质指向了如果按照后果最大化来要求生活,人们的所有生活规划都可能会被打乱,即丧失了我们自身生活计划的完整性。[①] 为什么我们生活计划的完整性对幸福生活而言这么重要?即便按照功利主义的主张,只有主体才能作为善的制造者诞生那些内在价值,从而将这些价值有效地指向他者。我们生活计划的完整性源于主体的自由选择,自主性是生活计划完整的前提,但后果主义最大化的要求是在完全不考虑主体的情况下施加所谓好生活的命令,让一个人无法按照自己对善的理解过自己所选择过的生活,这导致了人的异化。尽管密尔的功利主义理论中提出了自由在主体选择与人生福祉关系中的重要作用,但从功利主义对福利后果最大化后果的追求来看,一旦自由与某种后果最大化要求发生冲突,它自身不仅无法克服这种冲突而往往牺牲掉主体的自由选择。最显著的表现是,功利主义对幸福生活的规划是从一种与行为者主体视角不相关的立场而确定的,正如谢夫勒所说:"功利主义从一个非个人的立场来评价世界的状态,于是行为者就同他自己正从事的行动计划和履行的承诺相异化了。"[②]功利主义对后果最大化的规划排除了任何与行为者本身生活背景相关的参照系,而仅以全人类的所有福祉的效用这样一种"行为者中立"的立场进行评价,这样一来那些发生在当事人身上的具体的痛苦或快乐都不被参考,按照这样的方案,人们的行动和安排也同他自己的人生规划相去甚远,这样的疏远和异化是后果最大化的幸福评价策略必然导致的危害。

更具体来说,从自主性考察个人生活的异化还包含几个方面。威廉斯在《功利主义赞成与反对》一书中提到两个著名的案例,他着重提到这两个案例中行为者的情感。按照功利主义原则要做出后果最大化的选择是会违背或伤害当事人情感的,功利主义提出的行动者中立(agent neutral)的价值当然不会

---

① Parfit, Derek, *Reason and Person*, Oxford University Press, 1986, p. 50.

② Scheffler, Samuel, *The Rejection of Consequentianism*, Oxford University Press, 1982, p. 8.

考虑具体背景下的特定行动者的。[①] 威廉斯认为一个真正的且彻底的功利主义者是不会有这些情感要求的，在功利主义后果最大化的行动要求中，就根本没有感情在其中的地位，且他会把这些与功利主义后果最大化要求不相符的情感看作非理性的，不应该出现的错误行动。正如纳斯鲍姆在指出功利主义的弊病时在不同地方都曾列举了狄更斯小说《艰难时世》中的主人公，他秉持彻底功利主义的观念教育自己的学生"没有情感只有功效的最大化才是正确的"，这无疑是对功利主义在追求幸福生活结论上的归谬与反讽。幸福是处于人们与世界的联系中的，人们彼此依赖建构关系世界，很重要的部分在于我们的情感。所以威廉斯说纯粹的功利主义把这些感情看成"就像是与我们的道德自我毫不相干的，以一种最直白说法而言，由此失去了行为者的道德同一性的感觉，也就是失去了完整性"。[②] 一个行动离开了情感动机和关联就丧失了同一性，这是其一。

其二，还应当注意到，一个事件的后果是由当事人的多种意图起作用而产生的，即使作为一个功利主义者，一个人应当具有怎样的行动规划是不是要同他认知之内所能产生的欲求的最大化相关才更加合适呢？所以当代功利主义在幸福价值的形式中提出"可欲求的"特征，要实现可欲求的最大化无疑要考虑当事人以及当事人的家庭、朋友等各种密切关系中那些最基本的生活需求欲望。当事人的意图和选择都是出自对这些特定关系的认知，并且根据身处其中的具体生活而产生并安排想要选择的人生规划。威廉斯认为这些在关系性中的考虑是切中要害的，如果功利主义关于后果最大化的规划无法与这方面基本欲望的规划相关联，那么它实际上将无法起作用，陷入毫无意义的境地。而且那些基本欲望也是作为第一序列的规划贯穿个人一生的。[③] 而当后

---

① 例子参照 Smart, J. J. C. and Williams, Bernard., *Utilitarianism*, *For and Against*, Cambridge University Press, 1973, p. 108。威廉斯在阐述中提出了几方面的问题，另外比如说后果最大化导致的"消极责任"的问题，功利主义的道德责任问题我们并没有直接讨论，但是从根本性而言，扭曲了自主性的问题无论是道德原则还是幸福生活原则都需要强调的。但我们主要讨论在这两个例子中个人的完整性是在哪些方面被伤害的，哪些可能违背我们对幸福生活的常识理解。我们关注的是在幸福意义上一个行为者应当具有怎样的人生规划才算得是完整？

② Smart, J. J. C., and Williams, Bernard, *Utilitarianism*, *For and Against*, Cambridge University Press, 1973, p. 104.

③ Ibid, pp. 116 - 117.

果最大化的总和根据某些他人所决定的效用结构发挥作用时，行为者不能按照自己关系性的生活图景而只能放弃自身规划或倾向，这是完整性被伤害的另一表现。

其三，一个人的人生规划不仅仅包含与他生活密切相关的那些基本欲望，而且还可能是与其品格相关的非福利性的追求，这种追求构成他人生规划的主要部分，比如为正义感而行动是他生命追求的终极目标。功利主义后果最大化对完整性的侵害在于没有把这些因素纳入后果最大化或人生幸福的考虑之中，也即完全不关注一个人的品性与他生活选择的一致性。人生并非仅仅追求福利上的满足或幸福，而最大限度的增进幸福也并非意味着仅仅追求幸福，而是人们能够去追求那些他希望实现并且愿意珍视的价值，比如完全牺牲自己的利益而从事一项伟大革命事业，这是行为者在深层次上真诚的意图和态度倾向。这虽然不是那些基本需要的欲望，但它是构成一个人品性与价值观的另一种意义上的完整性，功利主义忽视了这一点则是对一个人品性的损害。查佩尔说："完整性是一种德性，这种德性是真诚地与自己的真正价值观一致，而拒绝通过假装或因懦弱而接受的价值观。"[①]过什么样的生活以及如何获得幸福实际上是与一个人品格倾向保持一致性的，而这里再次回到前文所述的自主选择这一大前提上，"完整性又是与自主选择前提相关的，即如果一个行为者不具有自主选择或是在真正受到强制的条件下的行为，并不代表行为者自己的意愿"。[②] 在反观功利主义上述问题后，我们发现真正意义上的幸福生活本质上必然要求一个人的完整性，且这种完整性在内核上是能够自我主导、充分实现自主性的生活，一个连当事人自己都无法选择的生活很难说是一种真正的幸福生活。

总之，幸福生活在完整性的意义上还关系到一些重要之事，这些因素在功利主义的价值理论部分或多或少都被关注过，但是在功利主义的行动理论所包含的价值量化、总和排序、后果最大化的计算中却被排斥出去，这就导致了功利主义幸福的价值奠基尽管直接关联着人的生命感受、体验与快乐，但却在

---

① Chappell, Timothy, "Integrity and Demandingness", *Ethical Theory and Moral Practice*, July 2006, 10(3), p. 256. 摘自龚群：《当代后果主义伦理思想研究》，中国社会科学出版社 2021 年版，第 45 页。

② 龚群：《当代后果主义伦理思想研究》，中国社会科学出版社 2021 年版，第 45 页。

价值实现的路径方法上完全抛弃了真实而具体的人，遮盖了行动意图和生活关系的生成，最终导致放弃了幸福生活的关键性活力。从当代学者对功利主义最深刻的批评中，人们发现对个人生活完整性的强调意味着一种亚里士多德式的思维将获得更多关注。

本章小结

功利主义理论是近代以来讨论幸福的典型伦理学理论，也可以说功利主义是近代以来阐释幸福的典型路径。功利主义主张最大多数人的最大幸福，这一判断既包含了价值理论部分，也包括了行动理论部分。本章从功利主义的价值理论部分讨论了幸福的内涵、幸福的形态，以及分析功利主义的构架恰恰是从非道德的审慎价值的基础出发奠定了一种后果最大化的行动理论。学界的较多讨论主要以功利主义的道德原则为核心展开，而本章在于探讨幸福视角下功利主义路径的有效性与恰适性，因而着重于对功利主义、经济学福利主义这些具有后果主义理论表现的观念进行幸福观念的梳理，归纳幸福概念在内在价值与价值形态发展过程中的自我更新与完善。

功利主义的幸福形态包含着多种形式，本章分析了三种有代表性的形态，并分析指出功利主义在价值理论中尤其注重主体性的经验感受。这些价值形态从最开始的快乐论发展到欲望满足理论，再至后来的客观列表理论，看上去似乎经历了一种从主观主义到客观主义的变化，但本质上是功利主义在价值理论上的自我革新，它阐释了价值如何贯通外在世界与内在心灵的关系。当代功利主义对快乐论的自我辩护与复兴，从价值维度重新解释了“质”与“量”的差异，持续着主体性在幸福生活中的重要地位；客观列表理论对外在善物的排序突破了功利主义传统，而以实现幸福生活的底限原则将主体性投向客观世界，为幸福生活的衡量与人际比较提供了思路。

功利主义在幸福概念建构与衡量的优势体现在其鲜明的可感受性指向，清晰易测量。功利主义把幸福当作人生的价值追求的最后目标，这些善或善物在价值链上是最终极的，而不是工具性和中介性的。密尔曾经把金钱、权势、名称,甚至德性都看成是中介性条件,而幸福本身才是具有内在价值的概念。这里功利主义的幸福理论体现的积极意义包含它考察后果的总量,而不是关注那些中介性条件的总量,由此可见它们对幸福实质性依据的严肃反思。摩尔最早提出"理想型"的事物是值得欲求的,则是功利主义史上最早的实质性的幸福理论,不仅由当代复兴的快乐论所继承,也深刻影响了之后的客观列表理论。

本章第四节着重论述了幸福的功利主义路径导致的自我矛盾。尽管功利主义的价值理论始终关注人的主体性特征、快乐与痛苦的感受、欲望是否得到满足,但是幸福的计量方式与实现方式却充满对主体性的否定。功利主义的总和排序把所有不同性质的价值规约而量化消除了价值背后个体的独特性;功利主义对幸福的后果式评判方式掩盖了所有过程性行动中群体间的差异、资源的匮乏以及个体的适应性偏好。最重要的是,功利主义采取了后果最大化的衡量路径和行动要求以作为实现幸福生活的基准,然后种种论证表明后果最大化伤害了个体的完整性,也成为功利主义幸福观的最大问题。完整性包含了一个人对自身生存境况的认知,对自己基本需要的欲望满足,保持自己情感与行动选择的一致性,最终根据自己珍视的价值规划人生,而功利主义以全人类福祉的最大化压倒性地淹没了个体的完整性,导致在结果上否定了功利主义在一开始的价值理论中强调的个人主体性和能动性。当代学界对功利主义的批评很大部分聚焦在人的完整性上,这印证了美好人生不仅是某种满足的状态,而必然包含着幸福的内在价值、幸福的中介条件与外在世界秩序于一体的复杂构想。此刻,当完整性被作为个体在世界中可成长的品格倾向时,亚里士多德主义适时地成为功利主义路径获取理论资源的一种新方向。

第二章　幸福与亚里士多德路径

如果说功利主义理论是先确立价值理论指定善与至善的根本，然后再推导出道德行动的规则，那么亚里士多德的美德伦理路径部分不同于功利主义的地方至少在于，它一开始就将人们具有施展德性的潜能作为初始的道德事实，从而幸福生活则是获得了德性这些人性品质并且最终将它实现出来的过程。当然这样简单的对比是有些粗陋的，随着亚里士多德论述的展开，一种美好生活及其实现的过程要比功利主义的单一还原论蕴含了更丰富的关系结构，并不能仅以因果倒置一概而论。亚里士多德对幸福的思考是一种前现代式的思维，这就意味着他并不把产生某种严整的道德规范以及形成何种可以定量的普遍性计算作为生活的主要目的，而是最直观地质问"人怎样才能生活得好"，从我们应当成为什么样的人开始，把人的本性之中的优越之处充分实现并展示出来，就是在过一种幸福的生活。在现代西方学者看来，本性即是人的心理特征，他们常常将人性和人的心理结构看成同一类概念。而美德或品格作为人本性的体现指的就是心理状态或心理结构，但美德伦理超越心理学的地方乃是它仍需一种道德哲学的探讨，人应该具有什么样的心理结构？"只有'应该'才具有道德规范的含义，由此美德伦理学的研究主题不只是事实上的心理结构，而是在预设了心理结构的可塑性基础上探求人所应该具有的、值得肯定的、具有社会道德意义的价值。"[①]从这个意义上我们把亚里士多德的由德性而达至好生活的论证看作内在具有道德价值的路径。

① 陈真：《当代西方规范伦理学》，南京师范大学出版社2006年版，第237页。

第一节 目的论序列与亚里士多德的幸福图景

国内外不少学者认为亚里士多德的学说是一种美德伦理学,但同时也不仅仅是美德伦理学。若我们说美德伦理学阐释了幸福生活实现的另一种路径的话,不如说亚里士多德式的古老视角在当代的启发远大于幸福实际如何的争执。陈真教授曾指出:“说亚里士多德既是美德伦理又不仅是美德伦理,没有这种必要。因为在古希腊伦理学就是美德学,即研究品质的学问。”[①]美德学在古希腊并非特定的理论流派,而是考虑伦理生活全部的一种学问。当现代人重新回到亚里士多德思考幸福时,应首先理解孕育出德性幸福理论的目的论传统。

一、目的论在当代是否还有意义

目的论意味着,人作为自然界的一个物种,按照其本性应当有其目的或最后的原因,这个最终目的就是至善,至善即幸福。目的论体系是一种古老的思维方式,它是有别于功利主义的另一种幸福思考,功利主义认为幸福是因为人直接体验到了快乐,所以要去追求遂成为幸福的,且它运用科学方法与实证性思维直接用快乐或痛苦的感受量化得到一个总量最大化的幸福图景。但亚里士多德却认为因为有些东西在客观上被普遍认为是完好或健康的状态,才值得我们去追求。然而这种客观性是从精神意义上理解的世界图景,无论是中国古代还是亚里士多德的西方古代都曾经呈现过类似的思想特征,它们都以感官经验之上的一种超验信念作为意义系统的终极依据。这样一种宗教的或者形而上学的概念作为世界的基础,在古代世界具有一种天经地义的普遍性和客观性,这种价值的来源是无法追问和质疑的,这就是亚里士多德目的论成立的思想史背景。正因为古典目的论的存在,对于每个人来说什么是好生活、什么是理想人生、什么是高尚道德等诸如此类的问题,它们都能给出确定的、

① 陈真:《当代西方规范伦理学》,南京师范大学出版社 2006 年版,第 243 页注释内。

一致性的回答，也就是给出一种普遍的关于人的生命的终极意义的回答。所以在传统社会中，意义世界是明确和统一的，我们称之为价值的一元论。正如马克斯·韦伯所说的除魅，现代性的理性世界瓦解了这种一元论的世界观，那么，亚里士多德式的目的论思维能否在现代社会找到它应用的意义。当代主张美德伦理的学者已经意识到这个问题，他们更愿意聚焦于亚里士多德讨论善的人性依据，暂且抛开他的形而上学设定，直接从亚里士多德的动物学研究基础上指出，善的终极目的是符合生命繁荣的内在依据的。尤其是，相比于柏拉图从天文学以及宇宙作为观察对象而得出至善的目的论而言，亚里士多德的目的论链条有着不同的内部结构。

亚里士多德给出的善生活是那么确定，所有事物都追求的那个最高的善就是至善，至善首先就蕴含着行动的终极目的。"每种技艺与研究，同样地，人的每种实践与选择，都以某种善为目的。所以有人就说，所有事物都以善为目的。"[①]进一步而言，"如果在我们活动的目的中有的是因其自身之故而被当作目的，我们以别的事物为目的都是为了它，如果我们并非选择所有的事物都为着某一别的事物（这显然将陷入无限，因而对目的欲求也就成了空洞），那么显然就存在着善或最高的善"。[②]

在亚里士多德这里有一个对至善的解释，至善的存在恰恰是一个人的本性所要达成的最终目的。这与柏拉图有着本质上的不同，柏拉图的至善指的是独立于人生活而高高在上的理念之善，亚里士多德的至善是跟人的自身属性有关且由人的本性所决定的具体的善，它是可描述的。为什么亚里士多德认为一定有一个"至善"呢？学者史蒂芬·达沃指出，亚里士多德曾将射箭与一个深思熟虑的人追寻自己的生活做比较，他暗示了寻求生活的过程正如靶心的存在为射箭者给出明确目标。"假设智慧和荣誉都是具有内在善的价值，但人们被迫要在这两者中择其一的话，那么这种关于审慎抉择的有效假设仍然预设了人们是在一定现实基础上在两个最终目的之间决断的。"[③]史蒂芬·达沃的分析也说明了亚里士多德目的论中至善存在的价值与特质。一方面，就物种和它的目的性而言，至善表达了一个事物在世界中

---

①② ［古希腊］亚里士多德：《尼各马可伦理学》，廖申白译，商务印书馆2003年版，第3页。

③ Darwall. Stephan, *Philosophical Ethics*, Westview Press, 1998, p. 193.

的真实位置;另一方面,这种目的性来自事物属性自身,也同时给定了该事物的发展和行动的方向。亚里士多德的至善在两种含义上构成了幸福概念产生的背景,理解了至善就理解了亚里士多德谈幸福时的实质意蕴。在亚里士多德这里,幸福、至善、终极目的这些词在所表达的意义上往往是可以互换的。

在现代道德哲学看来,目的论链条事实并不存在且应被更实证的概念或是某些代表多元价值的形而上学概念所取代,当代对亚里士多德目的论的重新解读指向了这样一些基本的态度:其一,人们不是站在彼岸或用旁观者的姿态来探究人类的善,而是就存在于人类生活中,它是面对生活并为了生活而存在的东西,因而需要我们在人类生活中引出那个具有十足的实践性的东西;其二,那个善生活根本上要在我们内部以及彼此间来寻找,它是能够回应我们对自己、对彼此所持有的最深切的愿望,这种回应事实上就是生活最终要达到的目的;其三,它与人最深的愿望、需要和欲望相对应,构成了在经验范畴内反映"人的本质"的规范,它既是目的又是实现好生活的约束,它绝不偏离人的生活关切进而展现了一种融贯的幸福设想。

二、亚里士多德提供的幸福图景

亚里士多德在提供一副幸福图景的论述中采取了这样的方式,一般而言的幸福是什么样的,以及在幸福的实质生活中起作用的关键因素是什么。他的德性幸福论一方面从消极意义上补充幸福不是什么,从而有助于厘清他建构幸福的图景,使之与流俗的理解区分开来。另者是从正面意义上提出的,即幸福是合乎美德的生活,尤其在当代人看来,亚里士多德的幸福图景中的美德是建构幸福的功能性概念,它基于经验生活的客观性;同时幸福又是包含人的欲望与苦乐感受的价值思索,它构成了幸福实现活动的意象性动力。

1. 幸福不是什么

首先,亚里士多德指出幸福不是快乐。跟功利主义不同,幸福绝对不是那些感受性的事物,快乐是一种感觉,它是可消耗的,而亚里士多德的幸福是生成性的实现活动。"没有实现活动,快乐就不得以生成,唯有快乐才能使一切快乐活动变得完满。”[①]亚里士多德的美德理论认为那些快乐感受都是实现活动所伴生的，人们不是因为快乐而幸福，而是因为实现幸福的过程中会衍生快乐感觉，快乐感觉让幸福这件事更加完满。

其次，幸福也不是荣耀和财产。亚里士多德在外在的善和内在的善中曾指出，荣耀、名誉属于外在的善，因为它们有赖于他人的评价和给予。他人的尊重和倾慕本身并不具有内在价值，有价值的是赢得他人赞美或尊重的品性。而财产、权力和资源也属于外在的善，它们只有工具价值，只有当这些事物能转换为一个人获得幸福的手段时才有意义。尽管用否定的方式指出上述这些都不幸福本身，但亚里士多德还是坦言，比如朋友、财富和权力虽然非我们追求的终极之善，但是就我们所获取的内在难以剥夺的幸福而言，它们也是一个人过欣欣向荣的生活的有效补充。

此外，真正的幸福不是一时的幸福或快乐，而是长久的终身如此的生活。“幸福和不幸不依赖于运气，尽管我们说过生活也需要运气。造成幸福的是合德性的活动，相反的活动则造成相反的结果……因为合德性的活动具有最持久的性质。”[②]事实上这些条件是不大可能同时达成的，有时候为美德而履行生活的人会因此而失去权力和财富。将美德与幸福紧密相连在今天看来有着非常重要的意义，仅从幸福的视角来看，德性为人的生活方式确立一种价值评价的维度。而就亚里士多德所说的幸福仍然需要外在的善作为补充，则涉及了幸福与美德形成的物质条件，甚至更进一步强调了外在关系性与社会性因素在幸福实现活动中的价值。

2. 美德是构建幸福的功能结构

在通常理解中，亚里士多德的德性幸福论的特性就是强调了德性是实现幸福生活的基本路径，这样理解也有一定道理，将美德理解为路径或方式的确是幸福生活实现的根本思路。但路径或方式的说法容易让人们误会美德可能是获得幸福生活的一种工具性品质，实际上在亚里士多德体系中，美德是作为建构幸福的功能性结构，他并不是在工具论的意义上谈美德。

---

① ［古希腊］亚里士多德：《尼各马可伦理学》，廖申白译，商务印书馆 2003 年版，第 226 页。
② 同上书，第 28 页。

亚里士多德认为，自然的主要特征就是运动，[①]自然是一个从自己本身外出的过程，过程对他而言是在“可能性”与“完满”之间发生的事情：“过程就是存在者之为存在者按照其可能性的完满（=实现）。”[②]亚里士多德指出从可能性到完满的过程发生在一个中介者身上，即在中道这里：一个由两种相互极端对立的性质，如冷和热，所规定的东西，按照可能性是以其对立面为目的的。[③] 亚里士多德将这种中道原则变成他的伦理学尤其是美德理论的基础。他在伦理学中指出，作为人生活动的关于幸福有一些总体的描述，“不论是一般大众，还是个别头面人物都说：生活优越，行为优良就是幸福”。[④] 亚里士多德认为追求幸福无可非议，但需要认识到幸福生活在本质上是如何构成的。他指出构成幸福生活的首要条件是美德，由此，确定了幸福“在于德性或某种德性的意见是相合的。因为，合于德性的活动就包含着德性，就是合乎德性而生成的灵魂的实现活动”。[⑤] 由此可见，亚里士多德会把美德与幸福生活绑定在一起，基于他在自然哲学中的一种融贯认知，幸福既是人生活动的完满状态，那么美德就是人的功能从潜在的可能性向着完满的逐步实现。在古希腊语中，美德是特长、优势和功能的意思。它是人的本质功能与优势的最好发挥，功能和优势发挥到最好就意味着人们在实现本性中的至善目标的过程中一步步完美履行自己的功能。每个自然事物都有自己的功能，人同样如此，只不过人不同于动物、植物而自身独有的功能就是“理性部分的活动（一部分是对理性或原理的服从，另一部分是具有理性或思考，即进行理智活动）。理性部分有双重意义，我们应该就其为实现能力来把握它，因为这是它的主要意义”。[⑥]

亚里士多德接着论述道，美德作为一个人的品性总体而言是怎样表现出来的呢？他认为美德是一种品质的状态（state of character），也就是把握分寸和尺度的能力，用亚里士多德的话来说就是中道，只有选择中道的品质才是

① ［古希腊］亚里士多德：《物理学》，张竹明译，商务印书馆2006年版，第37页。
② 同上书，第121页。
③ ［瑞士］克里斯托弗·司徒博：《环境与发展一种社会伦理学的考量》，邓安庆译，人民出版社2008年版，第130页。
④ ［古希腊］亚里士多德：《物理学》，张竹明译，商务印书馆2006年版，第8页。
⑤ 同上书，第22页。
⑥ ［古希腊］亚里士多德：《尼各马可伦理学》，廖申白译，商务印书馆2003年版，第33页。

“不但要使这东西状况良好，并且要给予它优秀的功能”，更清楚地说“人的德性就是使人良善，并获得优秀成功的品质”，而“德性，如自然一般，要比一切技术都准确和良好，所以它就是对中间的命中”。[1] 它实质上反映的是美德拥有者处理情感、欲望的方式或态度。美德是有能力判断行动分寸的功能，以及形成一种行为习惯和品质。中道取决于拥有品质的人能够运用自己的理性有分寸、恰到好处地掌控情感，既不过分也非过犹不及。中道不是某一种美德，而指的是亚里士多德认为的所有伦理美德的品质都应体现中道这一性质。

中道是如何对欲望和情感做出恰如其分的反映呢？这就需要人的各项功能的施展，既包含理智德性，也包含伦理德性。理智德性是理性思考的能力，是用作认知的推算的功能；伦理德性涉及人的欲望的能力，伦理德性是指欲望能够在决策判断中服从理性，它是符合理性的欲望。理智德性的理性推算功能被看作是一种专门的思维，它是依据理性而实践的品质，这就是实践智慧。实践智慧就是“善于谋划对自身的善以及有益之事，但不是部分的，如对于健康、对于强壮有益，而是对整个美好生活有益”。[2] 实践智慧有别于认知的理性，比如对物理、数学知识的理解和学习，而是能够根据实践经验中获取的规则、惯例通过理性思考，甚至包含着某种道德知觉，将用于当下具有情境的判断能力行动的中道。所有的美德对亚里士多德来说都不是当下的情绪，也不是天生的能力，而是通过训练而获得的习性。

这部分虽然在讲美德作为实现的功能，但又向人们提示了一种深层次的认知，亚里士多德在对待幸福生活的议题上格外注重“人之本性”的功能性，这是一种认知生活分寸且能实践幸福的能力，这一点启发许多当代学者从“可能性”的力量出发讨论探讨构成人的可行能力的条件。另一方面，我们也不能忽视前苏格拉底哲学家普罗泰戈拉曾提出的“人是万物的尺度”的命题，它常常被误解为人要为万物立法的狂妄。事实上，从亚里士多德强调人具有把握尺度的实践智慧这一理性能力来看，还意味着人作为尺度的局限性而不是人把

---

① ［古希腊］亚里士多德：《尼各马可伦理学》，廖申白译，商务印书馆2003年版，第49页。
② 同上书，第126页。

自己作为尺度的无条件的全能。[①] 这意味着幸福生活实现中的一种洞见，人受限于身体的本性以及知识的认识，因而幸福是寻求各种生命尺度的均衡活动。

总之，亚里士多德对美德—功能的论证展示了他的幸福构成机制，人们的幸福就存在于很好地履行了作为人的特有功能——让灵魂遵从理性的声音，使得情感欲望在理性的把控下和谐均衡，而所谓很好地履行是分寸上的恰到好处，理性能够把握中道而达至灵魂最适宜的状态，且长此一生即是幸福。进一步而言，基于人的天然局限性，人对外在世界和内在世界诸关系的均衡恰恰是认识了这种有限性后极具实践智慧的处理方式。在这里美德之于幸福生活而言，它仅仅是一种必要条件而非充分条件，亚里士多德用目的论体系建立起来的美德—幸福路径承认美德部分地建构了一种关联体系，但也看到了友谊、财富和社会资源等要素让生活过得欣欣向荣的发展前景。

三、亚里士多德思探求幸福的内在动力

学界也有些将幸福状态作自然倾向的解读，在自然倾向中幸福包含着对欲望、快乐和痛苦、灵魂的活动的生动关联，尽管苦乐感受、欲求以及幸福感等词语最常出现在功利主义的语境中，本书将功利主义与亚里士多德分属于幸福实现的两种路径，亚里士多德在描述幸福时也谈到了它关联欲望、快乐的情形，对比它与功利主义的不同之处可以揭示亚里士多德对当代幸福主观主义更深层的认识。比如有学者认为，亚里士多德的意思是，人的最终目的是幸福，这是由他的本性决定的，这是他努力维持生存的本质特征。这一特征使人有别于动物和无生命的物体。[②] 人们指出亚里士多德的幸福论基于目的论，所谓目的论在亚里士多德这里是：幸福作为一种自然习性的达成表现为所有人类活动的终极目的，是一个非常关键的因素。它激发并推动着人类的生命活动，是支撑着人们维持生存且要“活得好”的内在动力。从亚里士多德的观

---

① ［瑞士］克里斯托弗·司徒博：《环境与发展一种社会伦理学的考量》，邓安庆译，人民出版社 2008 年版，第 128 页。

② Egbekpalu, E. P., “Aristotelian Concept of Happiness (Eudaimonia) and its Conative Role in Human Existence: A Critical Evaluation”, *Conatus - Journal of Philosophy*, Vol. 6, No. 2 (2021), pp. 75 - 86, 83.

念中可以看到，描述人类幸福并决定其生命持久性的那些特征在一个人的灵魂中是相当复杂的，这些特征既是那些追求卓越的正确欲望，也是为赢得卓越品性而正确选择和恰当行动的能力。

1. 亚里士多德对欲望的定位

亚里士多德对欲望在幸福中的地位做了清晰的回溯。“对亚里士多德来说，甚至身体欲望也是意象性觉察的形态，其中包含对对象的一种看法。因为他始终如一地把这种欲望描述成了‘表面的善’、指向‘表面的善’。”[①]亚里士多德承认人的身体欲望与动物有着连贯性，也指出这的确是从“善”的要求出发而行动的。他在正视身体欲望所能带来的快乐感受之余，还指出就人特有的身体欲望而言，对它的意向性以及认知回应要比动物更有主动性。就此亚里士多德通过描述节制这种美德，就将欲望在行动中的功能阐释得有别于功利主义。他相信节制并不是简单地抑制身体欲望，“这并不是让欲望良好地表现出来的唯一方式，抑制只能产生自我控制而无法产生美德”。[②] 因为“节制的美德要求心理平衡，一旦有了平衡一个人一般来说就不会在错误的时间、渴望错误分量的错误饮食”，[③]亚里士多德认为，节制等美德需要通过智性上的道德教育而获得，而所有的欲望都可以在不同程度上通过理智的推断和教导而得到正确的引导。因而，至少通过节制美德的培养，良好的欲望能够将一个人的生活导向“高贵”。

2. 亚里士多德对情感的分析

亚里士多德指出情感在幸福生活中具有创造性的作用。欲望之所以能够促使人们寻求生活之善，乃是因为欲望在与情感的联系中产生了信念。进言之，信念带来一种对道德行动者的全新认知，在情感的激发中“相信一个事物是怎样的”发挥了工具性的作用，它是行动者看待事物的方式，而不是事物本身。情感在对事物的简单神经性反映的基础上，以经验性判断和信念的作用形塑了幸福生活的理想状态。当代亚里士多德的研究者以很多资料论证亚里

---

① [美]玛莎·纳斯鲍姆：《欲望的治疗——希腊化时期的伦理理论与实践》，徐向东、陈玮译，北京大学出版社2018年版，第81页。

② 同上书，第82页。

③ [古希腊]亚里士多德：《尼各马可伦理学》，廖申白译，商务印书馆2003年版，第92页。

士多德对情感的独特分析，亚里士多德的文本中能看到幸福作为一种意象性概念，是包含着欲望、情绪的具有目标导向的灵魂活动。[①] 尽管亚里士多德获得幸福的原则是强烈反对瞬间的满足和愉悦的，但他仍然坦言幸福的获取是隐藏在人的自然欲望之中，与人在生命中坚持的内在动力(conatus)有关。[②] 当代对人的行为活动研究有多重分类，有的把行动分为五个主要成分：评价(对客体的评价)、生理(身体的状态)、现象学(愉悦或不愉快的主观体验)、表达(明显的身体变化)和行为(逃避或对抗倾向)。在此基础上，当代情感理论家通过三类划分指出亚里士多德的幸福主要包含着情感性、评价性和动机性的因素，[③]简言之，亚里士多德认为人类的情感在他们为生存而奋斗和维持自身存续的生活中扮演着不同角色，从而起着至关重要的作用。

3. 亚里士多德对灵魂整体活动的判断

亚里士多德认为灵魂具有整体上的意向性倾向，灵魂行动自身就在幸福生活中起着创造性作用。尽管在美德论中美德决定着行动与选择朝着合适的尺度而发展，但亚里士多德在谈到灵魂活动时特别指出了这种活动的内在动力机制。在《论灵魂》中，[④]人的欲望在灵魂中是同意象性的倾向联系在一起的，它们在行动中趋向着身体的活动，而反感或回避那些导致毁灭的事物。由此，一些学者也特别强调这一点，在创造性的语境中人类的欲望是由人类自我保护、忍受和持续生存下去的自然倾向而引发的。人类能够以一种独特的方式推动自己走向他自身渴望的生存和繁荣的目标，这似乎是人性的深刻特征。[⑤] 通过这种方式，亚里士多德认为欲望是灵魂中发起有目的运动的一种

---

① 纳斯鲍姆以及 Leighton、Fortenbaugh 等学者都指出亚里士多德处理情感的认知结构是相当精细的，并认为亚里士多德的情感具有意向性的觉察形态，情感与信念密切联系，且情感具有认知功能可以被独立评价为真实的或错误的。关于亚里士多德情感，当代情感理论思想家兼及亚里士多德主义者做过非常详尽的专题论述，本书限于篇幅仅对当代学界的研究做简单介绍。

② Egbekpalu, E. P. ,"Aristotelian Concept of Happiness (Eudaimonia) and its Conative Role in Human Existence: A Critical Evaluation", *Conatus - Journal of Philosophy*, Vol. 6, No. 2 (2021), pp. 75 - 86, 77.

③ Prinz, Jesse J.,*Gut Reactions: A Perceptual Theory of Emotion*,Oxford University Press, 2006, pp. 559 - 567.

④ Aristotle, *De anima*, trans. Polansky Ronald, Cambridge University Press, 2007, II, 1, 412b5 - 6.

⑤ Malpas, Jeff, *The Stanford Encyclopedia of Philosophy*, ed. Edward Zalta, Stanford: Scholarly Publishing and Academic Resources Coalition, Winter 2012, 24.

能力，虽然不是完全如此，“但至少当欲望的对象是可取的时候，寻求幸福就是一种有欲望的能力，它蕴含了活动的创造性作用”。[①] 亚里士多德关于欲望是灵魂活动的观点就是这样同人类情感相连的。

客观来讲，当代美德伦理重新发掘欲望、情感作为幸福实现的动力机制，一定程度比较切合当代功利主义对快乐主义的回归，也符合当代心理学研究成果对情感具有认知属性的一致认同。但不可否认，它仍然保留了有别于功利主义的重要论断，个人的意愿与情感能接受一种源自普遍经验的客观修正，从而在教育和习惯的养成中有能力内在地做出恰当选择，保持正确情感态度，正如人们总向往健康一样，灵魂的活动能帮助澄清个人的目的和共同体的目的，从而让生活变好。

学界在讨论亚里士多德的幸福是目的论的时候容易造成误解，就是实现幸福的美德行为只能限制在理性认识的活动中才能达到最高点。当我们提出幸福在本质上是人类生存活动的意象性动力时，至少亚里士多德绝不会否定情感、欲望的重要性，要实现幸福更应该考虑到人性的其他方面，痛苦和快乐作为情感映射了人的生命价值，事实上也规范了人们的生活。因为好的行动包括对欲望的正确态度，快乐或痛苦作为根本上的态度它们能够左右道德的进步。由此可见，尽管亚里士多德的幸福理论同样承认功利主义提出的愉快、快乐以及欲望在生活中的重要作用，对情绪的不良感知可能会导致不鼓励生存意愿的状况，而他也非常确定地承认每个人对情绪的良好判断可能会鼓励促进和改善生活的正确反映。看起来亚里士多德是在讨论动力，但其实他已经清楚描述了幸福生活的感性维度及其界限。

第二节　共同体主义与当代亚里士多德主义的底色

美德作为讨论幸福的关键，在于它对幸福的构成起到决定性作用，美德的

---

① Aristotle, *De anima*, trans. Polansky Ronald, Cambridge University Press, 2007, III, 10, 433a17 - 2.

本质属性也构成了幸福的理论底色。古希腊的美德伦理学家不强调个体的自我实现,幸福也断然不是个体对好生活做自我决定来理解的,善好的生活是拥有社会向度的。换言之,幸福是人们生活于其中的文化传统或社会共同体所认定的对象,是由广大社会成员共同分享与持有的一种想法。因而,美德的意涵是生活在共同体中一个人稳定而美好的品性。共同体的观念在当代美德伦理学家麦金泰尔这里得到发展,伴随着美德伦理的复兴,美德逐渐表达出共同体在当代幸福图景中实践的和社会性的向度。在麦金泰尔的思想中,目的论需要现代社会的替换者,如果说获得幸福生活的动力在于人的感性维度,那么获求幸福生活这一目标的客观依据就在于,共同体赋予了人们的行动以价值和意义,那就是追寻实践的内在利益。

一、麦金泰尔关于实践的内在利益

现代西方伦理学家认为,"目的"是由人的欲望所决定的,而人的欲望并非由于人的生物属性所决定,它作为主观愿望的任意性就脱离了"目的论"系统的约束,对现代人来说,"依据目的而行动是恰当的"这种表述已经没有什么实际意义了。相比于古代社会,目的论作为一种固定的思维习惯,归根结底它是用一种超验的根据来构成世界意义的基础,然而"我们这个时代,因为它所独有的理性化和理智化,最主要的是因为世界已被除魅,它的命运便是,那些终极的、最高贵的价值,已从公共生活中销声匿迹,它们或者遁入神秘生活的超验领域,或者走进了个人之间直接的私人交往的友爱之中"。[①] 马克斯·韦伯描述了目的论思维何以在当代消解的现象,因为现代世界中的方法和思维发生了一种根本性的变化,就是科学能够提供关于事实的客观描述,提供一种实然对于世界秩序的解释,这就是通常意义上的因果关系。对于实然世界的理性化阐释并不能对价值世界的意义提供任何可靠、有效的回答,故此韦伯认为两种世界的分野在方法论的体系上渐行渐远。因为价值是什么乃是人的信念要回答的东西,它不是客观的、被认为是假定的主观选择问题,在公共和社会领域,韦伯认为,人们没有办法对价值和意义达成一种统一的认可。理性虽然

① ［德］马克斯·韦伯:《学术作为志业》,冯克利译,三联书店 1998 年版。

主导这个世界，但价值和意义的判断却只能从理性判断中撤离，从客观的领域中被驱赶出去。

休谟在很早时候就从应然和实然的区别中指出了世界的二元分离，康德在道德形而上学中就试图完成一种价值世界的客观性建构，但在韦伯看来康德的努力是失败的。韦伯指出，解除了魅力的世界是二元的世界，通过科学与理性发现的价值主要着眼于世界是什么，而对信念和价值的讨论只能逐渐退出公共讨论的领域，对于价值问题我们只有主观的意见而没有客观的知识。随着亚里士多德目的论衰落，当代美德伦理学家仍希望借助目的论系统为幸福生活找到客观性的价值基础。

亚里士多德的目的论建立在生物学的形而上学基础上，按照他的观念人因为生物学的性质而必然要发挥自身功能，那么，追求至善似乎不是人们的有意识活动，而是人的某种生物学意义上的本能所决定的，这种目的论所衍生出的美德则让人不能理解。学者史蒂芬·达沃认为，随着现代科学的发展，理性对实然世界的把握表现出价值中立的特点，其"价值无涉"的性质在发展中越加彰显，道德规范和价值都无法在解释性理论中扮演任何显著角色。一个事物事实上是什么并不意味着"应该"如此，17 世纪中叶以后亚里士多德的目的论已经没有多少追随者了。[①] 尤其另一类原因，"无论是柏拉图还是亚里士多德，它们将社会和政治的论述，重新安置在一个由目的论来界定的解释框架内"，[②]这样一种思维模式在现代世界已经被解构了。这也是马克斯·韦伯的观点，价值作为人的信念的创造物，被认为是假定的主观选择问题，既然在公共和社会领域中，人们没有办法对价值和意义达成统一的认可，价值和意义的判断就只能从理性判断中撤离。尽管如此，但当代伦理学家麦金泰尔决心用实践和共同体传统来置换亚里士多德的目的论，阐释在生活意义的价值领域美德伦理学可以重新找回一种价值客观性。在这个意义上，当代的亚里士多德式方法建立起的幸福生活在现实世界是有客观价值依据可循的。

麦金泰尔认为当代西方伦理学对道德行为标准的争论是因为其背后的价值立场不可通约的事实所导致的。当代世界在价值认同上的不可通约性使得

① Darwall, Stephan, *Philosophical Ethics*, Westview Press, 1998, p. 195.
② 拉里·西登托普：《发明个体》，贺晴川译，广西师范大学出版社 2021 年版，第 47 页。

众多争论无法解决。为了摆脱当代思潮中道德争论各自为政的状态，麦金泰尔反思道，这些争论的注意力都放在道德行动的正确性上，而忽视了伦理学的根本问题，就是怎样过一种美好的生活。[1] 在他看来，回归到美好生活这一终极主题就能确立对根本利益的一致认可，是有充分的理由对自己的状态感到满意。“在当代英语中幸福是用 happiness 来表述的，感到幸福指的是无论你是否有充分理由，都对自己的现状或某个方面感到满意，但在亚里士多德所说的 eudaimonia 和阿奎纳所指的 beatitudo 中一个人对自己满意，其唯一条件是这个人有充分的理由感到满意……因此在我们达到目的的状态里，欲望得到了合理的满足。”[2]因此，麦金泰尔决定赋予美德一种认知和勇于追求人类根本利益的特征。在他看来放弃美德是舍本逐末，虽然亚里士多德的目的论已经无法在当代更有效地解释美德的价值，但美德在求善时的强力有效乃是基于它们共同的本质，这一本质应当是关系到幸福的核心概念。麦金泰尔描绘了一个人对幸福的思考过程，她在生活中追求各种利益的时候觉得应该反思一下，我为什么要这样活？每种利益对我的人生有何贡献？她会逐渐思考“善”，“学会如何像亚里士多德主义那样进行利益权衡，她的生活会渐渐趋近于一种实践学习的生活，就是说她在其中的感觉、欲望、辩论、判断和行为的倾向将逐渐改变。她会在越来越多的利益权衡中实现最终目的，且理解这一目的的必然属性”。[3] 从这个描述中看，麦金泰尔把美德归为一种人性品质，拥有和展现这些品质能够让我们获得那些实践的内在利益。[4] 其中“实践的内在利益”非常能够引起人们的共鸣，麦金泰尔用“实践”区分了这种利益和功利主义所说利益在本质上的区别。实践指的是一种连贯复杂的、社会所确立的人类合作的活动形式，如果说功利主义所知的利益是某个行动后果的快乐或效用值，那么“实践的内在利益”则是这个活动在实现过程中自身所特有的成就以及体验。不从事这项活动人们就无法获得这种利益，比如跑马拉松对一个非职业选手来说，可能既不产生广泛的荣耀也不带来金钱和地位，甚至长跑

---

① MacIntyre, Alasdair, *After Virtue*, University of Notre Dame Press, 1984, pp. 8－9.

② Ibid, p. 54.

③ MacIntyre, Alasdair, *Ethics in The Conflicts of Modernity: An Essay on Desire, Practical Reasoning and Narrative*, p. 55.

④ Ibid, p. 191.

也不必然导致健康，但是跑马拉松自身就有的乐趣、魅力和跑者的内在体验就构成了这一实践的内在利益。

实践的内在利益只有通过实践自身才能获得。麦金泰尔在这一分析中为美德发展了一种新的目的论解释，那就是，这些美德是懂得如何使人们在社会交往中获得实践的内在利益的品质。由于实践活动不是孤立和单一的，实践者是处于同他人彼此互动的社会组织关联中的，那么在实践过程中"我们不得不接受公正、勇敢和诚实的美德，将它们堪称具有内在利益和包含优秀标准的实践必不可少的成分"。[①] 而麦金泰尔认为，美德与是否获得外在利益并没有必然联系，跟亚里士多德不同的是，他坦言内在价值有很多时候会同外在价值相冲突，但是在一些现实操作中有些人会把麦金泰尔的实践的内在利益误解为一种功利主义的态度，但其实不然，功利主义并没有对美德活动中的内在利益同它所产生的外在利益做出任何实质性区分。从功利主义的角度来看，这种区分并没有什么实际意义，而且容易导致二者在终极价值上的冲突；但是在麦金泰尔看来，这种区分恰恰要体现人们自主建构价值的独立性，它就是美好生活不可动摇的品质，人们也可以把它理解为对亚里士多德的"德性"的当代阐释。这种品质体现了个人的内在自主性，但他承认这种冲突却无法解决在外在价值的巨大冲撞之下美德如何还能独立理解幸福。[②] 因此，独立性尽管与人在共同体中获取的外在福利密切相关，但独立性充分体现在一个人实践的内在利益上，它既是个人生活的内在价值之所系，也是人们在社会生活互动具有一种稳定且客观的价值关联。在此基础上，美德不仅是实践内在利益的心理倾向，也是寻求善或美好生活的过程中克服诱惑、伤害，不断强化自我认知和信念的心理倾向。幸福既是一种美好生活的状态，也是寻求美好状态的生活，美德就是理解什么是美好，如何实现美好的能力和品质。[③] 麦金泰尔强调实践的内在价值具有独立性，但其必然是来自共同体的，他的落脚点仍然在

---

① MacIntyre, Alasdair, *Ethics in The Conflicts of Modernity: An Essay on Desire, Practical Reasoning and Narrative*, p. 191.

② 参见陈真，《当代西方规范伦理学》，南京师范大学出版社2006年版，第263页。书中指出，麦金泰尔和亚里士多德不同，他承认内在价值与外在价值的冲突，认为它们不可调和，也指出美德常常让我们远离外在利益，由此展现出的矛盾反倒比亚里士多德更难理解。本书强调的是这种冲突的后果是麦金泰尔对美德之于幸福的关联性解释更薄弱。

③ MacIntyre, Alasdair, *After Virtue*, University of Notre Dame Press, 1984, pp. 219 - 220.

寻求美好状态的生活，不仅是一个人的能动性，而是共同体的价值投射。

二、自主性之于共同体的生活叙事

当麦金泰尔指出美德是一种维系传统的品质时，对共同体的强调才是他的美德伦理学的最显著特质，同时一个人的主体性是对共同体生活的理解与创造，当代美德理论将品格、德性理解为通过实践的内在利益把握到的主体性能力，也算得上是对亚里士多德的一种全新发掘。一个孤立的个体是无法寻求幸福生活的，每个人是具体社会身份的承担者，因而一个人所能够获得的欣欣向荣的生活是基于他的社会关系体系的。他认为，作为寻求实践内在利益的美德所真正根植的并不是一项当下的实践活动，而是蕴含在现在、当下和未来的前后相继的传统中。

传统是麦金泰尔的美德伦理的立足点，传统是从历史维度可观察的承前启后的相互关系。它们事实上可以被看作是关于实践的内在利益所构成的传统，个人的任何实践或活动都由传统所限制，而当下的限制要放在更宏大的历史中去考察。而美德既是对传统的维系，也是在当下的共同体中推进和演化新的传统。反之，传统和文化决定了我们的美德，美德与美好生活追求之间的关联就在这样一个有着时间维度的共同体中获得解释。

起初麦金泰尔在美德作为“实践内在利益”的品质一番解释中遭遇到一个问题，人们怎么确定哪种实践是善哪种是恶的，换言之，幸福构成成分之间有可能发生冲突，且实践的多重性会导致内在利益的多重性，美德的目的性恰恰在于它能追求实践的内在利益，正因此，一个建立在共同体基础上且有着文化历史传统的美德才具有锁定实质意义上美好生活的能力。

通过美德所表现出的自主性人们能够看到麦金泰尔关于美好生活的叙事俨然是建立在共同体的历史性视野之下。一种幸福的生活状态同样都出自个体的自主性反思，同功利主义不同的是，麦金泰尔不断强调着主体的这一反思是在个体利益和共同利益冲突中的建构性思索。也即，过美好生活在一个人的反思中是一种生活的叙事，她应当看到“其一，这个叙事不是一种个体的生活，而是处于人际关系中的生活叙事……她要考虑的是自己和他人的依赖关系；其二，这个叙事会关注她与他人如何从失败中吸取教训。他们拥有共同利益，吸取教训的学习过程旨在实现共同的利益；其三，在前述基础上她有能力融合各种个体的利益和共同利益，她业已将个体利益与共同利益看作自己最终利益的组成部分"。[①] 因此她的幸福生活叙事中有这样一种目的论的结构，而在实现这个最终目的的过程中她也懂得好的生活是与在共同体中的实践密切相关的。

因此，就一个人的幸福而言，它被看作是这个主体在讲述的一个完整的人生故事，这种关于个体谋划幸福的叙事事实上包含着三个要素：共同体的生活、在共同体的人际关系中以理性而践行生活、理性遵循的是共同的历史和文化传统。在这里历史性被麦金泰尔特别提出作为共同体存在的维度，"个人在共同体中的各种关系能够成立，很大程度上因为她和那些跟她共享利益的人们对欣欣向荣的生活所能达成的共识"。[②] 相对于代表功利主义的快乐感受而言，快乐感也许能构成一个人过往的体验和情感的"历史"，但麦金泰尔的历史性则是共同体在追求实践的利益中遭遇挫折、教训不断学习积累的历史，它先于并独立于个体的感受与赞同。最终麦金泰尔指出，共同的利益是人类繁荣昌盛的主题，实现这种繁荣的活动影响到每个人的生活，也成为决定着作为历史一部分的个体践行美德的评价标准。

综上，麦金泰尔的共同体主义指出了当代人讨论幸福的社会全景与历史质感，也为美德重新确立了以共同体为基准的目的论体系。但他同时也暴露出两个缺陷，第一，按照麦金泰尔的表述，美德是依赖于共同体的发展历史和承袭的，虽然社会环境和个体的社会角色扮演着重要的道德地位且形塑了一种幸福生活的原貌，但美德仍不能解决其规范性的来源问题。这既是人们探寻幸福之路的一种内在需求，也是道德理论对美德伦理的一种期待。第二，对共同体的历史叙说可能会产生相对主义的问题。对善的价值判断持有一种历史主义立场，尽管美德表现为个体自主的理性权衡如何获得美好的生活，但美好生活在每个时代、每个不同的文化群落当中都有其特定而具体的内涵和代表物。这就导致了各种代表不同价值的文化的冲突和差异性，以及由之产生

---

① MacIntyre, Alasdair, *Ethics in The Conflicts of Modernity: An Essay on Desire*, Practical Reasoning and Narrative, p. 58.

② Ibid, p. 61.

的相互竞争的道德也无可能进行鉴别和评价。现代社会的种种表现与需求，恰恰在于需要超越各种不同族群或文化的界限，寻求一种具有普遍性的价值导向与利益共识。如果像麦金泰尔所坚持的那样，共同体是个体幸福所必然依托的社会基础，那么这种缺陷就反倒很难使得人们在探寻幸福路径时达到一种更为宏大的命运共同体，而只能是狭隘的利益共同体。[①] 因而仅就目的论体系而言，人们仍然会坚持探讨一种全体人类值得追求的更高水平的善，美德伦理在当代的使命则更应当提出可参照的普遍性价值。

三、实践智慧与当代幸福路径的规范性讨论

尽管亚里士多德的美德伦理学复兴应时代而起，始于批判现代道德哲学的规范性问题，但美德伦理的谋划也不止于批判，而试图确立适应现代社会的美德与行动的机制。人们把建构规范的基础归于美德，也就是再次把规范的根基归于人们要如何思考价值共处的复杂情境，以及是否有能力对既有的生活价值展开反思与整合。因此，当代美德伦理学家麦克·道威尔、伽达默尔等人格外推崇实践智慧，纳斯鲍姆以及赫斯特豪瑟尤其强调道德的普遍主义，他们都从不同角度指出了亚里士多德在实践智慧上的深刻洞见，时刻提醒着现代道德世界朝着欣欣向荣的人世生活的终极回归。我们首先阐明美德在当代伦理学中相对于规范伦理学来说被理解为两种身份，这体现着道德生活中需要美德的两类情况。接着，当代价值多元且必然共存的情形下如何谋求共同利益，事实上诉诸的不仅是规范而是实践智慧。美德伦理学批判规范伦理学的过程也是它积极自辩的过程，它归纳了美德伦理的综合优势。

1. 从经验角度看美德作为规范伦理的辅助工具

从经验角度来说，美德是一种稳定的感受和行为习惯，一旦培养出美德，它就能帮助人们抵御恶行而去做正确的事。所以无论对同为规范伦理学的功利主义还是道义论而言，美德都能适时且恰当地嵌入这些道德原则中，帮助人们更好地实现规则所要求的行动。笔者举一个例子来看美德是如何融入规范体系的。

---

① 甘绍平：《伦理学当代建构》，中国发展出版社 2015 年版，第 110 页。

休谟曾经对霍布斯建立的契约论体系表示担忧，因为霍布斯的道德方案是基于人有自我保存的需求，加上担心人们在资源匮乏时人会因虚荣自负相互倾轧而暴死，于是确立了自然法为名的一套道德行动体系。霍布斯解释人为什么一定要遵守法则和遵守承诺，理由乃是个人的自私动机。然而当代伦理学家约翰·麦基指出，相对于自私动机作为我们的第一本能，天然的同情和怜悯是人的"第二本能"，"我们已经看到了道德执行着什么有益的功能，我们也可以理解为什么应该存在着——正如实际上明显存在着——这样的第二本能或者持久稳固的社会传统"。[①] 麦基不是美德伦理学家，但他用第二本能来解释美德在自然法的规范中如何推动利他行为的。

有学者在休谟的基础上提出用德性的方式改进这种框架。有人在霍布斯的理论中寻找他试图用正义的良好品性来维系道德规范的证据。其实在规则与行为之间有一个环节容易被人们忽视，那就是一个恪守规则的行动背后动力是什么？这只能回到行动主体——人本身，去看一个人的品性和美德。正义不仅仅是符合规则的行动，而且还是作为"正义之人"的良好倾向。因而他们指出，霍布斯的理论中涉及对自然法的论述都可以还原为一种美德理论。[②] 从这个意义上，道德规范就不再是一种原则约束，而是在描述一种出于理性而培养的良好秉性。美德在行动中起到辅助的作用，它帮助人们实现道德上正确的行为并形成长期稳定的品性。

就上述规范性框架需要美德伦理的现象，伦理学家沃诺克做出了类似评价，"强制是需要的，但没有好的性情倾向，强制是不够的，他给予好的性情倾向一种优先权"。[③] 这无疑是在说，德性这种性格倾向可以作为一类价值，从它们产生、发展的过程来看，都可以将它们视作遵守规则的品性，从而构成道德生活的重要部分。美德确实得到了规范伦理的重视，然而从规范伦理的立场上看人们对美德的需求，它们充当了在规范应用时的辅助角色，简单而言是作为工具被需求的。

---

① [美]约翰·L. 麦基：《伦理学：发明对与错》，丁三东译，上海译文出版社2007年版，第110页。

② David Boonin-Vail, *Thomas Hobbes and the Science of Moral Virtue*, Cambridge University Press, 1994, pp. 56 - 72. R. E. Ewin、J. Raz等人都主张美德在权利理论中的重要地位，以Boonin-Vail的论证最为典型。

③ Warnock, G. J., *The Object of Morality*, London, 1971, p. 17.

2. 哲学视角下美德作为自主性价值

规范伦理这样认定美德，正如罗尔斯所说，“美德是各种情感，也就是说……是一个从相应的道德原则出发来行动的欲望”。[①] 这样表述有一定道理，但却隐含了美德是由道德原则而派生的意义，相比之下，亚里士多德的美德则是人对价值和幸福的直接追问。美德伦理的理由在于，现代道德哲学缺乏的就是对整体人生的考察和价值思索，而美德能引导人们重新回到这里。

对于美德自身就是值得追求的价值，亚里士多德给出的论证很充分。首先，他指出在世间对人类而言最值得追求的善就是幸福(well-being)。[②] 亚里士多德告诉人们要获取幸福需要拥有哪些要素，这些要素来自人的理性能力并能在行动中展现他独有的人类本质的功能。而美德就是人类功能的卓越发挥。第二步，他再论证美德之于幸福的巨大作用及其内在一致性。[③] 第三步，亚里士多德明确区分了出于实现幸福之目的而选择美德与出于美德自身之缘故而选择美德。他很清楚各种人类美德对生活幸福和繁荣产生了巨大助益，但他仍然强烈表明，任何一种美德即使脱离了它们所产生的社会助益也是值得拥有的。[④]

再一次，人类活动的这种有目的的终结以理性和卓越的行为(美德)为前提。这种坚持美德自身具有价值的辩护显然与现代人的视角是不同的。但这一辩护提醒我们，得出美本身就是幸福的实现活动这一判断，其前提是对“善”给予一种宏大背景的丰厚理解。西季威克在《伦理学方法》中说道，对现代伦理学来说，道德价值本质上是命令。相反，在古代伦理学看来，道德在本质上是吸引力。[⑤] 美德成为一个宽泛且动态的概念，是包含着一个社群对共同价值的识别和判断，也包含着现代以来缺失的包容主义式的关怀和情感。

那么既然要在当代的社会生活中考虑如何协调各方价值和利益冲突，在

---

① Rawls, John, *A Theory of Justice*, Harvard University Press, 1971, p. 192.

② 本书限于篇幅不再赘述诸词在翻译上的内涵差异，古希腊语 eudaimonia 也有翻译成 florishing，但通常意义上的福祉由 florishing 表达不够明确。另外 Well-being 也区别于 welfare，特别要说明的是，当代福利主义通常把二者等同起来来指狭义的“好生活”，这个语词的外延部分排除了自由的内涵，所以本书强调的亚里士多德意义上的 well-being 是尽量在宽泛与狭隘之间取一个恰当的表达。

③ [古希腊] 亚里士多德：《尼各马可伦理学》，廖申白译，商务印书馆 2003 年版，1097a－1097b。

④ Ackrill, J. L., “Aristotle on Eudaimonia,” in Amelie Oksenberg Rorty (ed.), *Essays on Aristotle's Ethics*, University of California Press, 1980, pp. 15－34.

⑤ Sidgwick, Henry, *The Methods of Ethics*, London, Macmillan, 1963, p. 112.

反思之后达成某种普遍性的价值认同，不仅要关注如何达成一种普遍的规范原则，而且有必要考虑古典德性幸福论在重视普遍规范的道德世界中能够为人们提供哪些思考范式上的有效突破。因此，当代美德伦理学家的评价在于，在人们都秉持“善”的生活理想之下，“社会伦理学不是寻找所有人都可以诉诸的中立原则，而是基于一种复杂的道德判断观点，这种道德判断观点将日常经验、善的信念以及赞许感和羞耻感融为一体，成为人际关系和社会结构的一个有机整体。这是一种哲学方法，它将道德领域置于人类生活的一般目标之中，人们在不同的文化、种族与历史的情境中共享这个目标”。[①] 这样的转变来自当代美德伦理学家的论述，也是亚里士多德的思想可能在当代提供的启发，从根本上回答了美德在后习俗伦理中不仅仅补充了道德原则的应用环节，而且在达成好生活的价值共识上也应当发挥重要作用。

3. 实践智慧在寻求规范性中的独特价值

马克斯·韦伯把世界分为实然与应然的二元结构，也指出两种不同的世界分别由不同的理性加以理解。把握实然世界的是工具理性，而应然世界的思维工具在他看来则是价值理性，价值理性关注目的或目标本身的合理性，它关心的是道德义务、尊严、审美、宗教等所指向的价值根据。价值理性与工具理性是不同的评价体系，工具理性是有客观性的，计算和思考的是如何最有效地达到目标。因而在工具理性的立场看来，这种对某种价值的不计成本的追求行为是无法度量的，也“很不理性”。对于什么是价值上合理的则很难获得一致认可，价值失去了客观性和公共性，就目的的合理性来说，价值就变成了个人的意见和爱好，它已经从客观世界中被驱逐出来。重建价值的客观性是康德等启蒙时代的哲学家思考的问题，重新确立价值思考的理性路径也是现代伦理学努力的一个方向。

现代道德哲学以伦理原则的规范性探讨为主旨产生了规范伦理，规范伦理不认为好生活是伦理讨论的第一要务，而认为怎样做符合普遍道德原则才是伦理学思考的问题。尽管康德试图论证价值领域的客观性基础，但是何为幸福生活的问题在康德这里是脱离道德哲学讨论的，善生活不是一个与道德

---

① 克利福德·G. 克里斯蒂安斯：《阿格妮丝·赫勒的社会伦理学》，刘欣宇译，《学术交流》2020 年第 1 期。

规范相关的主题。当代一些学者认为,休谟对应然和实然的二元划分割裂了对完整生活世界的看法,即使是正确的行动原则、合乎理性的道德规范在一个人的现实选择中也只是他行动理由的一小部分有效来源,一个人的行动及其背后的理由是融贯在他所经历的生活历程中,在复杂的当下情景以及他对自己所关切的生活意义的考量之下的。康德的工作虽然要为价值领域奠基,但他却没法解决为价值领域的"诸神之战"确立某些一致性认可的机制。而亚里士多德的思考仍然在终极价值上对道德世界的建构与冲突具有参考价值。

在亚里士多德那里的实践智慧(phronesis)被理解为通达心灵中的感性部分与理性部分的桥梁,是在道德判断中能够控制情感、欲望、实现中道最终把握完整人生价值的优秀品性。[①] 实践智慧是亚里士多德实现善生活的一种理智德性,它既是德性的一种,也是使德性成为善德的理智能力。它在亚里士多德的幸福观念中最能概括所有德性的属性,它们不仅关切正确的行动,而总是同何为幸福的人生目标以及如何获得幸福生活的目标保持一致。然而,康德却仅把实践智慧看作是具有工具性、经验性的计算策略,"如果有人只在那些所喜爱的趣味里寻找道德,那么一会儿是人性的特殊规定,一会儿是理性本性自身的观念,一会儿是道德完善,一会儿又是幸福……如果这些原则完全是先天的,不沾带一毫经验,只能在纯粹理性中找到"。[②] 可见,实践智慧在康德那里仅是经验性和偶然性的事物,不具备导向普遍价值的能力,它变成了一种明智。在马克斯·韦伯看来明智的属性则演变为目的合理性,与对现实世界的规范性推理渐行渐远。而在某些功利主义看来,实践智慧最好就是对于增加快乐与减少痛苦的计算,它们只涉及对客观中立的审慎价值进行工具理性的推理。

规范伦理学在只关注"正当性"而忽视"善"的道路上越走越窄,不同的规范体系在其背后都有着不同价值依据,产生的结果就是各异的价值在现代社

---

① [古希腊]亚里士多德:《尼各马可伦理学》,廖申白译,商务印书馆2003年版,第172页。本书不再赘述prudence/practical wisdom等词在翻译时内涵上的差异,参见注释中对格兰特翻译的评述。此处不再对逻各斯、努斯和明智做语词上的细分。大致而言,亚里士多德依据灵魂是否具有逻各斯的部分来划分美德的两种类型,而在有逻各斯的部分又分两种:静止的和运动的。在理智德性中除明智之外诸项都是关于静止的事物,而明智所包含的理智和真是与实践相关联的。

② [德]康德:《道德形而上学》,苗力田译,上海人民出版社2002年版,第27页。

会中无法通约，且无法在更终极意义上彼此包容。价值冲突的现代世界也遭遇自身困境，工具理性视角无法帮助人们对终极价值进行选择，此刻，亚里士多德目的论思维揭示并还原了伦理生活的真正目的，寻求好生活才能让人们在道德规范之外看到如何突破规则并反思价值属性的可能性。因而，实践智慧在当代主流伦理思潮中或称为“后习俗”的意义上再次焕发出生命力。后习俗的说法源于美国心理学家和教育家劳伦斯·科尔伯格提出的道德意识的几种发展阶段，他认为随着宗教—形而上学的世界在当代西方社会的逐渐祛魅，社会习俗形态进入了后习俗时期。而后由哈贝马斯和阿佩尔将后习俗概念引入规范伦理学，提出这一视域下道德主体不断自我突破并通过商议和对话达成新的共识，它表现为在多元价值的撕裂与冲撞之下，人们发现伦理规则的神圣性和普遍性丧失了根本的价值依据，于是重新关注伦理规范建构的可能性并证成其合法性。就此美德伦理对于幸福生活的规范性建构在后习俗的形态下将被广泛讨论。我们采用后习俗为语境讨论美德伦理与幸福的问题，是为了揭示实践智慧在当下社会道德语境中的独特价值。美德伦理学的视角通过实践智慧体现在后习俗社会的商谈之中，从人们重新认识实践智慧再到商谈协作的过程，呈现了美德伦理在后习俗层面的实践形式。我们将在本章最后一节中讨论，后习俗社会实践智慧如何运用商谈获得的价值共识。

在20世纪末21世纪初，在规范伦理学的视角下，美德伦理的独立形态往往被消解掉了，它作为义务论或功利主义的具有辅助价值的心理倾向就已经足够了，尤其对功利主义来说，一种有美德的品格是效率最高的价值实现活动。然而，许多当代著名的美德伦理学家将精力倾注在如何系统地看待美德伦理学的独立地位上，即论证美德概念具有第一性的特征，应当独立于功利主义或义务论的规范伦理学体系。在美德论学者看来美德的地位高于规范，规范性的行动原则都是从美德理论中衍生出来的。美德伦理讨论什么是幸福生活的思路是具有独立价值且不可取代的。因为，美德独立的重要性在于，它揭示了亚里士多德对人性结构与人生活动的整体理解，它不接受将非道德的审慎价值作为实现好生活的标准，也不接受功利主义的完全由非道德价值的最大后果就能构成完好的生活状态。亚里士多德的美德视角自身就包含了有秩序的生活内涵，以及符合美好状态的一系列实现活动，道德的价值属性自始至终都贯穿在幸福的实现过程中。

无论怎样强调规则在当代道德生活中的重要,美德伦理依然聚焦于研究怎样做人的问题,怎样的生活才是理想而又现实的生活,它所涉及的基本概念是情操、理想人格、个人修养。这些概念构成一种实现幸福生活的路径,而在它们描述的人生是不可能还原为以道德规则为依据的"正确"或"应当"的。遵守规则的动机似乎无法从规则本身产生,虽然规则美德伦理试图寻求规范化,当代所有的美德伦理学家都秉持着所有道德行动是从美德中推出的态度。它用人际间的情感关联和实践智慧的内在品性使幸福状态保持了一种社会稳定性。

第三节 后习俗视域下的亚里士多德路径与共同利益

古希腊伦理学的特点之一是能够给人带来一种安稳感,希腊先哲们相信一种秩序完美的宇宙整体不仅是存在的,而且能从其结构中推导出人类善与人类在行动时遵循的美好品性。由于古希腊的美德伦理学奠基在宇宙秩序的运行法则之上,一切美德与行动就拥有了一种稳定的基点,而由美德以及美德的实现活动所构成的幸福反映的恰恰是一种稳固而统一的价值观念。

本节则主要考虑美德伦理的这种思维方式在现代生活强调道德原则与行动规范性的语境下保留了哪些精髓,尤其是我们引入"后习俗"一词作为对当代规范社会的概括,将后习俗社会中的道德规范作为参照系,对比式地考察美德伦理在现代转化中如何作用于商谈行动并达成道德共识,它存在着哪些问题以及它还可能做什么。

一、亚里士多德路径的当代应用与道德认知能力的发展

按照科尔伯格的道德意识发展程度而言,美德伦理学诞生的阶段,人们的意识是依据习俗化的行为系统,而经历道德意识的几个发展阶段后,人们来到了多元价值并存且冲突不断的现代社会,突破规则并反思其价值属性是这个

阶段道德意识活动的特点。重构是新生活的开始，但此刻能够提供有效反思的不仅是能力还有视角的转变，实践智慧就在后习俗这个历史的横截面上把寻求美好生活的期望建立在共同利益与可能的协商共识上。

谈到后习俗的研究，学界的关注点通常聚焦于阿佩尔、哈贝马斯的规范性论证以及共同体的建构等问题。比如考察从交往共同体到法律共同体的演变；[①]对从语用学和普遍性论证的系统梳理考察后习俗责任伦理中商谈和对话的思想基础[②]；后习俗背景下以学习机制到道德商谈的道德规范的有效性证成；[③]也有从政治哲学视角通过讨论主体的相互性特征考察共同体的规范性原则。[④]

"习俗"一词在德语中是 Konvention，英文是 convention，指的是俗成、规约或传统的意思。在《交往与社会进化》中，哈贝马斯按照规范进化的程度将社会分为四个阶段：新石器时代、早期文明社会、发达文明社会以及现代社会。他运用科尔伯格的道德意识发展程度，将相应的时代与人们道德意识的进化程度关联起来。这就有了他对后习俗伦理的界定和阐发。他认为，在新石器时代，道德规范还与前习俗时期的神话密切相关，早期文明社会和发达文明社会一般行动规则是按照习俗化的行为系统为指导；而到了现代社会，行动的一般结构开始由后习俗结构支配。后习俗阶段的特征就在于，对道德和法律有决定性作用的世界观结构演变为普遍发展起来的合法化原则。[⑤] 从人的道德意识活动而言，这意味着人们从遵循俗成的道德和法律转而主动反思多元冲突，探寻并认可普遍伦理原则。

1. 后习俗社会道德认知水平的发展历程

科尔伯格的道德心理学是从社会心理和道德心理机制来看规范的社会建构、约束力和协调功能的。科尔伯格认为道德发展心理学的水平可以分为三

---

① 严宏："从交往共同体到法律共同体——哈贝马斯对现代西方国家的演进式重构"，《华中科技大学学报（社会科学版）》2019 年第 3 期。

② 罗亚玲："贡献与挑战：在当代哲学的语境中再思阿佩尔先验语用学"，《复旦学报（社会科学版）》2021 年第 6 期。

③ 黄秋萍："后习俗社会道德规范的有效性证成"，《世界哲学》2019 年第 2 期。

④ 李长成、陈志心："论后习俗社会视域下哈贝马斯共同体思想中的相互性问题"，《四川师范大学学报（社会科学版）》2020 年第 4 期。

⑤ Habermas, Jurgen, *Communication and the Evolution of Society*, Beacon Press, 1979, pp. 157 - 158.

个水平，这就是前习俗、习俗和后习俗水平，每个水平中包含两个阶段。[①] 而且三个水平分别代表着三个道德阶段，也对应着三种社会观点。前习俗阶段社会中道德规范和社会期望都是自我之外的东西，习俗社会中社会成员自身已经认同并且内化了道德规范和相应的社会期望，而后习俗社会中个体已经能够将自我从社会规范中剥离出来，从而反思这种社会期待，最后遵守自己的伦理视角。

而从伦理学的讨论来看，可以这样理解习俗阶段和后习俗阶段的变化。在习俗社会，人们基于对启蒙理性的笃信，毫无保留地接纳并遵循这种具有准自然向度的道德规则。而后习俗社会的到来，不仅让宗教律令丧失了神圣性，而且也挑战了那个生活世界内部重构的道德普遍性，价值的统一与整合遭遇了质疑。后习俗中的道德行动者具有了反思的主体性，他要在诸冲突的价值之中策略性地行动并选择，这就需要道德运思既要诉诸共同生活的理解，同时也将寻求在特定的生活世界中走出道德困境达至自我理解和自我实现。

从这个意义上，寻求普遍可遵循的规则已不再是后习俗社会唯一的道德理想，而思想的流向寄托于对生活世界的理解和反思，怎样的认知可能获得更普遍的道德共识，从而形成道德意识的共同实践？这是后习俗伦理学更迫切探讨的话题。

2. 后习俗社会美德伦理学的发展演变

美德伦理在思想史上的发展同后习俗伦理认知水平的进化轨迹是契合的，这种契合是哪方面的？美德伦理学秉持着一种前习俗的道德观念，是基于古希腊伦理学中的目的论传统。以亚里士多德为代表的古代伦理学思考的核心问题是“我应该如何生活”？这个问题提醒我们注意，道德主体发掘德性的活动只有在好生活的语境中才能被完整理解。苏格拉底和柏拉图给出“有德行的生活”，亚里士多德则指出“最值得过的生活是幸福生活”盖是如此。因而什么样的生活值得过这类问题引发的行动是，人在道德认知中模仿、拥有和展现各类美德，以此作为如何生活的指引，这种思维意识呈现了一种儿童式的以自身以外的价值标准为参照的道德心理模式。

---

① 科尔伯格：《道德发展心理学》，郭本禹译，华东师范大学出版社 2004 年版，第 165—166、602—614 页。

随着历史推移，古希腊的思维传统逐渐让位于新型的道德观。基督教的兴起导致了一种法律主义的道德模型。托马斯·阿奎纳将希腊四主德结合了神学的理解，在强调德性在神学主体中的作用时，更倾向于习惯就是德性的论证。如果说将习惯和习俗作为德性的外显，托马斯的法律主义充分体现在他对神性德目的秩序分析上，通过将生活习惯秩序化、制度化，最终神性德目自然嵌入了他的自然法体系中。[①] 从而在基督徒这里，上帝充当了道德立法者的角色，过正确生活的重要性远大于过美好的生活，正确的行动就是服从上帝的命令。由此，美德的内容只有在神圣律令的框架下才得以理解，且以行为者为中心的美德伦理被置于次一级的考虑，基督教伦理以行为为中心优先于以行为者为中心的伦理考量推动了规范伦理学的诞生。

文艺复兴的世俗化并没有让伦理思考回归到古希腊人关切品格和幸福的思维传统，反倒是托马斯将神性德目进行世俗化使规范模型在道德生活中备受欢迎。即使去除了神圣律令的上帝之眼，以遵循规则为形式的道德生活从来没有被质疑，哪怕是从文艺复兴到启蒙运动，正如理性能力在那个时代不曾被质疑一样。

在经历了受外在价值标准支配的他律状态之后，人们对既定规则的遵守逐渐转入对规则本身有效性的反思。当这种反思开始出现时，也就进入了后习俗层面。后习俗层面分为两个阶段，第一阶段人们已经能够思考道德主体在创造和建构规则时的契约关系，而且遭遇了价值和观念的冲突；第二阶段人们基于道德的视角认可普遍的正义原则，通过理性的建构人们从自我开始论证道德规范性的依据，并认同或内化了社会规则和期望。[②] 一定程度上，习俗层面对应着规范伦理的时代特征，而后习俗伦理在认识到价值冲突和理性的局限性后，规则伦理的种种努力也出现了裂隙。20 世纪 50 年代后期，安斯康姆的《现代道德哲学》一文不仅揭示了习俗社会的众多价值对抗的巨大危机，同时也复兴了美德伦理。后习俗社会在应对这样由价值撕裂而导致的生活困境时，描述了一种新的努力方向，那就是后习俗层面要求将特定的生活方式、个人的内在情感和精神生活都纳入系统的反思，从而美德伦理学对生活之

---

① Finnis, John, *Aquinas: Moral, Political, and Legal Theory*, Oxford University Press, 1998.
② 科尔伯格：《道德发展心理学》，郭本禹译，华东师范大学出版社 2004 年版，第 511—513 页。

"善"的追求再次触发了道德世界如何回归人们真实生活的思考。

二、作为美德的实践智慧与正确行动的关系

实践智慧对正确行动有着不同于规范伦理的回答,这很大程度上体现在它内在目的性的回答,虽然不能产生明确的正确行动的尺度,但它并不妨碍美德伦理学在后习俗中发挥自己的优势。

1. 实践智慧在后习俗伦理中的优势

在讨论实践智慧与正确行动的关系之前,回顾一下美德的几个优点。[①]首先是具体性。规范伦理学通常把道德建立在抽象的道德原则上,在经常性的实际情况下,这些原则因为过于抽象而并无用武之地。而美德伦理则尊重人们特定文化传统与文化心理,能够与特定的美德搭配做出比规范伦理原则更具体的决定。其次是丰富性。规范伦理学的道德原则通常建立在单一因素上,如功利主义的"功利最大化",如康德主义的实践准则是否"可普遍化"等,从而往往导致冲突陷入选择困境。但是美德伦理的优势是能够避免规则伦理单一原则,而在包容多元价值的情形下进行道德考虑。再次是有机性。规范伦理学一旦产生,普遍道德规则就很容易把规则抽象出来置于道德活动的首位,它成为脱离情景和文化的道德算法,其机械和僵硬不言而喻。美德依附于行动者的品性,它有机融合了主体的内在状态、外在生活情景,擅长于在特定环境下做出更符合直觉的道德抉择。

相比于主流伦理学的规范化形式,美德伦理不是体现在解决行动的标准上,而是在思考问题的视角上最具优势。但规范伦理学一直以来误读了美德伦理,从康德开始对美德伦理的理解就仅保留了亚里士多德的伦理美德的部分,即描述性的部分,而否定了它作为价值理性的属性,即规定性的部分。也就是说,关于美德理论的描述性部分通常都被规范伦理采纳了,但是美德对于价值的内在指向,也就是构成美德的意义和价值被抛弃了。在多元价值并存的后习俗社会,如果能够重新恢复实践智慧对生活意义和价值的内在诠释,那么在一个非古典的语境中探寻道德与善好生活的关联,从诠释的意义来看,它

① 陈炼:《伦理学导论》,北京大学出版社 2008 年版,第 206 页。

则能够回应为什么一个行动是对的。

2. 实践智慧与指导行动的困难

当代美德伦理学中所讲的是美德，从内涵上仅是亚里士多德所指的与理智德性相对应的伦理德性，可能进一步需要重新审视作为理智美德的实践智慧。亚里士多德曾强调，理论理性高于实践理性，理智美德指导伦理美德。因而，如果忽略了实践智慧的存在，在评价道德行为时就只能给出循环论证，这貌似是美德的问题，但其实是当代对美德狭隘化理解造成的。

一些学者在早前就指出美德伦理自身指导行动的实际困难。当代美国伦理学家盖里·华特生(Gary Watson)曾指出美德伦理中存在着几个两难。[①] 其中一个是，如果我们决定提供一种美德理论，那就面临着怎么说明美德的问题。“亚里士多德主义者是通过人性概念来说明美德的，即美德是使人成为真正的人之品质。这里，假如他们提出的人性理论是一种客观的理论，那么这种理论就缺乏美德这个伦理概念所具有的规范性，因为人本质上是什么样的存在物，并不隐含着人应该成为这样的存在物。但另一方面，如果他们所提出的人性理论本身就是一种规范的理论，即人应该成为如此如此的人，而美德能够帮助我们成为这样的人，那么这样一种人性理论就缺乏客观性，即它无法说明我们为什么应该成为这样的人。”[②] 限于篇幅，我们暂无法详谈这个困难。但我们可以大致得出一个结论，就是实践智慧是一种权衡和阐释具体情境的能力，似乎无法对正确行动提出规范性的要求，否则其自身的存在价值就会遭到质疑。[③] 这是第一个困难。

美德这类事物另一个显见的困难在于，它无法提出一个明确的规则，而只能从自身衍生出一种履行规则的行为倾向。尽管当代美德伦理学家为了维护美德伦理的独立性，提出通过语法规则来描述美德的约束力和道德行为的指导价值。[④] 语法规则也成为实践智慧的一种客体化的表现形式。规范

---

①② 黄勇：“当代西方美德伦理学的两个两难”，《中国社会科学报》2010年4月。

③ [美]约翰·塞尔：《心灵、语言和社会》，李步楼译，上海译文出版社2006年版，第44—46页。纳斯鲍姆会认为，这个很显然是客观的人性概念，因而也具有规范性。因为既然把人与动物区分开来的是理性，那么一个人就必须过一种理性的生活，而不能只追求肉体的快乐，过一种浑浑噩噩的生活。但在塞尔关于知识的客观性和行动的规范性上这二者的一致是需要条件的。

④ [美]罗伯特·罗伯茨：《美德与规则》，载于欧诺拉·奥尼尔、伯纳德·威廉斯：《美德伦理与道德要求》，徐向东编，江苏人民出版社2008年版，第183页。

伦理中的规则以概念推理的方式一经提出，就避免了道德标准的主观性和相对性，它在结构上类似于神令论的原则，先在地就为行动提供了某种规范。这是现代以来的社会体系更愿意接受规范伦理的原因。相反，将具体的美德进行规则化，本质上是实践智慧对某一具体德目的经验描述。美德即使规则化，仍无法“精准地指导行动”，它产生于行动之后，是对诸多情感动机、行动和习惯的经验性归纳。反对美德伦理学的学者指出，事实上人们需求规则“关心的是道德原则的实用性而不是可靠性。功利主义原则也有抽象的一面，无论是快乐还是欲望的满足都存在如何量化的问题……这使得功利主义原则有了可应用性”。[①] 从这个意义上说，美德伦理试图将自己规则化是在向一个自己并不擅长的方向努力，反而丢掉了明智这个更具开放性和未来指向的道德能力。

总之，美德理论家应该认识到，规范伦理对美德伦理批评的所谓在指导行动中的循环论证是一种刻意的误解，它使得一些美德理论家急于在正确行动的问题上自我澄清，甚至走向更强辩护。但实际上更应注意的是，美德的定义本身就是独立于正确行动的，美德并不需要正确行动来为自己背书，它直接关联于具体的价值而无须建立在正确行动的概念上。如果这样，我们将在明智中获得一些新的启发。

三、美德对幸福生活的创造：从实践智慧到商谈

在哈贝马斯看来，规范性的行动话语转变为商谈伦理是后习俗社会要达成的广泛共识。通过自由地交换意见，个体能够诉诸一种交往理性获得对反思规范的理解。而实践智慧是在何种意义上走向了商谈，或者说被理解为一种具有商谈性质的要素？

1. 从静止到时间维度的延展

康德意义上的规范伦理是事先给定的、静止的道德原则，哈贝马斯提出了交互主体，以商谈这种交互动态的方式解决后习俗对道德规范的有效性和普遍性论证。它将道德主体自身的衡量和选择能力变成了主体之间的社会交往

① 陈炼：《伦理学导论》，北京大学出版社2008年版，第207页。

方式。这就能将康德式的抽象理性的沉思转入对各种现实性的考量。交往是主体间对利益或价值的商议和权重，而实践智慧恰恰不是先天预设的道德原则，而是在过程中获得真理的能力。甚至可以说，哈贝马斯的商谈伦理是伦理智慧在历史性的演进中获得了全新的形式与品格特征。

亚里士多德赋予了实践智慧以实质的道德内涵，所以用托马斯·阿奎纳的话说："正义只有同时也是明智之时，才是正义的。"[①]实质道德内涵要求时空的具象性，明智就是在具体的时空中把握正义这种伦理美德的。明智不仅包含着对价值的把握与反思，而且隐含着审时度势的思量，是对具体时间、时机以及观念在经验认同上的忖度。需承认的是，任何道德价值不仅指向道德本身，更关乎道德世界与人之间的关系，寄托了与特定时期的生活意义，时代重大问题的互文性关联。它在时间上是"面向未来"展开的，因而实践智慧必然地会促进商谈对话这种同样开放的、朝向未来的外在形式，从而在彼此递进的阶段性共识中保持道德世界的动态和鲜活。

2. 从独白的个体到集体使命

尽管实践智慧这种能够权衡反思价值的能力是属于个体的，但需指出的是，实践智慧的思维方式是非个体性的。哈贝马斯曾经批评康德哲学独白式的检验程序，通过独白式的思想实验来确立和检验道德原则。客观而言，以亚里士多德时代对人的存在方式的理解，也根本不存在"独白的"认识。但如若设想亚里士多德置于当代，那么他一定具备破解"原子式个人"的智慧。实践智慧，亚里士多德认为它不仅是一个人寻求良善生活的智慧，然而这种需求系于城邦之整体。明智在《政治学》中可以作为集体的行为主体所依托的方法，这是当代解读。[②] 当代学者卢克纳对亚里士多德明智的解读是"'明智伦理传统的应用领域一方面关涉有关生命历程以及自我导向的个体伦理性的追问，另一方面关涉政治伦理。'在涉及社群的重大道德冲突的问题时……不能仅依靠个体的审慎权衡，而是更需要诉诸一种所有当事人和利益相关方都参与的

---

① Frank Grunert：Klugheit，in：Peter Prechtl/Franz-Peter Burkard（Hg），*Metzler-Philosophie-Lexikon*，Stuttgart 1999，S. 283，转引自甘绍平：《自由伦理学》，贵州大学出版社 2020 年版，第 118 页。

② 亚里士多德在《政治学》第 3 卷第 4 章提到，明智在城邦政治中是适合治理者的唯一德性，是在处理国家事务上的实践智慧，而明智将城邦整体作为道德主体的这种理解是当代学者的阐释。

理性商谈”。[①] 哈贝马斯在指出康德哲学问题的同时，就在构想社会政治领域对话伦理所能推进的程序。商谈的方式可以说是唯一体现实践智慧或明智的运作程序。

3. 从责任到关涉后果的共同责任

明智作为一种独特的知识，是关于行动和实践的。这就决定了后习俗中的商谈程序若要取得有效成果，彼此对话商谈的道德主体应该是具有对交互关系、当下与未来关系整体价值的考量。在新技术迅猛发展的当下，人们所面临的已经不是彼此间冲突般的传统风险，而是作为个体无法对抗的庞大而隐形的新威胁。明智是个体的，但其思维方式是非个体的，它能够促使人关注人际和群体的关系性，最快速地适应并理解后习俗层面新的道德风险，从而建立一种共同行动的责任。

后习俗最突出的特征即是为了解决价值和利益的矛盾冲突，不得不诉诸商谈和对话寻求一个大家都认可的方案。在阿佩尔以及约纳斯提出责任伦理的同时，哈贝马斯也意识到商谈和对话达成的价值共识在很大程度上纳入了对整体利益的考量，从而也把人与风险社会的关系作为道德行动的对象。这不是单纯的功利主义的量化计算可以达到的，而恰是需要在规范伦理中的程序中融入后果与完整人生的价值考量，最终才将权利—义务对应转而向负有使命感和责任感的共同行动。因而我们似乎可以归纳美德伦理在后习俗责任伦理中的作用，明智激发出的关怀和价值思索产生了一种新的普遍规范，商谈可以说是明智的一种程序式的外化，而它所依据的价值与行动即是一体的思维方式，最终为我们带来了新的普遍规范。

乐观地看，后习俗责任伦理是一种美好的预设，这种预设意味着后习俗层面人们的道德认知仍然还有提升的空间。思及人类与未来，明智给予了道德生活以充分的开放性和延展性。然而，消极意义上，既然商谈程序的美好是预设的，那么同样于现实中可能暴露出问题，商谈对话基于道德共识的权威性存在一种明显的局限。因为道德共识作为主体间协商和妥协的产物，其正确性

---

① Christoph Hubig und Andreas Luckner：Klugheisethik/Provisorische Moral，in：Armin Grundwald (hg.)，*Handbuch Technikethick*，Sttgart 2013，s.148. 转引自甘绍平：《自由伦理学》，贵州大学出版社2020年版，第120页。

都只是相对于有限地域以及有限时间来说的，毕竟当下的共同抉择也可能是一种“集体短视”和“有组织的不负责”，这种情况在现实中屡见不鲜。也就是说，商谈伦理在某些条件下未必能够经得起历史的检验而作为一种普遍性的道德原则指导人们行动，这一点才是商谈伦理所面临的实践上的最大难题。

总而言之，当我们从商谈伦理回顾明智，也能发现理智美德的最大问题，也就是它不可能不具有一种相对性，它虽然在权衡与协调的过程中使最基本的道德要求得到满足，但却无法担保道德共识的最终真理性。从这个意义上说，美德伦理与规范伦理的相处过程中，美德更像是道德内涵的开放性倡议，它并不寻求道德原则。在道德规范遭遇质疑和反思的后习俗伦理中，美德确实大有用武之地，然而它依然只限于道德探究和提供建议。[①]

如上所述，我们仍然坚持美德伦理学在社会道德规范的建构中始终占有很大权重，这一点不因为它作为辅助和补充就被抹杀。总的来说，实践智慧的发掘有助于后习俗社会的道德建构，而实践智慧的觉醒也意味着美德伦理对美好生活的偏顾回到了当代人的道德视野。

其一，美德伦理的优势在于能够提供一种看待和实现整体生活的见地，美德不仅是对道德行为在应用环节的补充，而且也是对建构伦理规范的视野和商谈过程的补充。

其二，实践智慧作为美德伦理中的理智部分曾被理解为经验直觉或是工具理性，但实践智慧在后习俗层面充分启发开创一种朝向未来的、动态的道德，为推动人们理解这种见地设计了独特的要素和运思方法，而作为实践智慧的美德要素与构成体系成为处理后习俗社会道德规范性内容的方便法门。

其三，在后习俗社会，明智以商谈伦理的社会程序幻化出新的形式，虽然是充当着规范伦理的辅助和补充，但这并不意味着美德伦理没有独立性就不具有更高权重。美德伦理之于规范伦理无论处于何种位置，都会推动后习俗社会中道德规范的创造性建构，这种在学习中创造和改变的性能，唯有美德伦理的思维方式能够提供。

最后，后习俗视域带给美德伦理的启发在于，美德伦理的理论抱负不应止

---

① 刘科、赵斯琪：《后习俗视阈下美德伦理的定位及创造性——从明智到商谈》，《伦理学术》2021 年第 2 期。

步于论证其是不是独立的理论形态，而是更应关注道德要素间因为关系改变而引发的理论形态的当代适应性问题，最终它的扩展与更新能否为完整人生和好生活推展出更有创造性的策略。

本章小结

无论是功利主义对幸福的描述还是美德伦理学对幸福的探讨，在思维方式上呈现了伦理学的两种逻辑结构。由于幸福必然包含各种不同的价值与善，而这些不同的价值与善之间可能存在冲突，为解决这些冲突，两种路径分别提出了单一尺度的还原论（功利主义路径）与结构和谐论（德性幸福的路径）。美德伦理背后的逻辑结构更接近一种前现代的思维，或者说它更像一种医学思维，伦理学跟医学的近似之处是它们一开始都是一种经验感受，以解决幸存和延续为目的，人们需要完成使社会合作顺畅且持续进行的任务。因而美德伦理会从整体性思维出发考虑每个单位或组织的有机构成，然后在其中生出一种强大的内在约束力，在共同价值中寻求社会稳定的依据。由此美德伦理并不诉诸单一因素的价值还原，而是在系统性的动态和谐中谈论个人的生存之道与品性培育。现代社会中科技发展与文明进步弱化了个体对于共同体的依赖，强化了个体的自我独立。即便如此，美德伦理也不单独关注行动规则，而是借助于经验感受及理性揣摩依然要描绘一幅关于人的真实生活的图景，这一点上有别于那些仅仅志在道德的学者，[①]美德伦理所有关于道德秩序的思辨都构成了“人如何活得更好”的终极回答。

本章虽然在两种路径上表达了功利主义与美德伦理对幸福的不同理解，实际上仍需承认二者之间在本质上是视野与逻辑结构的差异。功利主义在通往幸福生活的路径上是先使用审慎价值描述美好生活，再以美好生活作为评

---

① 托马斯·博格曾论述过，“罗尔斯终究不能接受幸福(happiness)是一切道德价值的源泉。而且，他发现自己无法解释：认为幸福是唯一终极道德价值的某个人，如何能找到一个道德理由来遵循一种最优习惯的规则，尤其当这样做还会导致次优的结果时。如果规则的权威性仅仅建立在幸福的基础之上，那么牺牲某种幸福而敬重规则则是毫无意义的。”博格：《罗尔斯：生平与正义理论》，顾肃、刘雪梅译，中国人民大学出版社 2020 年版，第 30—31 页。罗尔斯最具典型的道义论立场同目的论或后果论有着根本差异。

价行动的道德标准；同时，美德伦理学看起来以道德为先，描述美德及其品性，再指出美德奠定幸福生活之道。但美德伦理的行动理论本身就融于价值理论。

本章归纳了当代西方伦理学中以幸福、福祉或者美好生活为根本诉求的道德理论，对于幸福生活取决于什么要素，它们给出了不同的回答。讨论幸福生活的意义不仅仅是为了在生活和行动中获得个体的深刻认知，更重要的是怎样理解幸福生活，对于社会群体而言它是公共生活的价值基准，是关系到政治导向和社会和谐的根本性话题。要进一步理解当代社会公共意识的前沿问题，那些重要争论和狂热崇拜只是聚焦在追求幸福的手段上，在后工业化时代西方伦理学是如何论述善和美好的事物，内在或外在于它的其他价值又是怎样的，对这些问题的探讨会启发我们思考社会和政治生活该如何配置。

第三章　幸福两种路径在当代问题中的融合

在伦理学中,幸福作为一个核心问题是相对于周遭的境遇而言,以后果主义为特征的功利主义很容易把幸福归结为与过程、主体等诸多因素无关的简单结果,而亚里士多德主义的反思和批评则在更综合的因素下批评地反思"后果"概念。毕竟后果蕴含着更丰富的状态,这种状态来自人们关注的所有影响决策的因素,比如行为、规范或倾向。边沁开创的功利主义为经济学提供了有效的计算原则,却局限在只能用"快乐""效用"这样单一或贫乏的后果语词评价人的幸福状态。亚里士多德认为,事物的状态包含着选择的过程以及蕴含着主体相关信息的综合性后果。美德理论提供的思考视角不仅仅是终极后果而是关于决策问题、关于个体与他者关系的"全面结果"(comprehensive outcomes)。人们在评价生活幸福时,不仅有理由对能过上什么样的生活发生兴趣,而且更有理由关注在不同生活方式之间进行的选择自由。因此,我们愿意称这种对全面结果的观察为"全面视角",它关系到一个人实际拥有的做其珍视之事的自由。是否拥有"全面"机会体现了当代美德伦理始终不偏离主体生活的讨论优势,它在获取行动过程的更多细节、拓展全体社会成员的可行能力上极大扩展了幸福的社会评价体系。尽管在日常话语中将幸福作为人生终极目标是不会遭到质疑的,但在伦理学的脉络体系中,我们可能仍需进一步讨论幸福作为重要的伦理议题是否同其他价值发生冲突,以及我们能否既关注后果,也同时关注后果与主体性、关系和过程的发展,从而让幸福议题在更加具体的价值冲突中得到澄清。

本章希望以三对关系作为基本框架考察功利主义与受美德伦理启发的能力方法是如何推进幸福生活探索的，一方面强调功利主义的幸福与其他价值在复杂纽结时的突破性进展，另一方面指出美德伦理的视角是如何通过关注主体的行动过程与关系来解释审慎价值与道德价值的融合的。通过三对关系/六个核心概念揭示幸福理论两条路径的内在联结。在关于幸福问题的讨论中，这三对概念分别是脆弱性和稳定性的冲突（或可称之为偶然性和必然性）、福利与主体性的冲突、个人自由与社会平等的冲突。第一对概念脆弱性（偶然性）/必然性尝试解释幸福生活对偶然性、脆弱性和运气这些不可控因素的立场，功利主义和德性论路径都揭示了“不幸福”的存在，从而放弃理性主义的偏执而讨论同情、友爱与互惠的重要性。第二对概念尝试解决自由与幸福的冲突问题，功利主义路径和德性论路径都注重以幸福主体为视角，共同切近人的本真性和能动性。第三对概念个人/社会尝试将幸福的框架从个人维度扩展到社会维度，并指出个人幸福与利他行为虽然表面冲突，但幸福在本质上涵盖了更广泛的个体对他者、社会及自然物的责任。功利主义路径在规范性解释上更具优势，而德性论则补充了这一论断的内在价值。以往关于幸福的道德哲学讨论通常是单方面地从特定主题或某个人物入手，对不同主题或问题之间的理论关联分析不多，从而无法从宏观上把握当代幸福论证的实质突破。本章的工作着眼幸福与其他几个重要伦理学概念的可能冲突，在具体语境的转化中考察和评判两种路径的理论得失，从而尝试发现其优势的互补性。

第一节　脆弱性与稳定性的关系

苦难与不幸是人的现实生活无法回避的，无论持有何种立场的哲学家，当他们谈论幸福的时候都必然要面对人的不幸和苦难的问题。人们认识到生命本身是脆弱的，而生活中的外在善——包括财富、荣誉、金钱、健康、亲人等伴随着人类心灵的成长，情感、激情以及那些外在之善让生活充满了脆弱性和偶然性。要获得人生的欣欣向荣，人们对待外在的善大体上会分为两类：一类观点强调生活中的外在善没有真正的价值，只有追求内在善的高尚品性才不会被它们所伤害，才能实现真正人类的兴盛；另一类观点指出人们的一切能力和精神性的力量都需要世间的善为它提供条件，人的脆弱性联结着人们所有的机能，它是促使物质利益恰当分配和再分配的动机，也是促使人们包容价值的异质性实现美好生活的底色。从斯多亚派到康德如第一类观点般摒弃外在善而努力在一个目的王国中获得完满，而持有第二类观点的学者则强调幸福的生活是需要面对那些偶然且不稳定的事物的，人们处在一个唯一的自然世界中，如何面对偶然、不幸以及那些在自身精神之外实实在在影响着人类生活的要素，是论述幸福的重要态度。

一、对不幸的关注：一种治疗哲学的态度

如果考虑到脆弱性被关注的问题缘起，应当来看斯多亚派通过心灵治愈而获得幸福的独特理论立场，他们首先将脆弱性、“人生无常”的现象作为理论展开的主要观察对象。

作为古罗马时期的著名哲学派别，斯多亚派一开始就同柏拉图、亚里士多德的研究思路存在明显的差异，斯多亚派尤其注重对情感的研究。古希腊的主流思想家把理性作为主要的研究对象，相信理性的正确无误。即使人的动物性身体多么地容易导致混乱、贫乏和无可控制，但人又是能够凭借着理性能够审时度势，足以统领其他方面使自己不至于随波逐流、随遇而安。因而在古希腊以来的主流思想往往对人类存在的被动性保持着憎恶，秉持理性必然能够拯救人类生存的伟大使命，不断地通过追求非凡和自足达至繁盛的人类生活。然而，斯多亚派更深刻地意识到事物的反面，那些偶然多变的事物总是以鲜活和独特的魅力吸引着人的情感与官能，让人类摆脱偶然性、追求稳定的终极幸福生活的努力变得更加复杂。在面对偶然性所带来的“命运无常”，如受境遇威胁、受身体的极限所困，那些偶然的失去、病痛、冲突等都会使人生处于情感不断起落的旋流中，斯多亚派恰恰是通过人类这种宿命般的偶然性来思考激情、冲动引发的生命动荡，从而寻求欲望的治愈之道。斯多亚派格外将激情而不是理性，作为主要的研究对象，把如何在无常的命运中寻求安宁的方式置于对激情的进一步认识上。因此，治愈成为斯多亚派哲学的主题，治愈之路在于寻求完满人生时首要的可能是如何避免那些不可控的偶然性。

斯多亚派的几位哲学家通过"印象说"中激情的形成，描述了脆弱性的产生与本质特征。斯多亚派的认识起源于"印象说"，晚期斯多亚派哲学家希洛克勒指出这种在亚里士多德哲学中被视为感知和印象的就是斯多亚派的印象。斯多亚派认为印象是在每个动物和有理性的人在使用知觉和冲动的基础上形成的，它是推动事物运动的原始出发点，是灵魂的一种变化，提供了有关事物是怎样的一些信息。斯多亚派认为，人们错误地赞同了他们认为是好的，但实际上却是错误的事情。斯多亚派提出的"印象"概念界定了人们脆弱性的内在心理基础，指出人的情感与外在世界如何建立联系，对世界的感知会形成印象，理解和运用这些印象的都是人的激情和欲望。而同时，脆弱性的诱发也在于人们对朋友、亲人的关切，在生活中对财富、名誉和地位的喜好，都会引起各种激情。然而恰恰是这些事物同人们建立起的关系并不在人真正可控的范围内，正是这些不可控的外在的善才导致人生不幸，才使得人们无法获得幸福。

斯多亚派对脆弱性的强调诞生了一种理性与激情关系的新认识，它们揭示了情感与理性在本质上是同一个事物。斯多亚派认为，上述情景在本质上是人们错误地运用了印象，使理性失去了正确的定位，因而是可以治疗和调整的。斯多亚派擅长于思考悲伤、意气、恐惧、愤怒、欲望的人类情绪，并把这些情感看作是因为贪得无厌而导致人心中的"恶"。纳斯鲍姆曾经评价过：这些激情虽然看似洪水猛兽，但是斯多亚派将这些看似外在力量引发的激情看作人们内心产生的错误信念，[①]这就意味着错误信念是能够被人们控制的，既然是人错误的运用当然由人可以调整和纠正到正确的路向上来。于是，在面对脆弱性产生的内在认识因素和人们不可避免的外在关系性的因素时，斯多亚派的倾向是很明显的，既然外在关系产生的脆弱性是无法把控、不能避免，那么幸福努力的方向就是改变内在认知，错误的激情像心灵的疾病一样是可以治愈的。

斯多亚派认为这种错误在人生求善的过程中是可以避免的，它通过修习和锻炼灵魂才可以获得，而这种修习则是一种治愈欲望的过程。斯多亚派提

---

① Martha Nussbaum, "The Stoics on the Extirpation of the Passions", *Apeiron*, Fall 1987, 20(2), pp. 129 - 177.

出了看待和使用理性的方法，但却有别于古希腊主流的理性主义传统：不是盲目乐观地崇拜理性，而是指出理性本身会出现问题，需要加以治疗，从而通过治疗使理性学会正确地运用印象。斯多亚派的方式尤其区别于柏拉图，他们“并不像柏拉图把自我认同分成三部分：理性、激情和欲望，而是从单纯的理性开始。它认为是理性自身导致了自我的裂隙”。[①] 正确地运用印象本质上就是这种情感的表达，它表明理性从错误判断所造成的“激情”中退出来，通过治疗而转向理性的正常状态，回到正确的判断。何为正确？爱比克泰德曾经说道：“什么是正确的判断？就是一个人应该终日训练的事情，他不要致力于不是他自己的东西，不要致力于同伴……”[②]这里的意思是，那些对他人或者所有人好的东西，或者那些与他人之间的关系并不见得是真正的好，因为这些在“我”的自由意志之外的，只有对“我”是好的才是真正的好。人们经常把那些外在的东西当成对自身的善，比如荣誉、关系、他人对你的褒扬等，以为对于自身的善是致力于对他者的关系中，殊不知当人们这样思考时，那个所谓的理性已经是在错误的判断之中，而正是那些对外在之物的不知限制的索取让我们内心无法平静。可见，斯多亚派的洞见在于，理性本身就是情感的唯一正确表达。

需要注意的是，在斯多亚派这里承认人的脆弱与冲动不是为了庇护身体的需要，他们也并不关注对弥补脆弱性的照顾关怀，而是从脆弱性产生一种对平等的追求。因为他们把外在善和脆弱性作为一种要超脱的对象，从而在不断“治疗”中使理性保持正确的方向，这一态度是建立在每个人都有自己独特的印象基础上的，且每个人都有让激情回归于理性的能力。从而相比于柏拉图在拒绝“印象”的时候也就是拒绝了自我的个体性，从而转向自我的普遍性即理性，那么斯多亚派的理性则是包含在具有个体性的自我意识中的，而从每个人都具有个体性中推导出每个人都应得到平等的尊重。从而，斯多亚派是在对个体的脆弱性和独特性有着深刻认识的基础上，提出了对普遍平等的大同世界的构想。

概言之，人生命运的脆弱性让斯多亚派深刻地认识到了情感之于人心灵

---

① 石敏敏、章雪富：《斯多亚主义》(II)，中国社会科学出版社 2009 年版，第 60 页。
② [古罗马] 爱比克泰德：《哲学谈话录》第 2 卷第 16 节，吴欲波等译，中国社会科学出版社 2004 年版。

的内在变动，这些因素在很大程度上影响着幸福生活的稳定性与恒久的持存。斯多亚派的哲学强调像治愈身体疾病一般治愈人的情感与欲望的措置，它们格外侧重对激情与身体结构的研究，也尤为关注这种关联引发的那些不确定的、无法控制的因素在人生安宁以及好生活中举足轻重的分量。首先，斯多亚派关于幸福人生的理论是建立在对诸种人生遭遇和不幸经验的深刻分析基础上的。其次，通过脆弱性分析，他们认为把理性与激情分开是错误的，理性只是正确的情感而已。再次，脆弱性体现个体意识的独特性，人们运用理性治愈精神痛苦，他们对自身精神的治愈是通向心灵幸福的路径，这一点每个人都应当得到平等的尊重。尽管他们最终走向了理性主义的道德哲学，但斯多亚派的理论启发在于让世人认识到一个不连贯的、充满偶然性的世界的魅力，并指出人类复杂多样的情感影响着善生活的构成。在古希腊的主流思想热切讨论理性建构政治生活的同时，他们剖析情感与理性的本质是独到的，而从脆弱性看到个体遭遇与对人的平等尊重。相比于传统理性主义在稳定与自信的基础上追求生活的进步与最大化，斯多亚派从脆弱解释一种底限生活上的平等，这些斯多亚派的遗产给当代人讨论幸福带来新的启发。

二、对关系性的发掘：重新看待脆弱性

斯多亚派的脆弱性理念一边指向生命的内在承受力，一边指向人性平等的价值。他们相对于亚里士多德有着对脆弱性的不同理解。亚里士多德与斯多亚派的脆弱性在理解视角上有差异，到了18、19世纪，无论是亚当·斯密还是约翰·密尔都关注到了脆弱性以及前人理解上的差异，但脆弱性还仅是为诸多价值奠基的生活事实，但随着当代美德伦理学的复兴，脆弱性逐渐成为一些伦理学家、法学家理论革新的重要起点。

亚里士多德曾指出脆弱性始终伴随着人的一生，人类要经历的死亡、衰老、战争的破坏都无法避免，由此意在表达理解了脆弱性才真正理解了人类要过美好生活的意义，实现好生活需要来自外部世界的各种方式的帮助。当代英美伦理学家在近些年的研究中或多或少以不同话语方式阐述脆弱性在人的完整性中的地位。关注点的转移来自当代古典伦理学传统的复兴，而脆弱性在现代意义上获得道德哲学的诠释也得益于亚当·斯密以及密尔朝着亚里士

多德理论的转向。

亚里士多德与斯多亚派的观念在18世纪受到英美学者的继承与阐发，他们对于脆弱性的关注旨在说明在政治实践中需要政府什么样的支持，脆弱性的视角展开了对不幸生活之根源的观察，当人们发现政府的宰制和等级制度构成了对人们生活的实质伤害时，对美好生活实现的归因就更侧重于社会制度以及政治实践的伦理意义。亚里士多德提出脆弱性有别于斯多亚派的平等目的，他认为脆弱性的人性特征恰恰让人们看到了家庭、友谊以及各种物质条件在美好人生中的宝贵价值。因而，亚当・斯密更偏向于亚里士多德时，他提出了进一步阐释人类要自我发展在社会生活中不应当受到各种错误的限制和干扰性的法律限制，政府要允许人们的家庭、友谊、生活活动和归属感得到发展，这首先就应当使人性受到平等尊重，在18世纪的格拉斯哥街头，哪怕是最穷的人，一位男士如果不能身穿一件白色亚麻衬衫，那就是不体面的。[①] 他甚至还说到所有工人都应当得到"普遍人性所要求的最低工资"，这意味着家庭生计得以持续以及孩子可以存活。纳斯鲍姆认为亚当・斯密的观点受亚里士多德的影响更多，"亚当・斯密否定了斯多亚派有关人性承受力的学说，他在此问题上转向亚里士多德……显示出亚当・斯密已经突破了斯多亚主义，发展出一种亚里士多德式的关于人及其基本需求的叙述"。[②] 斯密从基本需求的层面认识到贫困、恶劣的环境完全可以摧残一个人的生活，人的脆弱性就像植物在恶劣环境中生长而枯萎一样，于是脆弱关乎人性本身的特点在于需要呵护与维系，斯密在脆弱性的基础上就提出基本工资的供养至少在一个社会中建立起人的基本尊严。

密尔论述政治自由与人类幸福生活的关系时就曾将脆弱性作为他的理论起点，尽管密尔被看作古典功利主义的代表人物，但较之边沁，密尔思想更深入地阐释了好生活的复杂性，不只是关注感受或状态，而是在"一个人到底能做什么"这样的实践能力上揭示当事人受到的实质伤害以及由此而来的人生

① 亚当・斯密在《国富论》中提到亚麻衬衫和皮鞋哪怕是最穷人也应当具有的体面，这表达一个社会对个体基本尊严的满足，这样一种生活的体面森在《生活质量》中很认真地谈到。

② ［美］玛莎・C. 纳斯鲍姆：《寻求有尊严的生活——正义的能力理论》，田雷译，中国人民大学出版社2016年版，第94页。

选择的有限性，比如他对19世纪社会生活中妇女的机会和能力的著名论述。密尔的性别理念在他的功利主义理论结构中显得黯淡，但是他通过女性地位以及所受不公平待遇的论述并不是一般政治描述式的，而是哲学视角上的转变，遗憾的是在当时并没有得到非常明确的关注。

密尔之后的哲学家托马斯·希尔·格林（Thomas Hill Green）格林继续提出了需要全面关注实现好生活的人类发展状态，格林认为，要为保护人类自由的正确方式创造条件，使得各类人在此类环境中都可获得来自社会的充分保护，因而才有能力进行广泛选择。①

当代伦理学家纳斯鲍姆从对亚里士多德以及斯多亚派的思路中提出了对现代道德哲学理性主义的批评，她主要融合两类思想资源：其一是斯多亚派对情感地位的重视；其二是亚里士多德对外在善之于美好生活的论述。这两种理论都是从脆弱性开始的。纳斯鲍姆与当代美德伦理学家大都反对把情感和理性截然分开的思维形式，她指出划分理性和情感的做法本身就是现代性将一切抽象化和概念化的误解，于是脆弱性构成她反对现代理性叙事的一种打开方式。

从脆弱性的视角批评理性主义的方法论，纳斯鲍姆认为斯多亚派治疗哲学的态度给了世人有关情感的启发。脆弱性本质上是情感生成的土壤，而情感也在脆弱性的生活事实中天然具有判断与认知的功能。因而纳斯鲍姆主张，“按照情感自身即包含着理性的判断，每一个具体个体都有着自己独特的经验和认知，尽管一个人不能把自己成长过程中形成的情感当作理所当然，而是总保持自我批判”。② 人们可以看到纳斯鲍姆在后来成形的思想体系中有不少来自斯多亚派哲学的理论因子。斯多亚派的哲学着眼于一种身体和灵魂治疗的功用，他们认为人的疾病来自人的激情。这个观点与柏拉图和亚里士多德不同，他们认为不道德行为是那些本该由理性主导但现在却由欲望主导从而产生过度的冲动。斯多亚派则认为，不道德行为不能说跟理性无关，恰恰说明激情是一种错误的理性判断状态，于是“激情作为一种道德上错误的冲动

---

① 参见[英] 伊安·汉普歇尔-蒙克：《现代政治思想史：从霍布斯到马克思》，周保巍等译，上海人民出版社2022年版。

② 谭安奎：“古今之间的哲学与政治——玛莎·纳斯鲍姆访谈录”，《开放时代》2010年11月。

乃是理性的冲动”。[①] 纳斯鲍姆赞同斯多亚派对情感与理性相关性的论述更有恰适性，它不像理性主义者直接把情感看作一种无能且会妨碍正确判断的情绪，而是说情感包含着关于外在事物的评价性印象，情感包含着理性，理性不过是情感的一种正确走向。她认为这类评价性印象构成了一个人看待和解释一个对象的方式，也体现了关于这个对象的复杂信念。“情感不包含思想这一点，是完全错误的……如果有人对正在发生的糟糕的不正义表示愤怒，这个愤怒就是有道理的，在这个意义上它就是合乎理性的。”[②]但纳斯鲍姆不同意斯多亚派的地方在于，斯多亚派仍然是以批评的立场看待情感的，他们认为情感所包含的评价性信念都是虚假的，因为被普通人所珍视的那些外在事物并不在真正意义上对“我”具有价值；而纳斯鲍姆正好希望否认这种要想道德卓越就要抛弃一切人类情感的方式，她坚持认为应该赋予与情感相关的一些外在事物以价值，并且提出了它们对幸福的支撑作用，从这一点上她采纳了亚里士多德的外在善。

从脆弱性的视角强调外在善的重要性，纳斯鲍姆和当代美德伦理学大都是从亚里士多德的思想中获得教诲，可以说重新建立了一种能够纳入脆弱性、情感、外在善等事物对美好生活的完整阐释。亚里士多德在主流的古希腊理性传统中对外在善采取了接纳的务实态度，他指出：“一个人徒有内在善的品质但却贫困潦倒、没有亲人朋友，这样的人生也算不上值得赞叹的美好人生。”[③]这使他同柏拉图以及其后继者的那种纯粹道德理想主义的立场分道扬镳。尽管亚里士多德并没有花很多篇幅论述外在善在欣欣向荣生活中的详尽价值，但是他的态度指向了更复杂而具体的现实情景而非观念中的幸福生活概念。强调具体场景的思维方式至少使三个问题在伦理学中变得相当重要，它们都曾因为同偶然的运气及生活的不稳定性密切相关而不被主流伦理学关注。第一，人们的活动和关系其实在好生活中起着重要作用，这些活动和关系在根本上并不是稳定如常，恰恰是最容易受到命运波及和打击的。第二，构成幸福生活的要素有很多，每一种都有着根深蒂固的价值本源，这些价值往往会

---

① Brad Inwood, *Ethics and Human Action in Early Stoicism*, p. 129.
② 参见谭安奎：“古今之间的哲学与政治——玛莎・纳斯鲍姆访谈录”，《开放时代》2010 年 11 月。
③ ［古希腊］亚里士多德：《尼各马可伦理学》，廖申白译，商务印书馆 2003 年版，第 29 页。

发生冲突，而致命之处在于它们都无法还原为更根本的东西，也并不见得能和谐相处。人类生活的价值框架越丰富，人生越充满不确定性和风险，当然如果人们采取理性的策略尽量化解冲突，那么也是在降低外在的偶然性。第三，由这两个问题可以发现，灵魂的非理性部分，如欲望、激情和感觉，是具有伦理价值的。[①] 因为人的感情是来自身体和感官的本性，我们所谓能体会到的命运无常、悲欢相继都是情感与瞬间即逝的外在世界关联的结果，偶然性既体现在身体和活动的不确定上，也体现在他的行动与外在的善可能发生冲突及诞生风险的关联上。如果人们认为这样的一些行为是有价值的，那么就是认可了激情、外在的善在实现好生活中固有的地位与价值。

三、脆弱性对幸福底限的诉求

当代赞同亚里士多德主义的学者坚持认为，人类既是脆弱的又是鲜活地处于行动中的，人类生活本身需要一系列丰富的、不可还原的功能，并且人们需要持续的动力在美好生活中发挥重要作用。脆弱性既提供了一种审慎的价值导向；同时，也为幸福生活在基本权利上的平等奠定基础。

1. 脆弱性的价值导向

女性主义法学家玛莎·法曼（Fineman）与美国女性主义哲学家麦肯泽（Catriona Mackenzie）曾经指出脆弱性的各类表现及其特征。这里我们主要依循国内学者的梳理将脆弱性的来源主要分为两大类：内在的和情景的。[②] 首先需要承认的是，脆弱是一种天然内在于人的一种属性，是我们所体现的人性的普遍的、不可避免的状态，脆弱可能是人类状态的一个恒定特征，它源自我们与生俱来的特质，“它携带着即将或始终存在的伤害、伤害和不幸的可能性”。[③] 从普遍的以及本体论上的脆弱性视角产生了一种政治上对国家模式的要求，尽管人们支持一个不干涉的国家，但脆弱性的这种本体论意义让社会价值重新聚焦在国家对人们无可避免的不幸进行扶助与补偿的责任上。另一

① 玛莎·纳斯鲍姆：《善的脆弱性》，徐向东、陆萌译，译林出版社 2007 年版，第 15—20 页，这三个问题纳斯鲍姆在这部分两次提到，以不同的话语方式表达出来。

② 王福玲：“人的尊严与脆弱性”，《道德与文明》2022 年第 4 期。

③ Martha Albertson Fineman, “the Vulnerable Subject: Anchoring Equality in the Human Condition”, *Yale Journal of Law and Feminism*, 2008, 20(1), pp. 22 - 25.

方面,脆弱性又是基于具体情景的。尽管脆弱是普遍的,但也是特定于环境和特殊个体的,每个人根据其独特性和具体处境又有着完全不同的体验。社会和政治结构在产生脆弱性方面起着推波助澜的作用。基于情景的脆弱性一方面来自我们身体的因素,如年龄、性别、健康状况,再加上社会的经济文化和政治结构的复杂性综合,造成了一种人们在后天的社会生活中处于弱势与脆弱无援的状态。一些女性主义法学家特别注意到了这一点,并把这种孤立无援的脆弱分为偶然性上的、历时性上的以及社会制度上等不同情形。比如人种与性别这种随机不由人选择的特性导致一定特征的人群在社会中遭到的歧视,这是偶然性因素导致的脆弱性,而因为年龄的增长和衰老导致在社会生活中沦为弱势群体是一种历时性上的脆弱性,另外因为社会制度以及分配机制中某些平均标准而导致不同人群承受不同程度的压迫和歧视,则是由社会机制导致的脆弱性。

按照当代学者对脆弱性的概括,它之于幸福生活的价值导向则更加明确:第一,脆弱性提醒人们关注各种生命活动以及社会活动所引发的更大风险,功利主义依赖理性计算就能导向美好生活的信念,在现代生活中往往因为更大的福利差距、弱者的悲惨遭遇和不确定性而被质疑。第二,脆弱性有一种平衡的力量,在反思技术理性的同时思考人类自我保护和自我提升的限度。第三,脆弱性并不指向一种最大化的善生活,而是关注实现幸福的底限诉求。

就第一点而言,脆弱性的作用远不止于警示风险,它并非静止的、留待人赞赏的人类属性,而是对未来的人类繁荣的动态激发,它必然指向一种变化和改善。除了身体疾病和死亡是一种脆弱性,对社会关系的永久依赖则是人更根本的脆弱。人们不可避免地把希望和信任寄托在自己之外的事物上,于是不确定和无法把控从此如影随形。因而不能只关注结果的状态而不对动态变化的过程保持审慎,人们需要承认脆弱性在生活中的巨大空间,就是要重新理解个体的福祉来自社会关系构成的共同群体,从中既然有福祉也伴随着关系性导致的脆弱性,理性计算只会让人们把脆弱性看成好生活的束缚条件,而实际上它不是无法化解的两难。

就第二点而言,脆弱性具有均衡与反思的力量,它激发人们的实践智慧化解上述两难,至少从人们防止欲望的无限发酵,同时反思适时的自我保护。这种基于关系的脆弱性有可能被进一步放大，那就是现代以来的个体化视角下的推理逻辑，效用或利益一旦变成了道德行动与判断的核心考量，通过计算和博弈的工具理性获取个人优先权的最大化，追求普遍效益的欲望被无限放大，最终引发了社会整体更大的脆弱与风险。脆弱性将为那些生活的内在价值提供一种方向，人们对好生活的期待从“大即是美”“发展即是好”的最大化思维转向了稳定均衡以及人生的持续完整。有人会把脆弱性的价值导向误解为功利主义所说的损失或伤害的最小化。而在亚里士多德这里，脆弱性的意涵并非功利主义在感受性上的快乐与痛苦，它是一个人在其生活情境中不断生成变化的关系性特征，它能够在主体的活动中生成品质和能力，且这种能力的生成需要来自世间的善为它们更加丰富而强盛提供条件，而何种程度的善才是令人满意的，它绝不是最大化也不是伤害的最小化那么简单，而应当在每个人特定的生活过程中符合人性品格的探索和揣摩。

就第三点而言，强调脆弱性就需要认可并尊重人类在克服脆弱性中的努力与挣扎。脆弱性产生要保护每个人的自由与福利不受伤害的道德责任。这里主要提到的是人们脆弱性既需要增强技术抵抗脆弱性的悲剧降临，同时也需要抵抗增强技术引发的二次伤害。脆弱性作为人性中理所应当的自然需求，这种需求应当得到满足，在亚里士多德这里构成了论证幸福生活与人类实现活动的基本观念。在偶然性与尊严的关联上斯多亚派并没有非常清晰的意识，脆弱性与尊严的真正联系是纳斯鲍姆受到斯多亚派启发后正式提出的。从这一点上，纳斯鲍姆赞同斯多亚派所谓的个体化的“理性”不如说是个性化的脆弱性，以及他们对个体的平等尊重，从而提出平等主义的理念。在这个意义上理解美好生活，不可能绕过生命的脆弱性和偶然性，也就无法绕过尊严上的平等对于幸福来说意味着什么这样的问题。

除了纳斯鲍姆以外，当代法学家对脆弱性的特征概括指向了当代社会对个人实现幸福生活的权利保障，尤其是指出脆弱性在阐释尊严和平等这些问题上的当代意义。然而对于美好生活来说，权利、尊严这些当代伦理学的核心概念已经构成一种广义上有质量的生活的重要组成部分。当代学者对脆弱性的来源进行分类考察的目的就是将脆弱性同权利、尊严顺理成章地关联在一起。

2. 脆弱性与权利及尊严

上述区分虽然是针对脆弱性的考察，但很容易将关注点聚焦于对个体生存境遇的改变上，人们在现实生活中的实际能力以及他们的功能表现是否尽如人意，关系到一个人所具有的真实人权是否让他具备在社会中生存的基本尊严。

其一，脆弱性强调了核心能力的社会重要性。在纳斯鲍姆对脆弱性的分析中一再提到有必要建立一系列社会核心能力，这些核心能力在面对那些最底线、最基本的人类脆弱时能够实现人类的基本尊严。因而这种核心能力面对的并不是一个完善意义上美满的、整全意义上的生活，而是强调在人类生活的诸多领域，人性尊严所要求的一种基本的生活样态，也就是纳斯鲍姆特别主张的在最低限度意义上，有十种核心能力的充裕是必须实现的。"政府有责任让民众有能力追求一种尊严，并且在最低限度意义上丰富的生活，这就意味着一种体面的政治秩序必须保证全体公民的十种核心能力至少在最低水平以上。"[①]这就意味着，脆弱性揭示了人们真实的尊严上的不平等，任何没有尊严平等的生活都无法被称为美好生活。人们能够被满足过上一种体面的生活是美好生活的基础，对现实中脆弱性的梳理能够为人的权利提供基本的哲学基础以及一些具有构想的吸引力。

其二，脆弱性关系到实际能力，它从"易受伤害"的视角对主流的人权理论进行补充。在古典人权理论中，人的自我保存与订立契约的理性能力是人权的自然基础，传统理性主义思想家将尊严与理性的稳定性、纯粹性紧密相连，主张通过优秀且卓越的活动彰显人性的尊严，无形之中掩盖了脆弱性的事实。现代理论家对传统人权观念的不满在于，那些所谓的"第一代人权"以及"第二代人权"分别指向政治与公民权利、经济与社会权利领域，它们虽然是对个体权利的表达，但却越来越近似一种无实质内容的宪法形式，并不能对性别、种族以及贫穷阶层等社会现实问题提供实质关怀。但能力理论基于脆弱性为代表的尊严问题，提出了对传统人权概念的修正。相当于它在传统人权观念上补充了一个清晰的人性事实，即通过脆弱性看到的尊严才是生活的真相，尊严是在贫弱的境况下不放弃对生活的要求，它保有向社会或他人提出要求的力

① 玛莎·C. 纳斯鲍姆：《寻求有尊严的生活——正义的能力理论》，田雷译，中国人民大学出版社2016年版，第34页。

量。这特别表现在脆弱性使社会注意到要提升人的具体能力，能力路径可以“使权利主张追溯至单纯的人之初生和最低限度的行动能力，而不是理性或一定量的财产，这让能力理论可以承认认知障碍人士的平等人权”。[①] 从这个意义上，脆弱性就让人权所承认的范围扩展到那些不具备完整理性能力的残疾人或弱势群体身上，甚至动物等一切有感知能力的生物都在不同程度上具有一定的权益。相比之下，承认脆弱性要比大多数的主流权利叙事更清楚地表达了人权与尊严之间的关系，正是因为关注了脆弱性，当代人权理论才改变了哲学基础以及具体构想的吸引力。

其三，脆弱性与义务概念的关联。能力理论强调了基本的核心能力，而且也加强了同义务之间的关联。相比传统人权蕴含着消极自由的意义，一种能力理论在关注和增强人的核心能力上需要提供真实的义务内容，这种权益的存在就要求同等义务的存在。脆弱性的讨论由此将人们的视线引向了对国家、政府之社会义务的伦理关注上。当阿玛蒂亚·森提出能力的时候，他并没有特别强调能力与人权之间的比较，他将能力作为一种衡量人们生活优势的指标，但是当纳斯鲍姆阐述脆弱性的背景下，能力就转变为基本核心能力的具体项目，核心能力以及尊严就是构成人权的实质结构。相比之下，一般人权通常被理解为“免于国家干涉”，国家义务便纯粹是放开干预之手保护自然权利，而核心能力要求政府应当完成一些积极任务，如支持并培养民众的基本能力，通过确立法规或制度提供现实机会让民众摆脱生活的障碍，又如为贫困群体提供再就业、教育培训和技能提升机会，以及发放贷款鼓励其创业等。这些内容将一些新的义务分配给了国家或政府，它们的作用在于尽力保护人们不受命运变迁的影响，“集体的所形成的系统在减少、改善和补偿脆弱性方面发挥着重要作用”。脆弱性分析使人们注意到社会资源分配的不平等，这使一些公民比其他人更容易受到命运变迁的影响，并让更多人意识到“支持再分配和监管能减少（脆弱群体）的劣势并促进民主平等”。[②] 虽然这样的社会系统不见

---

① 玛莎·C. 纳斯鲍姆：《寻求有尊严的生活——正义的能力理论》，田雷译，中国人民大学出版社2016年版，第64页。

② Catriona Mackenzie, Wendy Rogers, and Susan Dodds (ed.), Vulnerability: New Esays in Ethics and Feminist Philosophy, Oxford University Pres, 2014, p. 36.

得能使我们刀枪不入，但却为那些在社会中处于弱势地位者提供了不断恢复或提升能力的社会资源。甚至是从国家、社会或家庭居所的关系场域中，脆弱性问题提供了对传统“消极自由”的批判。国家或政府不作为往往是在秉承“消极自由”的基础上带来的很大破坏性。纳斯鲍姆就指出，“古典自由主义对公共领域和私人领域的区分也助长了许多自由主义思想家在讨论国家行为时的自然冷漠”，而积极行动的必要性尤其体现在，“有些传统的人权模式错误地忽视了妇女在家庭中受到的虐待。能力理论纠正了这一错误，它坚持认为，只要家庭成员的权利受到侵犯，进入家庭内部的干预就使可以得到证成的”。[①]

总的来说，脆弱性是从人类生活易受伤害的角度印证了一个偏重于“功能”与“实现能力”的美德伦理式的解决路径。脆弱性有意义的地方在于它作为一个理论出发点打破了传统契约主义建构起来的人权结构，能够用超越契约的视角揭示现实具体情景中难以被普遍伦理规范所关照的角落，赋予美好生活讨论底限与核心能力的崭新维度。伦理学中关于尊严的思考由来已久，现代伦理思想把尊严以及尊严的平等统统列入了正当性考虑之中，它们要么同幸福毫无交集，要么在论证中有可能同功利主义的福利最大化产生价值冲突。然而随着学界将传统理性主义的话语逐渐转向脆弱性及偶然性，这使得曾经各自为政的“正当”与“善”的讨论得以对话和融通。尽管脆弱性似乎是一个相对模糊的概念，但是它呈现了真实生活的复杂性，也更强化了人依赖于社会关系而构成的那个“社群性的自我”，由此阐明关系性在幸福生活底限与核心层面上的重要地位。相对于笼统的福利增值而言，脆弱性是一个更为直觉的、更根本的体验，它既反映着在追求幸福的实践中关系性或者说社群性对个体的最强威压，但同时也对关系性的组织与群体提出了更积极的道德要求。也正是如此，当代脆弱性的讨论直接映射着人类暴露在偶发性事件、技术升级以及世界不确定性冲突中的诸般风险，使人不再继续沉浸于理性的必然性与崇高之事上构想好生活，转而将目光投向经济与社会政策是否能支撑起基本的社会保障，从而在现实生活中重建尊严与安全。

---

① 玛莎·纳斯鲍姆：《寻求有尊严的生活——正义的能力理论》，中国人民大学出版社 2016 年版，第 67 页。

第二节 成就与自由的关系

按照亚里士多德的观念,“追求美好人生”这件事不可能遭到人们拒绝,然而当我们用幸福指称一种美好人生时,往往容易产生一些概念上的误会,因为人们在陈述自身所珍视的生活时会出现某个当事人宁愿要自由而放弃幸福这类情况,表面上似乎是幸福与自由的冲突,而其实是哲学或经济学里说的“福利”(welfare)与自由的冲突。

一、自由何以同福利成就产生冲突

幸福在终极意义上是美好人生,按照德沃金的说法就是“追求理想的人生”,若是理想人生便必然涉及每个人所追求的最高层级的利益,主体在最高层级的利益上必然具有终极价值。在凸显主体的价值上,德沃金的论述做出了如此回答,一旦开始思考追求理想的人生这件事是怎么回事,就意味着人们将看到个人最高层级的利益,“并不只是单纯地选择、认定一项理想是安顿生命,更在于检查和测试个人当下所认定以及追求的理想,是不是值得追求的理想。因此,所谓‘去追求美好的人生’完全不等于对于‘特定的理想人生’的抉择与认定”,而是一种批判、反思且不断选择并调整的动态过程。[①] 德沃金之所以做此认定,是在追问自我需要具有一种什么样的内在结构或生活态度方能成为一切价值之源的问题下,强调“追求美好生活”的关键性问题不在于何为美好,而在于美好生活之“追求”本身的哲学意味。当代自由主义学者如德沃金、金里卡等人阐述美好生活的态度更倾向于如何能够保障庇护和协助个人追求美好生活的自主性以及由此所提供的制度性条件。阿玛蒂亚·森以及他同时代的继承者们通过一种能力方法坚持着德沃金这一基本主旨,他们把自由与发展联系在一起,自由就是能够获得发展的能力。这里的自由不仅仅是“摆脱……自由”,还是“做……的自由”,当它讨论主动做什么的自由时就是把一种实质要达成的活动与人的主体性能力绑定在一起。但在幸福生活所容

---

① 钱永祥:《动情的理性:政治哲学作为道德实践》,南京大学出版社 2020 年版,第 59 页并参考页下注释内容。

纳的美好、富饶扮演了功利主义的现实效用时，个人的自主性与自由则很有可能同实体化的福利收益产生冲突。

显著的冲突体现在，传统功利主义视角下的福利与能力理论方法所倡导的作为自由的发展在目标指向上有所差别。强调作为自由的发展是将人的发展与能力平等作为目的，这是对传统功利主义的最直接冲击。尽管功利主义代表学者密尔郑重讨论过自由的重要性，但是在功利主义者眼中，自由只是实现福利的手段，“一个人只是被视为有价值的被称为幸福的东西发生的场所。这种幸福如何发生，发生的原因，伴随着什么，被许多人分享还是只有少数人攫取，最终都不重要。真正重要的只是这了不起的幸福的总量，或者愿望满足的总量”。[①] 在福利经济学传统上只是把自由理解为提高效用的手段，而目标最终只能是经济福利最大化。坚持福利主义则导致了在公共政策到底要服务于经济福利最大化还是服务于人的根本发展上走向舍本逐末的歧路。因而当代公共指标开始做出调整，将自由发展作为人的能力，以人的自由发展水平作为人际比较的指标。这在现实的社会经济发展指标上尤为重要，它需要更加关注政府是否能增强主体转化资源的基本能力。

因此，下面我们将具体讨论森的能力方法，从个人优势、自主性以及福利框架展开介绍分析，发掘那些个体在人生选择中所面临的可能冲突。

二、个人优势的四个维度

阿玛蒂亚·森的能力通常被置于平等问题的语境中讨论，我们希望更切进概念的内涵对能力做理论渊源上的还原，并借此考察能力的伦理基础。森从成就、福利、自由、主体性四个维度看待个人优势，而将自由和主体性二者作为能力的本质体现，这一做法深受亚里士多德传统的影响。森的自由维度受益于亚里士多德对选择的思考；他的主体性也源自亚里士多德四因说中的动力因，二者合一体现着对人的生活意义的关注。最终亚里士多德传统依然为能力理论的自我辩护贡献了新的思路，为其现实可行性提供了理论依据。

阿玛蒂亚·森是一位百科全书式的学者，尽管他因为对福利经济学所做

① ［印］阿玛蒂亚·森：《资源、价值与发展》，杨茂林、郭婕译，吉林人民出版社2008年版，第218页。

的重要贡献被授予了1998年诺贝尔经济学奖，但他关于正义理论的思想也在当代政治哲学领域提出了一种比传统的更具建设性的思路。近30年来，由阿玛蒂亚·森提出并发展起来的有关能力的探讨（the capability approach）在西方正义理论中已开始占据重要地位，乃至得到学术界和非学术界的支持。近些年来，联合国以及大部分国家倾向于将人的能力作为制定政治策略、经济政策的参考指标或基准，能力理论备受关注，大有取代罗尔斯和功利主义之势。能力理论强调个体的生活质量，关注他们的生存境遇，认为推动能力的平等比起促进经济之平等更具道德的紧迫性和实践的优先性。当前对于阿玛蒂亚·森能力方法的研究是在平等问题的语境下展开的，一些研究以处理现实问题为主，另一些则侧重对他能力方法在经济学政策上的超越与应用。我们将从伦理学上考察为这一方法奠基的能力概念的内涵，探究能力指向的不同道德维度，并在此基础上考察可行能力在幸福生活实现过程中同其他核心价值的关联。森曾声称自己在提出能力概念时受益于亚里士多德的思路，由此我们先看亚里士多德传统与森的能力概念之间的启承关系。

在进行这一比对之前，我们首先将说明森是从考察个人优势的角度出发促成了他对“能力”一词的解释。森将个人优势划分为成就（achievement）、福利（well-being）、自由（freedom to achieve）、主体性（agency）四个维度，既然森反对的是功利主义的后果论掩盖了福利获取的过程，也反对功利主义仅把福利作为人生活动的唯一追求，为了纠正其理论缺陷，森针对前者增添了自由强调过程维度，针对后者补充了主体性强调那些非福利的追求。接下来，我们分别从自由和主体性来看森是怎样扩充了被当代功利主义狭隘化了的幸福生活概念的，通过复兴一种在亚里士多德意义上的好生活维度，他在道德哲学的基础上提出一种可行能力的方法，这一方法综合多方面的价值元素，相对于获取福利后果而言更能体现一个人在现实中具备的社会优势。

	福利（Well-being）	主体性（Agnecy）
成就（Achievement）	福利的成就	能动性的成就
自由（Freedom）	福利的自由	能动性的自由

阿玛蒂亚·森曾这样定义能力(capability),它指的是“一个人选择有理由珍视的生活的实质自由”。[1] 有学者将 capabilities 翻译成为可行能力,以突出森的能力理论重在强调实现能力的条件性因素。但笔者认为无论是森还是纳斯鲍姆的能力理论,以 capabilities 一词的外延本身就包含内在潜能、外在实现条件等要素,故此处仍然将之翻译成“能力”。本书将在后面通过 capability 和 capacity 的区别进一步说明森的能力含义。“一个人的可行能力指的是此人有可能实现的、各种可能的功能性活动组合。可行能力因此是一种自由,是实现各种可能的功能性活动组合的实质自由(或者用日常语言说,就是实现各种不同的生活方式的自由)。”[2]森对能力的研究起始于要寻找一个比罗尔斯的基本善(basic goods)更好地认识个人优势的视角,他寻找的结果是,一个人能否自由地做他有理由珍视的事情,这一情形比拥有基本善更能体现一个人在社会中的优势。森之所以产生这样的判断基于他对表达个人优势的各项指标的比较。森用两组概念用来衡量人的优势,一组是主体性(agency)与福利(well-being),另一组是自由(freedom)与成就(achievement)。第一组指的是,人所谋求的生活目标可以分两类:福利和不与福利直接相关的其他目标,福利之外那些目标被森称为主体性方面。主体性方面指的是“涵盖了个人有理由去追求的所有目标,包括除了其自身福利改进之外的其他目标”。[3] 第二组指的是,因一个目标的整体实现环节包含过程与结果,所以存在两种关注维度:成就和取得成就的自由。这两个维度既可以用于福利的视角,也可用于道德主体的主体性视角。于是,在实现福利这一目标中,个人的优势有福利成就(well-being achievement)和福利自由(well-being freedom);在实现非福利的目标中,个人优势有主体性成就(agency achievement)和主体性自由(agency freedom)。以成就和自由来划分,森就揭示出一种分野,即一个人在追求其生活的全部目标时,是看重结果,还是看重过程。

体现在福利方面有两种情况,比如通常对处于极其贫穷和饥饿状态的人,他需要的是从福利成就这方面的利益提升,即给予直接的物质支援和帮助,要

① 阿玛蒂亚·森:《正义的理念》,王磊等译,中国人民大学出版社 2012 年版,第 214 页。
② 阿玛蒂亚·森:《以自由看待发展》,任赜、于真译,中国人民大学出版社 2012 年版,第 62 页。
③ 阿玛蒂亚·森:《正义的理念》,王磊等译,中国人民大学出版社 2012 年版,第 268 页。

比空泛地获得福利的自由更有直接意义。然而在另一方面，在国家政策的制定过程中，对成年公民来说，也许福利自由比福利成就更重要，因为国家尽管需要保障公民获得基本的生活保障，但不需要禁止他们因为宗教、理想或其他需求而节食的自由。

在主体性方面也有两种情况，主体性成就和主体性自由。它们的提出使我们不再把人仅仅作为福利的载体来看待，而是开始重新把目光投向人自身。进一步而言，我们同样有必要区分，人实现自我价值的结果以及实现自我价值过程中的自由这两种情形。

那么森的能力偏重于哪些指标呢？森在自由和成就的维度之下侧重的是自由，因为他认为自由能够反映人们选择机会的多寡，这种对过程的关注相比于仅关注结果而言，提供了更多关于个人生活的信息。同时，森在福利和主体性的维度下偏向主体性。在森对可行能力的表述中，自由是以追求“我们有理由珍视的”事物的能力来界定的，这将体现在自由实施的过程中，一个能动的道德主体所追求的价值要将远超他所追求的福利的价值。从这个意义上，我们看到森不满足于从经济学角度来考察福利的均等和分配，其着眼之处更深，他看到了人从本质上是自己终极价值的体现，很难以单一的标准进行筹划和运算，即使想要寻求一种普遍性的路径也必须要把每个主体的独特性考虑其中。

需要说明的是，森对能力的理解有一个发展的过程。在他的早期论文中，能力方法主要运用在福利领域，即福利成就和福利自由。森的两个核心概念中，功能性活动指的是福利成就，能力指的是福利自由。他指出：“福利自由是一种特殊的自由，它专指一个人具有不同功能性活动向量，以及享受相应的福利成就的能力。”[①]这意味着森认为能力是在获得福利方面的自由，而并不与主体性方面的自由产生直接关系，所以，此刻能力这种独特的自由就要与一个更为广泛的自由概念区别开来。然而森在后期《正义的理论》中明确地指出，“能力是通过福利自由和主体性自由来进行描述的”。[②] 可以看到，能力已经

---

① Amartya K. Sen, Well-being, Agency and Freedom: The Dewey Lectures, *The Journal of Philosophy*, 1985, 82(4): 180－211, p. 203.

② ［印］阿玛蒂亚·森：《正义的理念》，王磊等译，中国人民大学出版社 2012 年版，第 269 页。

不单指福利,其范围已扩展到了同人的生活关系更为密切的伦理价值领域。森前后观点的差异使其能力和自由的关系发生了些微的变化,但我们将坚持森晚期的看法,即能力更能广泛地突出人的主体性特征中的善。关注善价值,并不是森对经济学和政治学问题的偏离,因为在理论底色上,突出人对价值的珍视是他对实质自由的有效界定(他对自由的理解是超越福利的);在现实策略上,他提出公共推理和协商的做法是同主体性的多元价值保持内在一致的。我们将首先讨论能力和自由的关系,接着分析能力与主体性的实现,就此探寻亚里士多德理论传统是如何从两个维度影响着森的能力理论。

三、自由:功能性活动与可行能力

没有功能性活动与可行能力的对比就无法理解森的自由内涵,我们将通过亚里士多德对选择的解释,进而阐明森为什么要区分功能性活动与可行能力,这对理解实质的自由有何帮助。

亚里士多德理论中的自由,主要蕴含在他对自愿和选择的解释中。概括起来:其一,幸福的人生是人能够自愿选择的人生。其二,亚里士多德主要描述了选择的主体和选择的过程。

其一,自由之所以有意义在于它是实现幸福人生必备的。亚里士多德认为人的功能是获得幸福生活(eudaminia)的能力。eudaminia 这个词中包含着希腊语"udamin",它有时候被翻译成"潜能",有时候被翻译成"存在着的或行动的能力"。[①] 幸福,在原始语词中,本就指的是过有行动能力的生活,有行动能力最重要在于能自主选择。亚里士多德认为,选择之于人的重要性就在于我们能够凭借它创造幸福,"幸福决定于我们自己,而不是决定于命运","因为我们已经把幸福规定为灵魂的一种特别的活动……我们有理由说一头牛、一匹马或一个其他动物不幸福,因为它们不能参与高贵的活动"。[②] 于亚里士多德所言,这个高贵的活动就是那个有逻各斯部分的实现活动(希 energeia),是依赖从手段到终极目的的一条链状选择而达成的。

① [印]阿玛蒂亚·森:《能力与福利》,阿玛蒂亚·森,玛莎·纳斯鲍姆主编:《生活质量》,龚群、聂敏里等译,社会科学文献出版社 2008 年版,第 35 页。

② [古希腊]亚里士多德:《尼各马可伦理学》,廖申白译,商务印书馆 2003 年版,第 26 页。

其二,亚里士多德对选择主体和选择过程的描述。就选择主体而言,亚里士多德在《尼各马可伦理学》中首先区分了选择和意愿,“选择显然出于意愿,但两者并不等同。儿童和低等动物能够出于意愿地行动,但不能够选择……”[①]在亚里士多德的选择之中,自由首先出于内心的意愿,但又是一种独特的意愿,它不是受制于欲望和冲动,尽管亚里士多德这里没有明说哪些是选择的主体,但在之后的讨论中具有理智能力是选择区别于意愿的主体性特征。在这个意义上,亚里士多德其实揭示了后世所强调的自我决定,这是对选择主体基本功能的设定。

接下来,从选择过程而言再次强化了主体的能力,“首先,选择绝不是对于不可能的东西,其次,人们只选择通过自己的活动可以得到的东西,第三,选择更多的是相对于手段”。[②]从前两点可以看到,选择的意义其实被限制在一个特定范围内,无论说“它不可能”,还是说它“可以得到”,都是相对于选择主体的能力来说的。只有进入主体的能力范围,才能够成为备选的选项。

在第三点中选择过程的发生主要是对手段而言的,亚里士多德指出一个行动通常是在可能的范围对最能实现目的的手段和使用这种手段的方法的选择,这种选择是从属于目的的。“我们考虑用什么手段和方法来达到目的。如果有几种手段,他们考虑的就是哪种手段最能实现目的。”[③]在选择手段的过程中,亚里士多德坚持认为全部手段的选择将满足人生实践的终极意图,即一个人一连串的选择构成一种特定的人生。所以他指出,选择通常是在那些作为实现善价值的工具和手段之中,可以说选择这一行为既同主体的能力相关,也需要考虑在他能力范围内那些实现善价值的手段是否具备,甚至说,这些实现善的手段之所以被选择应该取决于一个人从他想过的生活来考虑是否真正需要这些功能,亚里士多德曾强调说:“如果始因是外在的……那么它就是被迫的行为。”[④]一个人是否可以自由选择,很大程度上同现实生活的可行性及其自身需求有着不可分割的联系,而一切脱离了人们的生活处境及其可能性

①② [古希腊]亚里士多德:《尼各马可伦理学》,廖申白译,商务印书馆2003年版,第65页。
③ 同上书,第68页。
④ 同上书,第58页。

的选择都是无意义的。那么在理论上如何保障自由得以施展的可能性呢？亚里士多德在这里并没有再做更多解释。

然而，阿玛蒂亚·森延续了这项思考，他通过功能性活动和可行能力这二者在概念空间上的差别来提醒人们，关注可行能力就是锁定了那些实质自由在选择时呈现的状态。功能性活动（functionings）指的是，一个人认为值得去做或达到的多种多样的事情或状态。而可行能力指的是，此人有可能实现的各种可能的功能性活动的组合。森没有把自由对应于功能性活动，而是对应在可行能力上，因为"一个人的功能性活动组合反映了此人实际达到的成就，可行能力集合则反映此人有自由实现的自由：可供这个人选择的各种相互替代的功能性活动组合"。[①] 对比上述亚里士多德的说法，森的可行能力概念可以说是从亚里士多德关于选择和功能的概念中析出来的，只不过森又在自由的实际操作层面上做了进一步辨识。亚里士多德的功能概念聚焦于人们某种实现了的状态和结果，而森的可行能力概念不仅指向了那些被选中的状态和结果，而且还指向在选择过程中那些未被选中的状态。也就是说，可行能力的范围要比实际选择的功能组合范围要大，功能性活动显然是所有可行的功能组合中的一个，而那些没能最终被选择而无法变成真实状态的功能集合，事实上才印证了可行能力的重要地位，它们代表着一个人在面对各种各样的选择时拥有的实际机会和自由，这个集合容纳的功能越多则说明一个人的实质自由程度越大。

这个集合在描述人们的实际生活状态中具有更为切实的意义。一些学者发现，森提到可行能力的时候往往用的是复数 capabilities，而不是完成某个单独事情的可行能力，对他来说可行能力本身就是一个大的集合。[②] 伯纳德·威廉姆斯曾经举过一个洛杉矶居民呼吸新鲜空气的例子来讨论森的可行能力。该地区居民为了呼吸到新鲜空气，只能选择搬迁到别的地区，而这样做的代价太大，这种情形下森是否承认他们具有呼吸新鲜空气的可行能力呢？威廉姆斯认为单独提一种可行能力并不合适，人们最好考虑"可同时实现的可行

---

① ［印］阿玛蒂亚·森：《以自由看待发展》，任赜、于真译，中国人民大学出版社 2012 年版，第 63 页。

② Crocker, David A., Functioning and capability: The foundations of Sen's and Nussbaum's development ethic, *Political Theory*, 1992, 20(4), pp. 584 - 612.

能力集合”。在这个例子中，学者戴维·A. 克罗克(David A. Crocker)评价道，威廉斯指出基于洛杉矶居民可以同时实现的可行能力集合是“留在洛杉矶”，那么呼吸新鲜空气作为一种单独可行能力同“留在洛杉矶”是相违背的，在这种情况下要求一个人放弃留在洛杉矶是不可能的，即使他具有在其他地方呼吸新鲜空气的能力，我们也可以合理地说他实际不具备这种能力。可以说，森在提出可行能力的时候，意在强调每个人的具体情景，并没有什么脱离个人生活环境而讨论的单独的能力，可行能力用复数形式表达，就意味着具有实质自由就是一个“可同时实现的可行能力集合”。[①]

森的能力理论极力表达的是如何获得实质自由，这就使他有别于另一种自由主义的表达。在当代政治哲学中，自由曾沿袭格劳秀斯和霍布斯的传统强调消极意义上的自由，即免于外在强制和不受阻碍。而森的目标是“让人们能够以某些具体的方式去生活和行动。这种方法没有忽视选择的价值，因为我们的目标就是让他们能够以这些方式有选择地去行动”。[②] 因而森的自由概念的外延远大于当代政治哲学中的消极自由，它不仅指没有外在干预或障碍，而且没有能力做选择也是一种对自由的阻碍。从这个意义上说，森的可行能力意味着使一个机会成为真实自由的全部事物，这除了个人自身的基本能力外，还需要物质条件、环境、文化和社会制度等因素。

这种积极自由则导致了森与罗尔斯在正义标准上的分歧。相比于罗尔斯主张通过基本善表达“自由权优先”的原则，森则通过可行能力来强调自由需要实质获得的一面。罗尔斯的基本善是帮助一个人实现其目标的通过手段，它包括“权利、自由权和机会、收入和财富，以及自尊的社会基础”。[③] 罗尔斯之所以将基本善作为他自由理论的基础，在于他认为在追求自己认为好的理念时候，各类价值之重要性是因人而异的，因此基本善作为一种最底限的资源能够保障人们的行动自由不受阻碍，即使不同人在拥有同样基本善的情况下

---

① 陈晓旭：《阿玛蒂亚·森的正义观：一个批评性考察》，《政治与社会哲学评论》2013 年第 46 期，第 104 页。

② ［美］玛莎·纳斯鲍姆：《本性、功能与能力》，麦卡锡选编，刘森林主编，《马克思与亚里士多德——十九世纪德国社会理论与古典的古代》，郝亿春、邓先珍等译，华东师范大学出版社 2015 年版，第 242 页。

③ ［美］约翰·罗尔斯：《正义论》，何怀宏、何包钢、廖申白译，中国社会科学出版社 1988 年版，第 58 页。

生活情况大相径庭，罗尔斯认为这是尊重自由权的结果。而森认为罗尔斯的基本善用来衡量人们在社会中获得平等的自由权是不够的，如果不考虑人们获得自由的实际情况，将会导致许多事实中的不平等。“如果目的是集中注意个人追求自己目标的真实机会的话，则要考虑的就不仅是各人所拥有的基本物品，而且还应该包括有关的各人特征，它们确定从基本物品到个人实现其目标的能力的转化。”[①]森批评罗尔斯在自由实现上没有考虑到人们将资源转化为实际生活的能力，而它恰恰是自由的重要部分。甚至从另一方面来说，如果按照某些自由主义者所强调的以制度严格保障“自由优先”这一原则，反倒有可能忽视或妨碍实质自由的实现，所以森甚至不直接标榜自由，而用可行能力代替自由这样的表述，其中理所当然包含着选择和机会这样真实可行的价值。

总的来说，森通过功能性活动和能力的区分试图阐明并延续亚里士多德选择观念的现实意义。亚里士多德的选择理论算得上是自由观念的雏形，相较于当代自由概念的精致抽象反而包含更多对实质自由的关注，他虽未言明这种实质自由如何可能，但却启发了森通过自由重新看待发展和生活质量。相比于功利主义以福利成就衡量美好人生的传统，他揭示了在获取福利成就的过程中被忽略的选择过程，指出选择的自由是幸福生活的重要维度。另外森用实质的自由取代了罗尔斯的公共益品，并从功能性活动与可行能力的细分上看到了当代学界在思考实质的生活之善中的理论推进。森在可行能力的阐释中很巧妙地维系着后果论的幸福理想，也同时把当代自由、公正的道德价值融入善生活的系统建设中。

四、理性选择与可行能力方法应用的可行性

幸福生活关系到具体的生活样态，可行能力既然能够满足一种代表着实质自由的过程选择，也必然得具备对现实情况的特殊性与具体性的关照。罗尔斯指出，可行能力无法作为一种公共评价的标准，人们对美好生活持有不同认识和信仰，可行能力是根据不同价值而论的，人们如何找到一个得到公共认

① ［印］阿玛蒂亚·森：《以自由看待发展》，任赜、于真译，中国人民大学出版社 2012 年版，第 62 页。

可和证成的指标。如果只强调每个个体的情景和遭遇，怎么才能提出一种具有普遍适用性的标准供人检视呢？所以罗尔斯说可行能力根本无法提供明确的评价指标，它作为一种正义理论要处理大量不同种类的信息，这是不切实际的。[①]

可行能力在关注人类自由和价值多元方面具有其他要素无法比拟的优势，但这种亚里士多德式的方法可想而知会在当代伦理政治的现实应用中引发上述质疑。森的能力理论似乎提供了一种跟罗尔斯不同的人际比较标准，它更注重美好生活背后各异的文化与价值。但是如果强调好生活在终极价值是多元的且没有可比性，能力理论何以具有普遍可行性？进一步而言，能力理论这种方法又怎样能获得实现美好生活的普遍标准。

首先，从多元主义是否具有一种可衡量的普遍意义来说，无论罗尔斯还是森，这些秉持自由主义理念的学者至少都一致认同多元价值融贯于美好生活之中，它们在事实上不可共存也无法共量，但多元价值体现在所有当事人选择的生活方式中并非不存在普遍客观的意义，这是罗尔斯与森共同认可多元价值并都执着于普遍原则的基础。我们知道，多元价值只能推导出各项基本价值无法用一个共通的尺度衡量，因此不能客观地判断其间的高下，由此也并不存在由一种单一价值主导的好生活。但是价值不可共量只是价值问题的一个方面，在其他方面价值就其本性而言必须要在当事人这一价值主体的选择中方显意义，那么它必然是同当事人的选择相关的。多元价值的不可共量是在抽象意义上的比较，而在现实生活中人们从事选择时却都有自己特定的理由。他们根据自己的考虑选择了某个标准而放弃了另一个标准，之所以选择了某些标准是因为他们仍然有着对某类价值的优先考虑与排序。选择不仅体现了比较价值的客观属性，而且还表明了各种不同属性在当事人的选择中具有何种程度的意义。对当事人相关的论述很容易让人误以为，价值选择只是每个人的判断在某个范围内的妥当性，而无所谓价值的对错好坏，这依然陷入了相对主义。但其实这是有区别的，因为人们只要涉及“理由”，则会发掘本质上“它原本便旨在设法展示自己的主张有所依据，借以说服异议者，因此必然会

---

① Rawls, John, *The Law of Peoples*, Cambridge, Harvard University Press, 1999, p. 13.

引发他人的同意与不同意(一个说法无法引发他人同意或不同意之反应者,也不构成理由)。而无论同意或者不同意,都表示外在与该系统的人已经在进行理解、衡量判断并且使用到了某种超越该系统的标准"。[①] 关键在于是否有一种超越特定系统的标准,"理由"这个概念所具有的特性恰恰在于它是否能打破那些内在于各个系统的成见,使得系统之间有可能够达成沟通和理解。如果"理由"的存在具有这种达至普遍性的客观意义,那么多元价值论实际上可以免于相对主义的纠缠,也就可以从容讨论多元价值在理由的意义上能够衡量哪些同行为者根本相关的活动要素,以及如何衡量。

从而,多元价值可以通过理由推导出普遍主义,承认多元价值这一客观事实的意义也才凸显出来。理由这个因素蕴含着每个人在选择过程中的理性选择的本质属性,森特别指出这种理性选择绝不是经济学"理性选择理论"所指的明智地追求自身利益别无其他动机的理性,而是"理性选择的本质要求将一个人的选择——关于行为、目标、价值和优先——置于理智的慎思之下"。[②] 一个人的理性选择最接近于表达当事人对现实的综合考虑,因为选择的行为体现的不仅仅是当事人自己的欲望偏好,而更在其背后的理由,理由乃是实质选择的构成性因素,它的客观性建立在主体彼此间达成的认可与理解基础上。

讨论多元价值同普遍性不冲突的意义并不在于从它们中发现有什么特定"价值因子",而是指出理由是获得普遍性的基础,且"理由只有经过主体之间相互的交代与诘疑,才能取得其可信度,证明其妥当性"。[③] 人们要为自己的选择结果与是非高下做评判,通过相互提供的理由逐渐达成检验的客观性,承认这种理由可理解、可沟通是在于它建立在理性选择基础上,这是其一。选择者对彼此的理解不是一蹴而就的,需要对过程性进行考量,这一理解中人们在意的可能并不是那个价值本身的内容,而是结合了当事人生活的背景缘由、目的、动机,以及对当事人的自我认知与价值取向情况的了解,这是其二。这意味着,有一种道德义务必须尊重每个人自主选择的权利,如果忽视或者掩盖这

---

① 钱永祥:《动情的理性:政治哲学作为道德实践》,南京大学出版社 2020 年版,第 236 页。
② [印]阿玛蒂亚·森:《正义的理念》,王磊等译,中国人民大学出版社 2012 年版,第 167 页。
③ 钱永祥:《动情的理性:政治哲学作为道德实践》,南京大学出版社 2020 年版,第 238 页。

些过程选择的要素，其实就根本没有理解在这些因素中评价、选择如何可以达成的普遍性与客观性。当然抛开这个话题稍作引申的话，森在这一点上更想有效地证明，一个人实现“自己所珍视”的好生活并不是主观主义的欲望偏好，而是基于种种理由的客观选择，这是可行能力作为一种人权内容的客观性证成。如果忽视或掩盖了上述关于生活背景、动机目的的过程性考量，就使得一个人的生存境况与努力不可能得到他人的理解，无法获得社会的尊重，从而使当事人失去了获得社会关照的权利。所以说，理性选择是在多元价值下能让可行能力具有普遍性的一种理论表达。

其次，从现实中可行能力在施行上是否具有客观标准的视角来看，能力方法在具体生活情境中的确面临着预测行动的难题，但并不见得与客观标准有内在的不相容性。森曾经说过，理性选择作为“经过批判性反思的选择”要比简单的自身利益最大化更严格，但同时它也更加宽松，“因为这种方法考虑到这样的可能性，那就是人们有理由且能经受批判性思考的选择不止一种”。[①]宽松的意思恰恰是指理性选择的结果是人们在不违背理性的情况下往往会有不同的考虑，有的考虑可能会比另一些更合理，它允许人们关注行为背后的各种理由。那么这种宽松性就会使理性选择面临着不止一种可供选择的结果。如果在现实中进行行为预测就是一个困难，由此引发的是否有些客观上更根本的可行能力的争论，就是这种预测困难的现实表现。

森的回答是，拣选何种可行能力以及怎样拣选可行能力是民主程序的任务，而不是理论家关注的重点。他只是从理论上纠正一直以来被抽象建构方法所忽视的问题，以及处理这些问题可以采用的其他的方法论。与人相关的伦理问题的研究不同于自然科学，不能以科学方法提供普遍性的规律和原则，并不表明政治的道德基础没有客观性。人的多元性和主体性呈现出不同的价值，因而在不同文化、制度和习俗中，每一组被当时当地认可的基本可行能力清单都会具有不同的目的和结构，同样每种目的都需要特定的清单。在具体环境中，公共讨论和推理能够产生人们对可行能力的一致认可，从而引导一种较好的对公共价值的理解以及对具体可行能力之角色的理解。森认为古典时

① ［印］阿玛蒂亚·森：《正义的理念》，王磊等译，中国人民大学出版社 2012 年版，第 169 页。

代的理智德性，比如实践智慧不仅是个人获取幸福的德性品质，而且同样可以作为公共说理中对差异的行动选择、各持己见的价值冲突加以理解沟通的实践智慧。就是说确立哪些基本的可行能力以及何种内容的能力集合是可以通过开放的形式进行审视和批评的公共商议，从而在实践的比较性原则基础上能够产生一致意见。可见，森的这一思路，对当代学者来说并不陌生，最终他的方式是同审议民主以及哈贝马斯的交往理性遵循着同一套逻辑：人们无法确定一些理由或可行能力相比另一些更为根本，价值或利益分歧之下的公共讨论是借着预先设置的前提，比如公共理性、实践智慧，或是妥当性的主张等，在商议的政治形式下获得达成一致的可能性。鉴于本书主旨在功利主义与美德理论两条幸福路径上的差异性研究，我们认为森获取可行能力的方法深受古典伦理学尤其是亚里士多德德性论思维的影响，实践智慧的广阔含义蕴含在他为理性选择所做的理论阐释中，这既囊括了个体在价值认定上的审慎权衡，同时也可以拓展为在行动主体之间以及不同系统之间可供理解沟通的客观形式。[①] 森的公共理性的判断如果在实践智慧的语境下来理解，就是在当下现实的权衡中尽力达成一种价值宽容与和谐，而不仅仅是依赖可通约性进行优选。这一态度使森在很大程度上有别于罗尔斯以来对社会规范性的普遍兴趣，而是从每个人怎样实现幸福生活的过程与成就中来发掘可能的公共基础。

笔者认为，森的回应只是部分令人满意的，其中的问题有多方面。其一，通过亚里士多德的实践智慧洞悉人伦生活的实质是伦理学和政治哲学研究的一次古典回归，这一回归用一种类似于德性论的思路重申了自由主义所坚持

---

① 亚里士多德的理论通常被归为完善论，但是很难说完善论就是一种一元论。对于亚里士多德到底是什么样的完善论我们无法正面讨论，但是当代自由主义在美德伦理复兴的背景下对亚里士多德的最大继承乃是认为他对多元价值的态度可能是模糊的且他又能通过德性一类的内在秉性明智地消化多元价值的冲撞。纳斯鲍姆就不认同亚里士多德是一元论的观点，M. C. Aristotle, politics, and human capabilities: a response to Antony, Arneson, Charlesworth, and Mulgan, *Ethics*, 2000, 111。完善论有不同形式，通常的观点主张美好人生系于内生于人性的特质，而这些特质得到充分实现才算是达到美好人生。还有另一些认为某些事物或活动直接有助于人们生活的蓬勃发展，由此而界定人生是否美好并非一定是人性内在特性而包含其他直接的客观因素。这两类观点都可以在亚里士多德文中找到依据，但他并没有强烈地表达这些价值的统一还原，而是在二阶的功能运作上寻找实现和谐的方法，而将其诸多价值共存的状态统称为美好。当代很多学者采纳的是亚里士多德古典主义的思考范式。参见拙作《后习俗视域下美德伦理的定位及创造性——从明智到商谈》，文中的一些讨论，载于《伦理学术》第2期，上海教育出版社，2021年，第93—106页。

的价值多元主义如何内在地相容于美好生活的普遍性。亚里士多德的视角力图在好生活和传统之间确立起一种强的联系，认为离开了特定的价值传统就无法恰当回答“如何生活”的问题。如果说森采纳了亚里士多德的实践智慧的用法和含义，那么他在理论上就颇有创造性地分析了理性选择用来度量幸福的必要性，以及同样在理论上实现了区分关注抽象自由与关注实际的自由，即可行能力的作用。但我们需要意识到从理论上的认识转为对实际选择的考量则是另外一回事。这需要对无法确定具体可行能力的困扰给出一种合理解释。

其二，森从未否认道德客观性，也并不反对设立具体的可行能力清单，但他并没有提出哪些基本的可行能力应该被看作具有普遍意义，就此而言他没有再向前多走一步。如果他不提设清单，则很容易被人们理解为一种文化上的相对主义者，这并不是把问题丢到现实政治领域就可以回避的，他应该在基本可行能力的认定上更加积极。笔者在前面已经谈到，就第一点而言，大致来说森与罗尔斯都有共识。

学界并不满足于森的回答是在第二个问题上，这也引发了能力阵营的学者们对森的能力说辩护和发展。哲学家纳斯鲍姆对能力理论进一步补充完善，她列出包含十项核心可行能力的清单，并指出必须要设置可行能力清单，否则不具有操作性。森一日不设置可行能力列表，提倡可行能力反而助长，甚至等同于滥用权利以及危害他人，从而失去了将其作为方法的意义。[①] 纳斯鲍姆指出可行能力包含的具体条目通常建立在经验、直觉的基础上，并在多元主义的背景下得到的重叠共识。但是正如森的预测，纳斯鲍姆基本能力清单的设立很快就招致学界更为细致的批评，比如一些项目是否构成最基本的人类生活，以及为什么是这项能力而不是别的能力体现善的价值，等等。

纳斯鲍姆提出清单的做法笔者是认同的，因为它毕竟是对人的基本能力和人之独特性的重视，甚至她表明了这样一种情形，道德经验的特殊性事实上可以有一个普遍的含义，并且她对于清单的探讨在某些方面也类似于罗尔斯式的建构主义。纳斯鲍姆可以说是在森的基础上丰富了能力清单的结构，政

---

① Nussbaum M. C. Aristotle, Politics, and Human Capabilities: A Response to Antony, Arneson, Charlesworth, and Mulgan. *Ethics*, 2000, 111, pp. 102 - 140.

策制定者能够在道德政治的普遍含义上更深刻地贴近每个人对好生活的努力,从而提出更有效的做法。尽管纳斯鲍姆的清单对亚里士多德有过度解释和夸张之嫌,但不得不说,她的做法或许是更多地关注了亚里士多德对外在善的强调。[①] 学界对纳斯鲍姆清单的有更多细致的批评,其中批评之一是,并不是她不应该设立清单,而是她的清单条目庞杂臃肿,对亚里士多德有过度夸张之嫌。类似的批评还可以参见克雷斯波(R. F. Crespo)。纳斯鲍姆的清单各条目间彼此矛盾,一方面,她以亚里士多德式的德性建立条目的内容,另一方面,在实质方法上又倾向于康德式的建构。如果回到亚里士多德,事实上,他从不认为道德价值的客观性是一个问题,甚至这种客观性指向何种价值也同样不是问题。尽管亚里士多德抽象地讲如何选择善目的,"如果只有一种目的是完善的,这就是我们所寻求的东西;如果有几个完善的目的,其中最完善的那个就是我们寻求的东西","添加的善会使它更善,而善事物中更善的总是更值得欲求"。[②] 但其背后确定已有的是实践智慧的尺度及其所指向的内容,亚里士多德在《政治学》里对实践智慧在家政和城邦事务中的应用,已经在把那些他认为的善付诸实施。亚里士多德的德性理论中包含着客观性和规范性的基础,体现在希腊城邦的具体政治构建下,他对一个城邦公民"活得好"所需要的一系列美好品质和外在善物都做了归纳总结。用现代的话语来说,德性论的擅长之事恰恰是在它在实践智慧的理论上内在融合了审慎价值和道德价值,并由此产生了包含着客观性和普遍性的生活之善。如果说亚里士多德能作为当代能力理论的积极对话伙伴的话,他的这些要素则共同构成了他的"基本能力清单",而从文本上看,这个清单中的基本可行能力数量应该处于森和纳斯鲍姆之间。

总之,森的能力理论深受亚里士多德的影响,而最根本之处是森通过目的因的角度诠释了人的可行能力与功能运作在幸福生活中的重要性,并且对这一功能集合的判断集中体现在实践智慧对多元价值以及好生活的理解之中。我们更倾向于把森的理性选择理解为他将古老的德性论(理智德性与伦理德

---

① Formosa Paul, Mackenzie Catriona, Nussbaum, Kant and the Capabilities Approach to Dignity, *Ethic Theory Moral Practice*, 2014, 17, pp. 875 - 892.

② [古希腊]亚里士多德:《尼各马可伦理学》,廖申白译,商务印书馆2003年版,第18—19页。

性二者)思维综合运用在当代问题上的一项论证结果。他对理性选择的描述还包含着另一种更广阔的视野,那就是他从关注人们的社会活动发现经济学无法容纳的那些行动理由,人们行动目标很多时候超越了自身的具体利益,而把自己有理由去追寻的更广泛的价值观带入行动中,这同样是审慎的考虑却偏离了自身利益的最大化这一特定要求。理性选择彰显了个体除了福利之外的能动性上的特征,因为理性选择不仅能在既定目标和价值前提下评价我们的决定,还能对这些目标和价值本身的可持续性进行反思。所以那些可持续性的理由不仅还原了可行能力在过程中的力量,而且无形之中也将人们在生活追求中的福利目标和能动性目标分开了。

第三节　福利目标与能动性目标的关系

本节要讨论的是福利目标与能动性目标之间的冲突,这里涉及一个经济学和伦理学的古老话题。经济学的首要原则似乎一直都建立在每个主体是受自身利益驱动的人性设定上,并且人们都会有意识地将自己选择的事情最大化。于是经济学普遍采用寻找极值(extremal)的方法对人类可能的行动进行预测,包括消费者效用最大化、生产利润的最大化,以及个人生活水平的最大化。尽管当代很多学者相信绝大多数人都不是纯粹意义上的自我主义者,经济学家也对人类完全利己的假设提出怀疑,但并不妨碍行为主体的自利性原则主导着主流经济学理论。然而在西方传统中,早期研究经济问题的学者通常都是将道德认知作为人类行为的重要部分,同时也确定了道德在社会行为关系中的重要作用。[①] 亚当·斯密的经典论述持有同样的立场,他对自利做过深入的分析澄清,“爱自己”(self-love)即指的是自利动机,也许只是人类众多动机中的一种。即使是在自利动机中也包含了同情、慷慨大方以及热心公

① 以亚里士多德为首,以及中世纪的托马斯·阿奎纳、迈蒙尼德,还有近代以来的经济学家威廉·配第、格雷戈里·金等人都认为经济学与伦理学是相辅相成的,他们以各自不同的方式关注道德问题,都认为道德行为对经济学有着实质影响。

益的精神,[①]他也提到了这些动机并不需要自我控制而能够自发地乐于助人,斯密在《道德情操论》中讨论了很多这样的非自利行为,他同时承认"审慎精明是对个人来说所有美德中最有用的一种",但"人道、公正、慷慨大方和热心公益的精神是对别人最有用的品质"。[②] 斯密在著作中描述自利动机产生的经济交换活动,但除此之外他还花大量篇幅描述那些影响人行为的其他动机。这类动机是那些"深思熟虑"的人比"大多数人"都能看到的更多的道德力量,[③]在斯密的观念中,人们的行为不可避免地包含着道德因素,即使人们并没有真的深刻反省过自己当下的行为是否遵循了道德,很多行为的选择也并非为了导向自身利益的目标,而是他们有充分的理由拥有更多样的价值观和适当的行为规范。人们尊重自己已经确立的行为准则和社会习俗,这种确立起来的行为准则(笔者个人认为这更接近行为选择的一种品味或惯性)比追求自身利益的福利导向更具有广泛的社会意义。斯密很早就意识到这一点,但是主流经济学家们却错误地忽略了除自利动机以外的其他所有动机。森以及当代持同样观点的经济学家和伦理学家注意到重启这一传统的重要性,森将人的能动性目标与福利目标一起纳入人类生活状态的考察中,并将能动性目标与福利目标彼此分立为两个项限,就表明他要扭转福利主义经济学把个人福利目标作为生活目标的唯一性,同时提醒人们幸福生活更是一种能动性目标得到全面实现的状态,这必须有赖于社会视角下对人与人关系、价值冲突中的行为选择的更细致考察。

社会关系中的人际比较是同"生活的好"密切相连的现实因素。我们通过森对当代平等问题的评价与修正,看到他对好生活的塑造包含着公共生活中人类可行能力的平等。他细致地考虑了人们在获得资源并将其转化为一种理想生活的实质能力,理想生活如果包含着福利目标和能动性目标,那么森的可行能力是怎样作为平等的指标在正义理论中展开的?它蕴含了何种更深层的关怀?

在当代学界,阿玛蒂亚·森关于"什么样的平等"的论述引发了多位著名

① Adam Smith, *The Theory of Moral Sentiments*, Clarendon Press, 1976, p. 191.
② Ibid, p. 189.
③ Ibid, p. 162.

哲学家的热烈讨论，他的能力理论不仅开创了正义理论的新思路，深刻影响了学界，而且也在现实生活中产生了不小的影响。[①] 当然，阿玛蒂亚・森的能力理论也遭受了不少质疑，甚至颇为严厉的批评。[②] 在我们看来，这些批评既有道理也有误读。不少批评是由于能力理论自身论述的不严谨和倡导者的过分解读造成的，从这个意义上讲，对森的批评是切题的。但一旦我们将森的伦理思想深入他不断强调的福利（well-being）与能动性（agency）的区分上，[③]理解了阿玛蒂亚・森更深切的关怀，那么我们会发现学界所讨论能力正义理论的那些缺陷，在一定程度上又可能是对阿玛蒂亚・森伦理思想的误解。本节想要阐明如下问题：（1）简要回顾在平等语境下能力理论有哪些不同于其他指标的特质，在列举的四项优势中森如何看待能动性这一目标导向的，其背后的伦理诉求是有别于福利目标的；（2）阐述能力方法所引发的争论，特别是针对它的某些重要批评，并由此说明其能力观念面临的批评在何种程度上是不切题的；（3）揭示平等语境下森的能动性目标导向与福利导向的不一致，这种内在冲突的存在表明森深刻意识到亚当・斯密对道德行动的重视，只能说森在坚持一种美德伦理式的“综合性后果”时，其理论保留了模糊性但仍然取得了实质进展。

---

① Kaushik Basu and Ravi Kanbur, *Arguments for a Better World: Essays in Honor of Amartya Sen* (*Ethics, Welfare, and Measurement*), Vol. 1, Oxford University Press, 2009, p. 284.

② G. A. Cohen, “On the Currency of Egalitarian Justice”, *Ethics*, 99 (4), 1989; Thomas Pogge, “Can the capability approach be justified”, *Philosophical Topics* 30(2), 2002; Louis Kaplow, “Primary Goods, Capabilities,... or Well-Being?”, *The Philosophical Review*, Vol. 116, No. 4, 2007.另外参见高景柱：“超越平等的资源主义与福利主义分析路径”，《人文杂志》2013 年第 1 期；段忠桥、常春雨：“G. A. 科恩论阿玛蒂亚・森的‘能力平等’”，《哲学动态》2014 年第 7 期；陈晓旭：“阿玛蒂亚・森的正义观：一个批评性考察”，《政治与社会哲学评论》2013 年第 46 期；秦子忠：“以可行能力看待不正义”，《上海交通大学学报（哲学社会科学版）》2016 年第 3 期；任俊：“正义研究能力进路主张能力平等吗？——澄清关于能力进路的一个误解”，《天津社会科学》2018 年第 5 期。

③ 关于 well-being，国内通常翻译有“福利”“福祉”“良好生活”“良好状态”这几种译法。笔者在“当代正义理论的两难”，《哲学分析》2020 年第 4 期中指出将 well-being 翻译为“福利”容易同 welfare 混淆，故将其翻译为“良好状态”。然本书在此处并没有按照当时译法，为了全书在用法上的统一仍然保留了 well-being 翻译为“福利”的用法，因为通常时候这两个词并没有做明确区分，相比之下，也有使用“福祉”整体来指良好生活。近年来，以“良好生活”来翻译的做法渐渐多了起来，如陈嘉映教授翻译的《伦理学与哲学的限度》。但细究起来，以生活来翻译“being”似乎稍有不对称，尤其是在阿玛蒂亚・森的理论中，well-being 是与 agency 相对照而言，因而如果翻译成良好生活，在中文语境中与能动性的区分就不那么容易理解。基于此，本书将森所使用的 well-being 仍然翻译为福利，以便突出 agency 作为非福利的行为选择能动状态。对 well-being 翻译的一些讨论，可参见段忠桥与秦子忠两位学者文章中的相关论述。

一、平等语境下能力方法的特质

众所周知，自 1971 罗尔斯的《正义论》发表以后，正义就成了道德哲学与政治哲学中的焦点议题。在之后几十年里，有三种正义理论特别引人瞩目。一种是功利主义的福利正义理论，另一种是以罗尔斯、德沃金为代表的资源正义理论，还有一种是由阿玛蒂亚·森首创、纳斯鲍姆等人大力倡导的能力正义理论。从时间脉络和理论形成来看，正是基于对功利主义的种种不满，罗尔斯等人才提出了资源正义理论，而能力正义理论又是在批评资源正义理论的基础上提出来的。这三种主要的正义理论各自的理论诉求、观点主张以及它们之间的论证交锋，构成了当代道德哲学和政治哲学中不可或缺的一部分。一般来讲，大多数研究者都承认，在以上三种正义理论中，资源正义理论最具影响力，这不仅是因为在相当程度上是罗尔斯开创了当代正义理论的讨论范式，也是由于其另一位代表人物罗纳德·德沃金所提出的"敏于志向，钝于禀赋"这种基本信念极为有力。①

很多学者认为，当代正义理论在相当程度上是以平等为基础的。"正义规定政府应该对其治下的人民开放资源和机会。所有分配要证明是正当的，都必须表明政府所为是如何遵守对命运的平等关心和对责任的充分尊重这两条基本原则。"②虽然学者们对于什么样的平等，以及什么最能体现平等之类关于平等的具体分析还争执不下，但不得不说，平等作为社会正义的核心诉求已是不争之论。在这一点上，阿玛蒂亚·森也不例外，如他在一本著作中开卷所言，所有关于社会安排的伦理学的研究路径，实质上都是在要求某种事物上的平等，也就是说，这些理论对其所倡导的那种平等之物给予了特别的重视。③据他考察，即使那些表面反对平等的学者，其实也是在用某一方面的平等来反对另一方面的平等，所以，在所有的规范理论中，平等都是占据核心地位的。事实上，阿玛蒂亚·森自己旗帜鲜明地进入伦理学领域，也是直接从平等问题

---

① ［加拿大］威尔·金里卡，《当代政治哲学》第三章，刘莘译，上海译文出版社 2011 年版。

② ［美］罗纳德·M. 德沃金：《刺猬的正义》，周望、徐宗立译，中国政法大学出版社 2016 年版，第 2 页。

③ Amartya Sen, *Inequality Reexamined*, Oxford University Press, 1992, p. ix.

开始的。在1979年的特纳讲座中,他以《什么样的平等?》为题,评价了功利主义的平等、总效用的平等以及罗尔斯的平等,认为这三种当时流行的平等观都有明显的局限,并进而提出了自己的能力平等理论。简单来讲,森之所以要提出另一种平等理论,是在于他认为其他的平等理论关注的都只是手段,是对人有影响的事物,而他的能力理论关注的是目的,是人自身。他指出,罗尔斯的基本益品(primary goods)概念由于关注益品而遭遇了拜物教的障碍,尽管益品的清单范围非常广泛,包括各种权利、自由权、机会、收入、财富以及自尊的社会基础,但是它关注的仍然是有益的事物,而不是这些有益的事物对人类会有什么影响。另一方面,功利所关注的是这些事物对人类会有什么影响,但它所使用的衡量标准只聚焦于个人的精神反应而非他的能力。基本益品与功利结合后的清单仍然缺少某种东西。而聚焦于能力可以看成是罗尔斯关注基本善的自然扩展,即把注意力从有益物品转向了有益的物品对人类的影响。[①]

森认为罗尔斯其实也是想表达对人本身的关注,但罗尔斯在理论陈述中却没有表述清楚,反而有不少含混之处。在罗尔斯的基本益品中,有的益品(如收入财富)只是手段,而有的益品(如自尊的社会基础)则是社会环境,也算是广义上的手段。而另一些益品,如自由权之类,则在某些情况下是手段,而在另一些情况下则属于人本身发展的要素,用森的术语来说,是属于实质性的自由。[②] 在这种人自身/外物、手段/目的之区别的背后,是当代平等观念中蕴含着的一个强有力的基本观点,即平等要以环境与选择的区分作为框架。一个人的命运,由可以选择的因素来决定的部分,应该容许不平等,但是另外由条件与环境因素来决定的部分,则应该力求其平等。这个想法是基于人与环境的区分,即认为来自人本身的选择而导致的得失是当事者应得的,因此没有理由来要求平等,但由于环境因素而造成的得失,则是不应得的,所以应该要求平等。[③]

既然平等的关键在于人自身,于是森提出以能力与功能(functionings)这对概念来具体考察人的状态。他指出,一个人的良好状态可从其存在(being)的质量(之良好)来考察。生存可看成是由一系列相互联系的"功能"所组成,

---

① 阿玛蒂亚·森:"什么样的平等?",闲云译,《世界哲学》2002年第2期。

② Amartya Sen, *Development as Freedom*, New York: Knopf, 2000, pp. 306 - 7.

③ 钱永祥:《动情的理性:政治哲学作为道德实践》,南京大学出版社2020年版,第95—96页。

由存在与行为所组成。一个人这方面的成就可看成是他各种功能的向量。这些相关功能涵盖很广，从多种基本生存要素，如充足的营养、健康的身体、免于不必要的病症和夭折，到那些更复杂的成就，如感到快乐、有自尊、参与社区生活等，皆为所属。功能构成了一个人的良好状态，对良好状态的评价要评估这些构成要素。与功能概念密切相关的是使功能加以运作的能力概念。它表示人们能够成就的各功能（存在与行为）的各种组合。[①] 简单来讲，关注人就是考察人的状态，而人的状态是由人的各种功能所体现的，但是，单单考察人现有的状态（功能）还不够，还必须考虑到人具有一些有待实现的功能，即有机会可以达到良好状态，而这就是能力。能力虽然与功能密不可分，但二者的关注点却大有不同。这部分在上一节已作过介绍。森的举例说明更突出了能力在人际比较中的重要意义。一个节食的富人，也许在摄取食物的功能上与一个挨饿的穷人差别不大，但二者的能力却是不一样的，因为富人可以选择好的食物并由此营养充分，而穷人却不能。功能与能力的区别在于，前者是实际做了的事情，后者是有实质自由去做的事情，指的是真正的机会。[②] 森用能力而非良好状态作为他理论的核心，是在于他反对的是功利主义与福利主义那种强调良好状态既定现状（成就）的做法。森的这种思路得到了相当多的认可，不管是对他赞同有加的威廉斯，还是多有批评的科恩，或者略显中立的佩蒂特，都对此给予极高评价，“关注于人们能够成就什么，而不是实际上的状态，是个很好的视角”。[③]

二、福利之外的目标导向

功能与能力虽然考察的对象不同，但它们都是基于福利的视角出发的，考察的仍然只是人现实的生活状态是否有良好的福利或者有没有可能良好。森随后意识到仅从福利状态来理解人过于简单。他认为，在伦理学考量中，人这

① Sen, Amartya, *Inequality Reexamined*, Russell Sage Foundation; Clarendon Press, 1997, pp. 39－40.

② Ibid, p. 75.

③ Philip Pettit, “Capability and freedom: a defense of Sen”, *Economics and Philosophy*, 1991(17); G. A. Cohen, “Amartya Sen's Unequal World”, *New Left Review*, 203, 1994; Bernard Williams, “The Standard of Living: Interests and Capabilities”, in Geoffrey Hawthorn, ed., *The Standard of Living*, Cambridge University Press, 1987.

一概念具有基本和不可化约的“二元性”。人不只具有追求福利的一面，还有能动性的一面。从能动性方面，我们考察人，是在承认和尊重他能够形成目标、承诺(commitments)、价值等情形。当然，能动性并不是指无条件的认可个人主观所偶然认定的任何价值，而是说要超越个人的福利状态，进入其价值观、承诺等。森的观念在本质上跟斯密是一致的。他自己也坦言，相比于斯密为反对“人的行为受个人利益的主导”的观点而对多种不同动机做区分，他做的这种区分并没有那么清晰细致，但的确是受到斯密的启发。[①] 森明确指出承诺与同情是出自不同动机或目标导向的。同情指的是一个人的福利受到其他人状况的影响，同情可以与自利动机归为一体，本质上是斯密说的“自爱”。因为同情表现为如果一个人之所以努力去减轻他人痛苦是因为这样会让他自己好受一点，这是在根本上影响了自己的福利，那么自利仍然算是做出同情行为的唯一理由。但如果当事人承诺或持有信念，无论自身福利受到何种程度影响，他都会尽自己所能减轻他人痛苦，那么其行动的理由就同福利脱离了关系，其理由可以看作一种明显不同于福利导向的价值选择(比如某人为民族解放而牺牲一切，或者为平等尊重而不计个人得失)。

森正是通过福利与能动性的二分，彻底超越了经济学的福利主义(welfarism)对行动唯一理由的设定，也摆脱了功利主义的窠臼，不再仅根据人最终状态的好坏来评价和理解人。在福利与能动性两类追求的情况下，森又根据行动的成就(achievement)与自由(freedom)，形成了理解人的优势(advantages)的四个维度。[②] 这一简表在本章第二节出现时我们看到了森在自由和成就之间选择自由作为他理论的创新，而如下表在福利与能动性之间，他选择强调能动性在社会生活中的自由。

	福利(Well-being)	**主体性(Agnecy)**
成就(Achievement)	福利的成就(即功能 Functionings)	能动性的成就
自由(Freedom)	福利的自由(即能力 Capabilities)	能动性的自由

① Sen, Amartya, *The Idea of Justice*, Penguin, London, 2010, 第八章,“自私、同情和承诺”注释1。

② Crocker, David A., *Ethics of Global Development: Agency, Capability, and Deliberative Democracy*, Cambridge University Press, 2008, pp. 150 - 1.

在这里,森的自由概念主要指的是机会与过程(opportunities and processes),是与结果相对而言的,而结果就是他所说的成就。他重点强调了两点:第一,更多的自由给了我们更多的机会去追求我们的目标——那些我们珍视(value)的事物;第二,选择过程本身对我们有重要性。① 这就是森反复提及的自由的机会方面与自由的过程方面。在这样一种自由观下,森指出,良好状态的自由指的是相当特殊的自由,关注的是人们有能力拥有各种功能参数和有能力享有相应的良好状态之成就。能动性的自由要广泛得多,要根据个人的目的、目标、忠诚、义务等个人善观念来理解。个人善观念需要某些规训,但最重要的还是个人的判断。能动性方面涉及负责任的行为者。个人还要进入道德考量,不仅要将他人的良好状态视作一种要求,还要承认他人的能动性。②

至此,我们可以根据以上论述对森能力理论的要点做一整理:(1) 正义理论要聚焦于对人自身的关注;(2) 对人的关注既要考察其现实状态(成就),又要考察其未来之可能的选择(自由);(3) 人可以分成良好状态与能动性这两个方面;(4) 能力指的是良好状态方面的自由,功能指的是良好状态方面的成就;(5) 正义理论重点要考察能力的平等。

不过,稍作思量,我们似乎不难在以上几点中找到森理论中的某些疏漏。一个最明显之处就是,能力看起来只涉及良好状态,显然没有考虑人能动性的一面,这种考察不符合或至少不完全符合森理论的初衷,如果要彻底遵循森的预设,那么就要超出能力范畴,从考察良好状态与能动性两方面来考察平等以及随之而来的正义理论。然而,颇为奇怪的是,纵观对能力理论的种种批评,除了 G. A. 科恩以中间状态(midfare)来取代能力外,少有人从这个角度来指摘森的,甚至科恩的批评也不是严格针对能动性被忽视这一点来谈的。这个看似吊诡之处可能对许多学者来说根本就不是一个问题,因为能力就是用来进行良好状态的成就与良好状态的自由这两方面的人际比较的。这里的关键在于人际比较。也就是说,对于正义理论来说,重点是关注人际比较间的平等,尤其是社会基本结构(罗尔斯语)下的人际间的平等,而在这一点上,能力

---

① Sen, Amartya, *The Idea of Justice*, Penguin, 2010, p. 228.

② Sen, Amartya, Well-being, Agency and Freedom, The Dewey Lectures, *The Journal of Philosophy*, 1985, 82(4), pp. 203 - 4.

理论就足够了。事实上,很多学者也都是从个人良好状态与社会安排的评估方面来理解能力理论的。[1]

能动性虽然对于个人来说不可或缺,但更多的是涉及个人价值评价,在当今价值多元的时代,无所谓平等不平等,不适合进行人际比较,也就不构成对作为一种正义理念的能力理论的严重挑战了。对于森来说,价值多元是一个基本的理论前提,他在不同著作和多篇文章中都有谈到。当然,价值多元是否就意味着无法进行人际比较,如果能够比较,那么在何种程度上比较,还可以进一步讨论。这里只是想指出,似乎正是能动性关涉了个人的价值判断,在很大程度上使得能动性脱离了正义的范畴,因此以能力这个关注良好状态的概念作为森正义理论的核心才说得通。实际上,森自己也曾表明,能力是在社会伦理与政治哲学中起作用的概念。[2] 如此一来,森对人的良好状态与能动性的区分在理论上就可以相应地适用于两个不同视角,良好状态适用于人际视角下的社会伦理与政治哲学,其核心是能力平等,能动性适用于个人视角的个人价值判断,其核心是自由。

三、个人视角的遗留问题及批评

在开创正义理论新路径的同时,森的能力理论也受到了不少批评和质疑。其中直接针对能力的重要批评大概有以下几种:(1) 森的能力理论没有提供一个类似于罗尔斯基本益品之类的核心清单,这使得无法有效确定人际比较中的平等,也导致正义理论无法实施,用博格的话说,就是森的可行能力方法不能给社会正义的评价提供一个公共标准;[3](2) 能力概念过于泛化,涵盖范围太广且极有可能相互冲突,如果不加以厘清、排序,能力理论就无法真正起作用,用贝茨那个比较极端的例子来说,难道打篮球的能力与自由活动的能力是同等价值的能力吗?[4] (3) 能力概念过于狭隘,没有充分体现完全的物品与

---

① Robeyns, Ingrid, "The capability approach: a theoretical survey", *Journal of Human Development*, 2005, 6(1).

② Sen, Amartya, *The Idea of Justice*, Penguin, 2010, p. 271.

③ Pogge, Thomas, "Can the capability approach be justified", *Political Topics*, 2002, 30 (2): 167 - 228.

④ Williams, Bernard, "The Standard of Living: Interests and Capabilities", p. 113; Charles R. Beitz, "Amartya Sen's Resources, Values and Development", *Economics and Philosophy*, 1986, 2(2).

效用之间的中间状态。[①] 国内学者陈晓旭曾将对森的这些批评概括为两点：第一，能力方法的概念空间包含的信息过于丰富，虽然对于我们理解贫困、福利和生活质量等问题很有帮助，但却导致其不具备实践操作性；第二，理论不完整，因其没有提供一个能力清单，我们无法确知到底要发展、提升哪些能力。[②]

其实，不管是能力清单的缺失，还是能力概念的泛化或狭隘，究其根源，都来自森自己对能力的一个根本预设：能力的最终价值认定是由个人来设定的。在他晚近的《正义的理念》中有一句非常关键的话："我们所关注的能力(capability)，是实现各种功能的不同组合的能力(ability)。我们可以根据自己有理由珍视的事物，对这些组合进行互相比较和判断。"[③]这句话至少体现了森能力理论的两个要点：第一，森看重的是能力的组合，而非单独的能力，这是因为人不会单单只具备一种能力，而总是各种能力的组合，所以仅从某一种能力来考察人是没有意义的，而必须是从人的各种能力的组合出发。为了更加清楚地表明这一点，森特意加了一个注释："虽然个体的各种能力说起来更顺当(就实现其对应的诸功能的能力而言)，但重要的是记住能力路径最终关注的是实现各种有价值的功能的各种组合的能力。例如，一个人获得良好营养的能力与良好居所的能力之间可能有所取舍(贫穷免不了会有这些困难的选择)，我们必须根据这个人可以达到的总体成就来看待她的全部能力。"[④]强调能力的组合除了是基于它比单个的能力更符合人的实际情况之外，还有一个重要的考虑是为了回应上文提到的一个批评，即能力相互之间的冲突以及由此而来的能力排序问题。既然能力是组合在一起来加以考虑的，那么在不同能力的不同组合中，能力的冲突和排序就在组合过程中自然而然地解决了。第二，不同能力怎样组合是由个人根据其理由来判断的。因为对于当事者来说，要营养还是要居所(森的例子)，是否离开空气污浊的洛杉矶(威廉斯的例子)，从来不是孤零零的、外在于自身的单个能力的选择，而是要根据他所珍视的事情，甚至威廉斯意义上的人生之根本计划来加以判断、取舍的。按照

① Cohen, G. A. "On the Currency of Egalitarian Justice".
② 陈晓旭：《阿玛蒂亚·森的正义观：一个批评性考察》，《政治与社会哲学评论》，2013 年。
③④ Sen, Amartya, *The Idea of Justice*, Penguin, 2010, p. 233.

森的说法，不单能力组合的判定是由个人来决定的，即使由他人代替行为者判断，也必须是要从行为者的角度出发。值得注意的是，森此处的论断显然是用个人的人生谋划的视角来思考能力，这与上文所指出的能力本属于实现福利比较的那种人际视角的观点，是明显相悖的。

但如果我们深入了解森能力路径提出的初衷，那么他这种理论上的自我矛盾似乎又是顺理成章的。实际上，我们在上文已经提到，在森最初讨论能力的文章中，他对罗尔斯基本益品的批评的一个重要方面，就在于他认为对于不同的人来说，基本益品的价值是不一样的。而他的能力理论则考虑到了价值多元性，避免了罗尔斯的弊端。但正如有人指出的那样，森这样的做法会带来另一个困难，即能力无法加以确定地衡量。由于能力对于不同人有着不同重要性，能力的组合也随之有所不同，那么这种个人视角下的不同判断的后果就是，在人际比较上显然就不可能找到一个通用衡量的标准。既然没有通用的尺度，自然也就不能为所有人提供一个整齐划一的能力清单。

在此，我们可以对以上几点常见的批评做一评价。不管是对能力清单的批评（森的能力清单过于不确定，以至于它几乎没有为全球范围内的人们提供判断社会正义问题的公共标准），还是随之而来对能力路径的批评（如能力仅仅是提供一种思考问题和理解正义的视角，并不要求具体能力上的平等，森的能力理论根本就没有提出能力平等；或基本能力不知何指，基本能力平等这个说法就是矛盾的），都可以说既是有道理的，也是不切题的。有道理，是因为他们都指出了森的能力理论在这些方面的不足；不切题，乃是在于他们所关注的那些问题恰恰不是森的用意所在。从方法论上讲，森的能力理论直接反对的是功利主义与福利主义对所有价值进行整齐划一的还原论，所以他对一元论的伦理思考敬谢不敏。[①] 正如有人看到的，在森那里，人际相异性并不是探讨平等问题时一个可有可无的因素，而是其探讨平等问题的一个基本兴趣点所在。[②] 从这一点来看，能力清单与能力界定上的可疑与模糊，恰恰是由于森尊重了由于个人视角的价值多元而带来的现实模糊性，而一个模糊而正确的学

---

① Sen, Amartya, *On Ethics and Economics*, Blackwell, 1987, pp. 61－5.

② 高景柱："超越平等的资源主义与福利主义分析路径"，《人文杂志》2013 年第 1 期。

说总比一个准确却错误的学说好。[1]

四、森的两难还是正义理论的两难

在分析了森能力理论所受到的一些重要批评后，笔者认为，这些批评是有一定道理的，它们的确指出了森在某些问题上的缺陷，但如果不拘泥于就事论事的分析，从森的整个理论旨趣来看，森的这些缺陷可能恰恰是因为他正确处理了另一些问题。笔者甚至认为，在相当程度上，这些缺陷可能是无法完全避免的，因为它们不仅是森的问题，而且是现代伦理学与道德哲学的问题。

森为了保持对人的关注，提出了他的能力路径。对人的关注要求他以个人视角为中心，但他也没有放弃人际视角，毕竟，如本书开头所言，他的能力路径就是为了提出一种关于社会安排的伦理学的新路径。其实，他之所以提出福利与能动性这两种区分，除了为更好地体现对人的全面关注外，很大程度上也是为了兼顾个人与人际视角。他明确说道，"好状态与能动性在道德计量上有不同作用，以不相干的方式引起注意。以一种过于简化的方式来说，福利的重要性在于衡量一个人的优势，而能动性的重要性则在于个人的善观念"。[2]从中可以看出，他本意是用福利状态来进行人际比较（优势劣势本就是比较而来），用能动性来反映个人视角。

由于森不满于当前对良好状态的论述过于看重现实状态，他进而提出了关注自由之选择与未来可能性的能力路径。而在上面的分析中，我们看到，森的能力界定无法做到清晰明确、能力清单缺失的关键在于，他认为在个人差异和价值多元论下，不同的人对能力和能力组合有着不同的取舍，因为能力就是让人们有自由去"成就不同的生活方式"。[3] 虽然在森的理论中，价值多元论与不同的生活方式在论述上更多的是与能动性（不同的善观念）联系在一起，但森也明确指出，良好状态与能动性既有区别，但也不是完全不相关。他甚至

---

[1] Bernard Williams, "The Standard of Living: Interests and Capabilities", p. 113; Charles R. Beitz, "Amartya Sen's Resources, Values and Development", *Economics and Philosophy*, 1986, 2(2).

[2] Sen, Amartya, Well-being, Agency and Freedom. The Dewey Lectures, *The Journal of Philosophy*, 1985, 82(4), p. 206.

[3] Sen, Amartya, *Development as Freedom*, New York: Knopf, 2000, p. 75.

说，对良好状态的追求来说，能动性不仅是工具性的，而且是内在的。[①] 所以，不仅能动性，而且能力也是与行为者相关的(agent-relative)。既然能力的重要性因人而异，那么能力清单也无法做到中立于行为者的(agent-neutral)、适用于所有人的整齐划一。

然而事情呈现出如下困境，如果没有这样的能力清单，就无法形成一种实质性的社会伦理理论。纳斯鲍姆试图在这一点上有所作为，从而大胆提出了十条能力清单。其实，纳斯鲍姆的能力清单也是迫于一些学者建议，认为有必要在能力中再划分出一些基本能力，作为中立于行为者的、人人都同样需要的能力。纳斯鲍姆的这种努力与罗尔斯列举基本益品的做法非常相似，但事实上都有悖于森提出能力路径的本意。因而尽管森多次指出纳斯鲍姆的能力清单在某些文化和地域中所做出的贡献是推动性的，但对普遍列举能力清单的做法却始终没有明确接受。正如一些学者所指出的，森与纳斯鲍姆在这一点上非常不一样，森即使接受某种能力清单，这种清单也不会是固定的。[②]

这种行为者相关与行为者中立的冲突其实反映了现代伦理学与道德哲学中的一个难题。从个人视角来看，只有行为者才能做出价值认定，而社会伦理和普遍道德的基本取向，又必须超出个体行为者，采用行为者中立的视角进行人际比较。这种个人与人际视角之间的对立体现在现代道德哲学的不少重要方面，如众所周知的黑格尔的特殊具体的伦理与普遍抽象的道德之间的对立；当代道德理由讨论中的内在理由与外在理由之争；甚至威廉斯对整个现代道德哲学的反对，无一不体现了伦理学的这种内在困境。而罗尔斯那著名的理论转向，即罗尔斯在后期政治自由主义中宣称自己的理论是政治哲学而非道德哲学，正是想通过退出与善观念相关的道德哲学来克服这种对立，只不过，他克服的方法是选择了彻底放弃个人视角以及个体差异性，虽然他理论的最终目的还是为了捍卫个人的权利与平等。实际上，也有人建议森不妨采取这种做法，即用一种重叠共识式的殊途同归来达到能力清单上的共识。[③] 但是，

---

① Sen, Amartya, *On Ethics and Economics*, Blackwell, 1987, pp. 42 - 5.

② Crocker, David A., *Ethics of Global Development. Agency, Capability, and Deliberative democracy*, Cambridge University Press, 2008, pp. 185 - 195.

③ 秦子忠："以可行能力看待不正义"，《上海交通大学学报(哲学社会科学版)》2016 年第 3 期。

这种做法难以脱离那种再次将目光汇聚于功能之实际成就的偏颇，这显然不符合森的初衷。[①] 所以，我们就不难理解为什么森会写下这样的话，“能力路径是在判断和比较个人总体优势时所指向的一个信息焦点，但其自身并不就如何使用该信息提出任何具体的方案……能力视角指出了能力不平等在社会不平等评估中的核心作用，但它本身并没有提出任何具体的政策决定”。[②]

公允地讲，森的伦理学虽然因为对人之个体多样性的关注，使其正义理论无法做到清晰的人际比较，也不能形成罗尔斯正义论那样明确的适用性。但可以看出他怀着与罗尔斯相近的理论抱负，他对良好状态与能动性的区分，以及对能力路径的探索，相较于罗尔斯展现了更进一步的洞见。森更细致地考虑了人们在获得资源并将资源转化为一种理想生活过程中的实质能力。通常情况下，实质的自由关涉人们具体的需求、特殊的价值取向以及他们更为实质的选择活动，尽管揭示这些要素的确会给人们框定正义原则带来更多的困扰，甚至是失望，但是笔者认为森在这一问题上的推进迫使当代学者承认道德哲学与政治的边界，以及“公共”和“私人”的两种向度在广义伦理学中间或相悖而行的意义和价值。即使像拉兹这位认为良好状态在公共领域的伦理学中占据核心地位的学者，也坦言，广义的伦理学无法单单根据对良好状态的关切来阐述。[③] 从这个意义上，笔者认为，森对实质自由的强调，极大地加深了当代伦理学和道德哲学在相关问题上的讨论，甚至在相当程度上改变了英美伦理学的思考方式。

第四节　从历史性维度考察幸福与正当性的对冲

作为当代西方世界极具理论深度的学者，阿玛蒂亚·森在经济学和伦理

---

① Geoffrey, Scarre, “Epicurus as a Forerunner of Utilitarianism,” *Utilitas*, Cambridge University Press, 2009, p. 235.

② Ibid, p. 232.

③ [英] 约瑟夫·拉兹：《公共领域中的伦理学》，葛四友主译，江苏人民出版社 2013 年版，第 2 页。

学方面的探讨深受国内外学界重视，他对广大发展中国家尤其是中国的问题保持了浓厚的兴趣。森认为他的理论深度源于对马克思的了解和借鉴，他自称，“马克思的理论教会了我认识最为可怕的不平等也许隐藏在我们看到那些规范和正义的幻想背后”，[①]一些研究也指出森在实质自由、个人及社会发展方面的见解都同马克思有着惊人的相似。尽管森从来不是一位马克思主义者，他的理论轨迹也极具多样性，但本书希望通过指出森对马克思的误解和偏差，呈现当代西方主流学界借鉴马克思理论的一个伦理学面向，具体而言，我们通过考察马克思的理论如何从不同方面嵌入森的理论框架来完成这一目标。当前国内研究多集中在森的正义原则与马克思正义原则的区别上，但本书更侧重评价森在《正义的理念》中建构正义理论的几个基本要素：对人的自我认知，理智的能力、社会认同和选择。森自认为对这三个方面的思考受到马克思的启发。而笔者将试图表明，正是对基本要素的理解偏差导致了森在分配正义理论上无法触及马克思的深度，并尝试在上述解读的基础上建立森和马克思关于分配标准的可能对话。

我们认为森和自由主义阵营的正义理论家们都预设了一个基础的事实，就是正义能够在资本主义社会范围内达成的。尽管森希望运用马克思的方法，但却永远无法触及马克思的深度，对马克思来说关于正义的讨论只有批判和废除资本主义制度才完全发挥了它解释的力度。本书试图论述以下问题：第一，森的正义理论主要在哪些方面运用了马克思的遗产；第二，森在上述几个部分的运用分别受到当代学者的批评和质疑；第三，如何理解森的正义理论无法触及马克思理论深度。

一、森对马克思理论方法的赞同

森的正义理论中出现的马克思其实是来自分析的马克思的传统，森对正义理论的关注恰以当代西方分析马克思主义兴起为背景。西方马克思主义的发展大致经历了三个阶段，首先是 20 世纪 50 年代之前由卢卡奇、葛兰西和科尔施为代表的对马克思理论的拓展，接下来是 50—70 年代西方马克思主义的

---

① Sen, A., *Inequality Reexamined*, Clarendon, 2009, pp. 120 - 121.

鼎盛时期，以结构主义、存在主义的马克思以及同时期声势浩大的法兰克福学派的发展为特色，而第三个时期则从70年代至今兴起的以英语国家学者为主用分析哲学的方法展开的对马克思的讨论。这些分析的马克思主义者大多与英美主流学术圈有密切交往，其中最有代表性的是牛津大学的科亨(Cohen, G. A.)，毕业于牛津的埃尔斯特(Elster, J.)以及耶鲁大学的约翰·罗默，对于森的理论方法，罗默曾评价道，"它是受到马克思式的问题启发，运用了当代逻辑学和数学模型的建构方法"，并且"不加掩饰地满足抽象化的需要"，[①]相应地，森也对马克思理论最伟大之处，即关于废除资本主义制度而建立社会主义的理论进行了抽象讨论。事实上，马克思被森归到所有曾经在资本社会范围内讨论正义的改革者中，这一做法反倒让马克思显得格外平庸。

1. 森的研究进路

对于启蒙以来的思想，森认为有两种不同的研究进路，一类是社会契约论式的构想，其中有代表性的是霍布斯、洛克、卢梭和康德。而第二类则持有更加多样性的方法，比如他们关注行为、社会相互作用、制度建构等各个方面，例如亚当·斯密、边沁、马克思和密尔等人。以第一类方法而论，森指出这是一种超越性的制度主义，因为它试图为一个社会建起一种正义制度的安排并且囊括两个方面。其一是试图寻找一种完美正义而不是在正义和不正义之间进行比较，另一方面是找出一种达到完美的正确制度的类型而不是考察那些现有的可选择的方法。[②] 相比之下，森更赞同第二类方法，它们运用的是"关注现实的比较"方法，不是限制在某种超越主义的分析之中，而是在现存的各种社会中进行比较进而寻找更可能的新方法以去除现存世界中的不公正。[③] 森声称两种进路的差异是显著的，正是这种以罗尔斯为代表的契约式方法占据了当代政治哲学，当然还有德沃金、大卫·高契尔和诺齐克。作为分析的马克思主义者，罗默对三种不同的自由主义理论都展开过批判，罗尔斯代表的平等主义、德沃金代表的运气平等主义以及诺齐克代表的极端自由主义，虽然森并不

① Roemer, J., "Introduction", in Roemer, J. (Ed.), *Analytical Marxism*, Cambridge University Press, 1989, pp. 3－8, 3.

② Geoffrey, Scarre, "Epicurus as a Forerunner of Utilitarianism," *Utilitas*, Cambridge University Press, 2009, pp. 5－6.

③ Ibid, p. 7.

是一个马克思主义者，但是他对现实制度进行比较的探讨罗默是赞同的。

森认为自己运用的是比较的方法，并指出他的《正义的理念》的目的“是力图用类比方法考察社会事实的可实现的基础，以研究正义的进步或者倒退”，[①]在这句话背后森认为明确一个理论的出发点和落脚点是非常重要的。因为他对存疑的事物始终保持警惕：其一，寻求先验主义探索绝对制度的方法是否具有可能性，“正义的本质即使是在中立的和开放的慎思的条件下也可能是无法达成一致的”；[②]其二，实践的理性能力是一种与实际选择相关的理性能力，这种思考工具在一定程度上只是要求人们对各种可行的正义方案进行比较，并不是去发现一个不存在的或不可能被超越的完美状态。从而森认为上述两点决定了合适的做法是把探讨问题的出发点从抽象制度和规则转到具体社会中现实正义的实现。可以说森从一开始思考的是“如何推进正义”，而不是一般意义上自由主义争吵的“什么才是绝对的正义制度”。

2. 如何看待理智

关系到理论的出发点，森特意纠正人们一直以来对慎思的理性所产生的误解。自启蒙运动以来的主流思想至少将理智（reason）的思考放在主导地位，在非理性普遍存在的世界中，理性总能占上风。森认为，我们能够凭借理性就获取真理和明确的道德判断，这种想法的确过于乐观，因而理智的思考本身能给人们带来什么是需要质疑和澄清的。尽管理智在人们的道德判断中至关重要，但是理智是否因此就使人们在慎思中获得真理？答案是，理智显然做不到上面任何一点。既然如此为什么理智如此重要，森的主要论点在于理智的思考虽然“不能确保一定能得到正确的判断，但它能使我们尽可能地客观”。[③] 森通过检视理智的慎思进而展示了明确的态度，他的第一个回应是，即使那些基于非理性的活动在其背后仍确实地存在着某些“原始的和对事实曲解了”的理由。他希望坏的推理可以通过融入更多理性思考而被逐渐呈现

---

① Geoffrey, Scarre, “Epicurus as a Forerunner of Utilitarianism,” *Utilitas*, Cambridge University Press, 2009, p. 8.

② Ibid, p. 9.

③ Sen, Amartya, *The Idea of Justice*, Penguin, 2010, London, p. 40. 参考 Peter Railton, *Facts, Values and Norms: Essays Toward a Morality of Consequence*, Cambridge University Press, 2003。这其中详细论述了理智的慎思在获得“真理”时的作用。

出来，从而产生同好的推理进行比对的状况。第二个回应则是，理智是否普遍存在于每个人的推理中并不重要，重要的是如果我们在一个非理性的世界要理解正义，理智则有助于我们认识各种合理立场，并更加客观地进行对比和思考，"理智思考的目的是追求正义"。①

尽管森从道德论证方法出发对思维工具的分析极具启发性，但是他在《正义的理念》的实际论证中提供了一个综合了各种思想家理论的广泛诉求，既体现了他的特点，但也成为他的缺陷之一。森在他正义理论中既接纳并认同了马克思，但同时又融合了其他资本主义制度范围内讨论正义的思想家，这看起来有些古怪。至少马克思同这些思想家的理论本身存在很大差异，但森认为他们的共同点都在于试图建构一个更为正义的社会，仅就这一点能作为森把它们简单归为一类的理由吗？尤其是当森把马克思同密尔和边沁的思想放在一起比较，考察是哪些要素建构了一个正义理念，更显得不可理解。众所周知，马克思在他的著作中提到密尔并不多，凡是提到的时候通常都以一种讥讽的方式来对待，②并且尽量少地牵涉进密尔的理论。他认为密尔解释并推进了资本主义，对密尔采取一种讽刺式地称赞，致力于政治经济学的"才智最为出众"的学者，他的贡献在于证明了"中产阶级有多么扁平而乏味"，"穆勒先生凭他惯用的折中逻辑，懂得既要赞成他父亲詹姆斯·穆勒的见解，又要赞成相反的见解"，马克思在这里指责他持有矛盾的观点，嘲笑他"以当代的亚当·斯密自居"，而事实上他在政治经济学方面的工作是"既不广也不深的独创性研究"。③

边沁进一步受到了鄙视，因为马克思把他斥为"陈词滥调的平庸制造者"，彻底拒绝了他的功利主义原则，因为它"假定现代小资产阶级，特别是英国的小资产阶级是普通人"。通过将功利主义原则应用于人类，边沁没有意识到他首先需要处理的是"一般意义上的人性，然后才是历史上每一个时期所修缮的人性"。马克思认为边沁是"资产阶级愚蠢"的缩影。森希望采取一种折中主

---

① Sen，Amartya，*The Idea of Justice*，Penguin，2010，London，p. ix. 参考 Peter Railton，*Facts，Values and Norms：Essays Toward a Morality of Consequence*，Cambridge University Press，2003。这其中详细论述了理智的慎思在获得"真理"时的作用。

② Duncan，G.，*Marx and Mill. Two Views of Social Conflict and Social Harmony*，Cambridge University Press，2009. 其中分析了马克思和密尔的本质差异。

③ 马克思：《资本论》(第1卷)，中央编译局译：人民出版社2014年版，第147页注。

义，因为他想要一个广泛的共识和包容性，从而使他的正义理论变得切实可行，因而他简单地把马克思纳入马克思所反对的那些思想家之中，而森是不会接纳马克思废除资本主义制度这一结论的。当我们接下来讨论森对马克思关于身份和社会选择的讨论时，这一矛盾则进一步加剧了。

二、认同和社会选择在幸福生活中的基础性地位

对森来说，马克思意识到阶级分析是重要的，但它需要通过承认人们是一些社会群体的成员来加强。森对人的社会认同的思考提出了两个问题。

第一个问题是，马克思对人的思考是基于他具体的社会关系和身份的。森引用马克思在《哥达纲领批判》中所指出的，德国统一工人党的错误在于，它只把工人当作工人，“在他们身上看不到任何东西”。[①] 森借此着重说明，马克思在150年前就清楚地意识到这个问题，个人的思考、选择和行动只是研究实际上发生的事情的起始点，重要的是接下来要考察社会对于人们的行动与思考产生的广泛且深远的影响。当一个人思考时，他首先作为他自己而不是他人在思考，但是在不了解他的社会关系和社会身份的情况下，就很难理解他的选择、行动和思考。因而从这个意义上，人的思想和行为不可能是独立于他所在的社会境遇的。

第二个问题是，马克思的社会认同思想应该包含着对人的多种身份的理解。森把马克思的真知灼见与当今时代的氛围能够联系起来，一个人仅仅被纳入一个社会类别，而排除其他可能的社会类别，不去理会他是穆斯林、犹太人还是别的群落，这种单一归类的做法都是不合适的。然而森认为，“个体具有不同的多重身份、多重从属关系和多元关联，是典型的具有不同社会互动类型的社会生物”。因此将一个人视为某一个社会群体的一员会忽略“世界上任何社会的广度和复杂性”。[②]

那么作为社会成员的人，他们的选择和行动必然是在社会关系的进程中发生的。森对马克思深表赞同，马克思对个体的论述着眼于这样的社会事实和宏观整体。但森把马克思关于人的社会性本质的讨论变成了他的方法论前

---

① Sen, Amartya, *The Idea of Justice*, Penguin, 2010, p. 247.

② Ibid, pp. 248－249.

提。因此森更注重对个人选择在道德哲学上的理解,他认为马克思在《1844年经济学哲学手稿》中虽然并没有谈论到个人选择的问题,但他明确地指出自我是一个社会自我。森就是将上述观点作为方法论为自己的可行能力做出了马克思式的解释,尤其是他强调他的可行能力探讨绝不是"方法论意义上的个人主义"。尽管森的可行能力方法确实是从个人能力来看待发展,这个出发点虽然是个人的,但并不表示个人是脱离了社会背景和生活关系的个体,这关系到研究一个人的选择行动时,到底是抽离于社会的还是深受社群以及社会价值因素影响。而森很清晰地指出后者才是他赞同的,而如果论证基于"人的思想和行为独立于其所处的社会的不合理假设",那就无异于把"令人惧怕的怪兽"引进房子。[①] 不仅赞同马克思,森还援引了约翰·埃尔斯特对马克思的理解,"首先要避免是将社会作为相对于人的抽象物进行重建"。[②]

但是,埃尔斯特的出现不禁让我们联想到分析马克思主义的方法论。正如埃尔斯特解释的那样,方法论个人主义的概念意味着"所有社会现象——它们的结构和变化——在原则上都是可以解释的,而且只涉及个人——他们的财产观念和行动",从而形成了"一种还原论的形式"。[③] 这意味着,所有社会现象必须通过个人思考、选择和行动的内容获得解释,从而应该简化为对个人主义的视角的研究。我们认为,森一方面引用埃尔斯特对马克思的理解来印证自己是非个人主义的,但同时却忽视了埃尔斯特刚好就是一位方法论上的个人主义学者。当然无论是什么意义上的个人主义,对马克思来说都是错误的,因为个体绝不能被孤立地理解,否则他们就会成亚当·斯密和大卫·李嘉图式的假设,他们以为抽象的个体才是一种"真正的"理解,而并没意识到人的真实本质:社会存在物。斯密和李嘉图以这种方式把个人想象为非社会性的原子,这些原子式的个体是由封建主义发展到工业资本主义所产生出来的。

那么这就涉及某个群体能否作为一个思考主体的问题。森认为他通过运用马克思关于人的多群体的身份解决并超越了斯密的抽象个体主义。但森认

① Sen, Amartya, *The Idea of Justice*, Penguin, 2010, p. 245.

② Sen, Amartya, *The Idea of Justice*, Penguin, 2010, p. 247. 森在注释 17 中并引用了 John Elster, *Making Sense of Marx*, Cambridge University Press, 1985, p. 5 中的话。

③ John Elster, *Making Sense of Marx*, Cambridge University Press, 1985, p. 5.

为只有个体才是关注社会正义的，实践推理是由个人而不是群体做出的，群体并不是以个人思考的方式来进行推理的。森的理由是，群体成员身份会影响我们对正义进行推理和审议的能力，因为它归属于人们彼此合作的层面，而这一点可能会对他们慎思的能力造成限制。甚至当人们做出决定时，某种群体身份就将他们从他们身处的具有复杂体系的世界中分离出来，反倒会强化不公正的现象。正如将还原论归结为个人是不正确的一样，将个人归为某一个群体的成员也同样是不合理的。在这里森刚好陷入了马克思批评过的鲁滨逊式的个人主义。实际上我们认为森对个体和群体关系是有问题的，他把个体和群体作为两种事物僵化地分离开来，实际上“提出了一种错误的二分法，因为他用并非辩证的理解看待自我，而辩证地来看，自我是在许多对世界的不同解释中来运行和作用的”。[①] 至少在对个人选择行为的本质理解上，森却忽视了马克思辩证思考的维度。

接下来，森基于前述对理性、身份认同和个人选择的澄清，试图将马克思纳入社会选择理论的传统中去。他认为，社会选择理论的价值在于，在选择可供替代的社会形态中格外关注社会判断和公共决策的理性基础。从孔多塞到阿罗的社会选择理论影响了他自己的“对不同社会现实进行评价比较”的方法并且“在这方面这与比较传统有相似之处”，[②]马克思和亚当·斯密、边沁、密尔一起被认为是比较传统的成员。但我们的疑问是，森并没有解释这是如何与马克思相关的，即使社会选择理论的传统聚焦于选择的问题，但是在没有质疑理性的概念以及个人选择的社会本质的情况下，很难解释或证明马克思属于这个传统。这是森假定的一种合理性，但是在资本主义结构中，当面对阶级特权和利益的意识形态时，这种合理性就会消失。

三、客观的幻象

森在《正义的理念》中提出了人们观察的位置以及由此引起的对幻象的讨论，他这一点受到马克思的影响和启发。在寻求正义以及排除非正义的根基

---

① Fraser，I. Sen，Marx and justice：a critique，*International Journal of Social Economics*，Vol. 43，No. 12，2016，pp. 1194－1206，1198.

② Sen，Amartya，*The Idea of Justice*，Penguin，2010，pp. 410－411.

时,有必要考虑到一种认识论上对我们位置视角的超越。[①] 森认识到要根除不正义是一件困难的事,因为我们不总能理解发生在我们眼前的事其中的实质是什么,因为我们不能超出自身眼界的限制。森通过太阳和月亮看起来一样大的例子来解释"观测位置的变化"。他认为这是一种位置立场,因为在现实生活中,得出太阳和月亮一样大的观点是来自地球的位置。处于相同位置的不同人都可以证实这一说法。但另一个人在地球之外观测就会得出不同的结论,太阳和月亮在大小上看起来不相似,而这个因为位置变化带来的观点与之前的说法并不矛盾。这就是"位置的客观性"。

森认为,"位置的客观性"意味着在观察位置固定的情况下的一种人际稳定性,而这与从不同位置观察到的结论并不冲突。[②] 在这里不同位置产生不同结论,以及不同人在同一位置做出相同观察,从两个方面而言都不能说是主观的。因此观察性陈述不一定是关于一个人的心理活动的陈述,因为它也建立了物理上的性质,是独立于任何人的思想的。对森来说,这种位置客观性在某些情况下可能会有所不同,例如,以关系为基础的个人责任,比如优先考虑自己的孩子,忽略其他孩子的需要。尽管如此,一个更好的正义理论要求必须克服这一限制,并尝试采取"客观的无偏狭"的方法。这就需要人们认识到,在与自己的子女进行决策时,也要考虑到他人的子女。森指出,这涉及对世界的"位置独立"或"换位理解"的探索,就超越了位置偏见和局部的偏好。

森解释说,即使采取立场独立的观点,在实现无偏见的理解上仍然存在障碍。人们会发现很难超越他们被位置限定的想象力,例如,"在一个长期以来一直让女性处于从属地位的社会中,这成为一种文化规范和一种被接受的生活方式……尤其是一些女性会通过错误地解读当地的观察来接受自己的从属地位"。[③] 应对这一问题的一种方法是考虑一个不同的社会,在这个社会中,女性被允许蓬勃发展,而不是受到歧视。要做到这一点,就必须采取一种"公开公正"的立场,森在这里运用了亚当·斯密的"公正的旁观者"概念,也就是通过远处和近处不同的视角切换来理解(尽管森对斯密的理解有误,但本书在

---

① Sen, Amartya, *The Idea of Justice*, Penguin, 2010, p. 155.
② Ibid, pp. 157 - 158.
③ Ibid, p. 162.

此不再赘述)。当然森也提到了事实上克服偏见可能会有严重的困难,但位置客观性提供了一种“科学贡献”,至少它通过交换位置的方法,而不是通过某种超越的理解,揭示了人对自身处境中观察到事物的错误理解。

森认为,位置的客观性就是用来解释被马克思主义哲学所使用的“客观幻象”的概念。他认为,“客观幻象的概念”不仅出现在马克思的哲学著作中,也出现在《资本论》第一卷和剩余价值论中。[1] 他指出,马克思主要关注的问题之一是,如何证明资本主义劳动力市场上所谓的公平交换是一种假象,尽管工人们事实上“被剥夺了他们所生产的产品的部分价值”,他们却认为不是这样。所以在森看来,这“一个客观的错觉……”就是一种位置的客观性观念,事实上,就转换位置的判断(transpositional diagnosis)而言,所谓公平交换的观念实际上是错误的。为了进一步说明这一点,森引用了科亨在1978年写的关于客观幻象的阐述。科亨提出,从马克思主义自然科学的角度来看,当我们面对空气的构成和天体的运动时,感觉会误导我们。也比如说视觉体验,“正如我们能客观地看见海市蜃楼,而不是幻觉,如果一个人在正确的条件下看不到海市蜃楼,那么这个人的视力反倒是有问题的,因为他们的眼睛没有注意到远处灯光的闪烁”。[2]

森从这个讨论中推断,这些观察是实证客观的,但相对于其他更令人信服的真理标准方面仍然存在误导或错误,这些标准可以通过超越位置的观点来说明。[3] 森总结道,马克思对“客观幻象”的使用主要是为了阶级分析,用来进行阶级分析的工具启发他开始研究所谓的“错误意识”。我们发现,森提到马克思的阶级分析后马上就转变了话题,而是接着“客观幻象”的话题,通过当代弱势群体的健康状况这一现实中发生的客观错觉来印证他的观点。

然而,马克思从未用“错误意识”这个词来说明森所说的客观错觉的本质,结构主义的马克思主义可能要对这个概念的提出负责,至少是阿尔都塞的有关阐述让人们误以为这是马克思本人的解释,而且如上所示,森对马克思的理

---

① 参见马克思:《资本论》(第1卷),中央编译局译,人民出版社2014年版,第245—308页。森并没有指出他参考的《资本论》的具体页码,笔者认为森在《正义的理念》中认为马克思关于剩余价值的论述就是一种位置的客观性错觉的观念,很难得到文本支撑。

② Cohen, G. A. *Karl Marx's Theory of History: A Defence*, Clarendon, 1978, pp. 328 - 329.

③ Sen, Amartya, *The Idea of Justice*, Penguin, 2010, p. 164.

解很大一部分来自分析马克思主义者尤其是科亨的论述。

在如何发现和纠正非正义这个问题上，我认为错误意识只是一种分析式的抽象概括，因为正如艾伦·伍德所说，马克思并不认为有一种凌驾于任何社会制度之上的某种先验之物，根据马克思和恩格斯所说，“正义根本上就是一个与法律和依法享有权利相关的概念”，[①]尤其是法权概念是在某种制度体系内部生成的，而正义的实质内涵和相关解释乃基于这个社会的法律关系，从而最终取决于这个社会的生产方式。也就是说，正义概念描述的是行为或制度与生产方式的匹配，而不是与某个外在标准之间的匹配。尽管马克思放弃了关于正义和规范伦理的争论，但他还是科学地解释了剥削和压迫是如何在这个体系中形成的，[②]这至少说明，马克思关心的根本问题是生产关系以及它生成的阶级差别，在我们看来，马克思对于错误意识的阐述也是由这样一种体系的考察批判而来，抽离了他所关注的实质问题而单独讨论视角和位置的客观性并不是马克思的初衷。因而，对森这样一位在当代西方自由主义理论中堪称思想深刻、体系宏大的理论家而言，如果想用马克思来支持他的理论，那么他的分析需要一开始就关注资本主义生成关系固有的这些特征和结果。但森无法做到这一点，所以我们才认为森只愿意关注位置客观性的做法，不仅没有触及马克思的理论深度，而且还破坏了马克思为创造一个更公正的世界而提出的实质建议。

森更愿意关注位置客观性，可能在于他需要为公共理性的推理建立一种客观前提，因为位置立场对于人们试图理解正义诉求进而运用公共推理的过程中具有特殊作用。他指出，公共推理在实践中是有限的，因为人们可能会误解他们生活的世界。森认识到，特别是当“位置性的强大影响在社会理解中扮演模糊角色”，在试图评估正义和不公正问题时，位置性的作用是“解释系统的和持续的幻觉的关键，这些幻觉可以显著影响——和扭曲——社会理解和对公共事务的评估”。[③]

① Allen Wood. “The Marxian Critique of Justice”, *Philosophy and Public Affairs*, 1972, 1 (3), p. 246.

② Thompson, M. J. (Ed.), *Constructing Marxist Ethics*, Brill, 2015.

③ Sen, Amartya, *The Idea of Justice*, Penguin, 2010, p. 168.

事实上，一些学者指出森把客观的位置性（positionality）看的过于重要了，且在这方面过于简单、乐观，他不理解在资本主义制度中，一个人的客观位置性是另一个人的客观幻象。学者伊恩·弗雷泽列举了英国首相卡梅伦在应对 2008 年金融危机时所采取的方式。英联邦通过大幅削减公共开支和公共服务，以削减预算赤字，但结果造成了大量失业，尤其是使社会中最脆弱的人群面临严重困难，这是一个明显不公的例子。但卡梅隆这些政策的口头禅是“我们所有人都在一起”，必须为了国家利益而忍受紧缩。然后，在一个普遍恳求和同情的媒体中，这被作为一种传统智慧而永垂不朽。[①] 在许多更开明的非马克思主义者和马克思主义的观点来看，这么做并不是应对危机的唯一方式。但在媒体的帮助下，卡梅伦“位置”的强大影响力无疑掩盖了许多其他立场的“社会理解”。

我们认为，森希望通过“拓宽可供评价的信息基础”来强化位置性从而克服位置错觉，但却忽略了马克思所揭示的资本主义意识形态的力量，它是与马克思的阶级问题分析互为因果的。对马克思来说，任何社会“占统治地位的思想都是统治阶级的思想”，[②]马克思揭示贯穿资本主义的客观幻象，以它的实际运作方式，揭示了资本主义社会制度中的阶级本质。马克思的批判表明，强权者在追求自己的利益时可以隐藏自己的行为，同时让人觉得他们这样做是为了其他人的利益。我们在英国紧缩政策的案例中看到的是意识形态，它在服务于资本尤其是金融资本时，并不仅仅是森所说的可以轻易转换立场的位置客观性角色。实际生活中的公共推理永远不会让卡梅隆和他的继任者改变主意。

四、正义再分配

马克思的思路最终影响了森关于什么构成了社会上的公平分配的讨论，但是这种结构性的宏观思考反倒集中暴露了森在之前的几个基本上的弱点。森指出，马克思认识到《哥达纲领批判》中的讨论存在“不可避免的冲突”，一边

---

① Fraser, I. Sen, Marx and justice: a critique, *International Journal of Social Economics*, Vol. 43, No. 12, 2016, pp. 1194 - 1206, 1201.

② 马克思：《德意志意识形态》，《马克思恩格斯文集》（第 1 卷），人民出版社 2009 年版，第 550 页。

是消除对劳动者的剥削，一边是根据需要分配。[①] 第一种情况关系到什么可以被视为“获得最终努力成果的正义”，第二种情况则涉及分配正义的要求。所以马克思理论的重要性在于他承认这两种正义主张的相互矛盾之处，而冲突也是森自身理论的主要特征之一。森以三个孩子安妮、鲍勃和卡拉为例探讨了这个问题，他们为谁应该得到长笛争吵不休。[②] 但长笛的例子是先天就有问题的，因为它排除了资本主义世界以及所有属于那个系统的各种权力关系，毕竟现实中的分配决定都是由这个系统做出的。所以一些学者批评道，森对高度抽象和假设例子的使用往往缺乏说服力，以及森的《正义的理念》受到批评的原因在于他的理论较少与现实世界中的具体现实相联系。[③] 长笛讨论就表明了他的这种抽象方法的内在逻辑和假设。

森为每个用笛子发声的孩子思考了各种各样的场景：鲍勃，由于他比其他人贫穷，卡拉，因为她用自己的劳动，安妮，是唯一会吹它的人。森分别从马克思主义和自由主义的角度考虑了这些相互矛盾的主张，并推断两种主张最终都会认为把长笛送给卡拉是合适的，因为他们都认为人有权利享有自己的劳动果实。[④] 其实森的这个观点是从科亨对马克思的分析中来的。马克思在《哥达纲领批判》中将尊重劳动所有权的原则定为“按劳分配”，但马克思又曾经把它描述为一种“资产阶级的法权”，而最终马克思又产生了“按需分配”的原则。[⑤] 因此森认为这是马克思在正义分配原则上的一种冲突。我们从科亨《历史、劳动和自由》的文集中看到了他对马克思劳动所有权的分析，国内外学者对科亨与马克思关于自我所有权的态度有深刻对比分析，这里不做详细分析。[⑥] 但是三个小孩的不同理由并不是在于对个人利益的理解存在分歧，而是在资源分配的原则上存在分歧，需要承认的是三个人各自的观点都指向一

---

① Sen, Amartya, *The Idea of Justice*, Penguin, 2010, p. x.

② Ibid, pp. 12 - 15.

③ Deneulin, S. “Development and the limits of Amartya Sen's The Idea of Justice”, *Third World Quarterly*, 2011, Vol. 32, No. 4, pp. 787 - 797, 790.

④ Geoffrey, Scarre, “Epicurus as a Forerunner of Utilitarianism,” *Utilitas*, Cambridge University Press, 2009, p. 14.

⑤ 马克思：《哥达纲领批判》，中央编译局译，人民出版社 1965 年版，第 12—13 页。

⑥ Cohen, G. A., *History, Labour and Freedom: Themes from Marx*, Oxford : Clarendon Press, 1988. 同时参见龙静云：“‘自我所有’的谬误与灼见——马克思和科亨对‘自我所有’的双重镜鉴”，《马克思主义研究》2016 年第 12 期。

种不同的中立且合理的根据，因而在事实上三人在正义原则上的分歧本身是终极的且必然的。

我们认为，森在叙述中并没有意识到马克思在讨论分配形式时实际上是分两种情况的，并且马克思的讨论并不适用于笛子分配的例子。在《哥达纲领批判》中，马克思首先讨论了共产主义社会的低级阶段，这一阶段“是刚刚从资本主义社会中产生出来的，因此它在各方面，在经济、道德和精神方面都还带着它脱胎出来的那个旧社会的痕迹”，这一阶段，工人们得到的回报除了“在做了各项扣除之后”，[①]恰恰是他们的劳动力消耗的那部分。然后，他们会收到他们所投入的劳动力的证明，因此来要求他们可以得到的。在这里，我们发现马克思揭示了“劳动力”和“劳动”的差别。在资本主义的劳动力市场上，资本家花钱购买的是工人的劳动力，而一旦劳动力的购买完成，资本家就获得使用劳动力的资格。在工人的劳动结束后，无论他产生了多么巨大的价值，他得到的也只是自己劳动力消耗的那部分，而他生产产品的价值是被资本家无偿占有了。因而所谓按劳分配，只是按照劳动力消耗而分配，工人在资本主义生产关系下并不具有实质的劳动所有权。或者进一步说，马克思的推理在于，如果工人们得到了他们所生产的一切，那么也就不可能进一步发展生产力，资本也不可能再对社会进行一般投资。

正如森正确地认识到的那样，因为劳动者在生理和心理能力上的差异，所有的个人都是“不平等的”，因此可以根据实际情况延长或缩短劳动时间以求得他们的平等。森也的确提出了一个正义理论更根本的问题“什么的平等”，这个问题即使在共产主义的初级阶段也是存在的。面对这个问题，某些学者认为，“马克思主义者与自由主义者的区别就在于，工人们必须放弃他们为满足社会公共利益所消耗掉的那一部分。另一方面，自由主义者则不同意‘扣减’，因为他们会被视为对保留自己劳动成果的权利的侵犯……自由主义原则认为，工人应该得到他们劳动的所有成果，这是一个建立在自我利益和利己主义基础上的社会，而马克思主义理解下的人们应该回馈社会的原则将更加具

---

① 马克思：《哥达纲领批判》，中央编译局译，人民出版社 1965 年版，第 12 页。

有公共性”。[①] 正如森指出马克思和自由主义尽管会在某些结论上达成一致，上述的区别只呈现出两种观点的可能描述，但笔者认为二者在伦理旨趣上是根本不同的，马克思主义的分配原则更强调责任，从而具有在责任基础上建立公共生活的理念。而自由主义的考虑尽管分为不同的流派，“罗尔斯式平等主义者的回答是基本善平等，而基本善是指自由、权利、机会、收入和财富等。德沃金式平等主义者的回答是资源平等，而资源既包括外部资源(自然物)，也包括内部资源(天赋)”，而森更进一步考虑的是可行能力的平等。在森看来，“重要的东西不是拥有基本善，而是基本善能为人做什么事情，能够使人发挥什么功能。对于不同的人，同样的资源能做的事情是不一样的。因此，正义所应达到的目标不是基本善的平等，而是能力的平等”。[②] 至少从能力探讨而言，这已经是自由主义阵营中非常接近马克思平等原则的观点。但是在很多马克思主义学者看来，无论森还是德沃尔金，同马克思最大的不同的就是他们都忽视了正义原则中对责任的考虑。

为什么责任能够成为如此重要的因素，“平等主义者想要强调责任，这需要一个前提，即‘选择’与‘环境’的区分。所谓选择指的是那些人们能够控制的因素，那些来自人作为主体的自愿行动。所谓环境是指那些人们无法控制的因素，其中既包括家庭、出身、阶级，也包括天赋和能力等自然因素”。[③] 马克思主义者恰恰认为，正是那些人们看似不能对之负责的因素影响了我们实质性的获得，责任的因素固然产生于那些由自由选择所产生的行动，但人们因为出身天赋、阶级差别等先天不能为之负责的因素而处于不利情况也应该得到补偿，并且这种补偿意味着有理由使得社会再分配充满了责任基础和公共原则。

在共产主义社会的更高阶段，前述以工人的劳动作为分配尺度的原则将会被取代。正如森所指出的那样，这将是从按能力分配到按需要分配原则的转移，按马克思所说就是：“社会才能在自己的旗帜上写上：各尽所能，按需分

① Fraser, I. Sen, Marx and justice: a critique, *International Journal of Social Economics*, Vol. 43, No. 12, 2016, pp. 1194 - 1206, 1202. 当然这里的自由主义是诺齐克的极端自由主义。

②③ 姚大志：《分析的马克思与当代自由主义》,《华中师范大学(人文社会科学版)》2018 年第 1 期。

配。”[①]现在的重点是你的需求是关于人与人之间的差异，而不是你在生产过程中投入了什么。马克思所说的“需求”可能会产生误会，它已经不再是初级阶段人们生活的基本需求的意识，而更具有一种广泛的含义，指的是人们发展和创造自身生活所需要的更多利益。[②] 这一含义在森的可行能力中已经获得表达，但森无法提供关于能力的对应关系，也没有产生一个关于能力的普遍指标。

我们可以设想一下森提出的长笛例子在马克思的共产主义社会应该做出怎样的分配？需求是关于人与人之间的差异，因而最大的需求是鲍勃的，可能森告诉我们，他的玩具比另外两个要少。安妮声称她应该得到笛子，因为她是唯一会吹长笛的人，但这并不能胜过需要的原则。笔者认为，如果把共产主义社会的分配原则引入这一例子，人们可能希望安妮能帮助鲍勃学习演奏乐器。毕竟在共产主义的最高阶段，鲍勃的贫困不会出现，在马克思的预言中，生产力的发展确保了一个产品极大丰富的社会。[③] 并且，这仍然意味着安妮可能会帮助鲍勃吹长笛，这样鲍勃就可以发展所需的技能。所以，我们设想马克思的希望就是，卡拉会认为建设更美好的社会是正确的结果。在美好社会的实现过程中，也就是“随着个人的全面发展生产力也增长起来，而集体财富的一切源泉都充分涌流之后，——只有在那个时候，才能完全超出资产阶级法权的狭隘眼界，社会才能在自己的旗帜上写上：各尽所能，按需分配！”[④]

反过来，如果我们回到森的原始长笛例子中来看，充满了诸多疑问。长笛在马克思这里不是在市场上买卖的物品，而是直接消费的物品。卡拉从哪里得到材料来制作长笛？为什么其他两个人不能用材料来制作长笛呢？卡拉和安妮最初是怎么比鲍勃拥有更多的玩具的？在共产主义社会，鲍勃肯定不会是贫穷的，不会有更少的玩具，这种状况就会改变分配的结果。所以森的抽象假设例子很有可能导致不切实际的和无法令人信服的结论。

在笛子案例中讨论能力平等时，三个孩子为笛子争吵的例子中，森也承认

① 马克思：《哥达纲领批判》，中央编译局译，人民出版社 1965 年版。
② 威尔·金里卡：《当代政治哲学》，刘莘译，上海译文出版社 2011 年版，第 342 页。
③ 马克思：《德意志意识形态》，《马克思恩格斯文集》(第 1 卷)，人民出版社 2009 年版，第 542 页。
④ 马克思：《哥达纲领批判》，中央编译局译，人民出版社 1965 年版，第 14 页。

了一种态度，尽管他承认平等的重要性，但当用能力考量平等时，森并没有指出运用可行能力可以有充足的理据来评估平等，况且森拒绝承认平等是我们生活中追求的唯一价值，“它并不总是‘胜过’所有可能与之冲突的重大考虑”（参见《正义的理念》中文版第276页）。[①] 他虽然理解可行能力探讨在评估平等主张和评估个人优势时自由的重要性，但他坚持认为，“对分配判断还有其他要求，这可能不能被最好地视为对不同人的总体自由平等的要求”。[②]

本章小结

功利主义的推理经历了三个不同理论混合物：后果主义、福利主义和综合排序。综合排序即对不同人的效用进行加总来评价事务状态，但总的来说他忽略了效用之外的所有后果，也就是那些除了福利或效用之外的其他人类活动。尤其是当代福利主义与功利主义合并在一起后，坚持认为所有事物的状态都必须通过与之相关的效用信息，比如快乐或愿望的实现来衡量，这一经济学的狭隘视角让我们无法以现实的包容性注意到某个具体选择的后果以及与之产生的社会现实，这其中就包括主体容易被忽视的特征脆弱性，也包含主体性、行为选择的过程以及人与人之间的关系。

脆弱性的第一组概念是否有必要独立于主体性的讨论这一点尽管还存有争议，但本章仍将其作为首要讨论的一组概念是出于把脆弱性作为当前重新思考幸福问题的理论背景，它引发的基调不是笃定的理性自信而是要考虑到在不确定的风险和伤害挑战下人类活动的行为逻辑。从道德主体活动的本质特性上解释“不幸福”的存在，这有着非常强烈的当代亚里士多德主义和情感主义的倾向。德性论认为幸福生活是建立在关系性的基础上，基于外在与内在均衡的欣欣向荣。正因此，每增加一种关系性的善则意味生活的脆弱性，脆弱性与善的生活实践是与生俱来的，它具有一种道德上的内在要求，人们的一切能力和精神性的力量都需要世间的善为它提供条件，脆弱也是促使物质利

① Sen, Amartya. *The Idea of Justice*, Penguin, 2010, p. 295.
② Ibid, p.297.

益恰当分配和再分配的动机，也恰是脆弱性的背景下它更能理解主体性所包容的价值的异质性（尤其是那些超出功利主义想象的非福利的行为动机何以可能）。同时，人们需要承认脆弱性不仅源于自身天然的有限性，也来自社会结构产生的后天伤害，它关系到人的尊严的普遍平等以及人权的内在要求，它虽然不构成纯粹福利的增加，但它揭示了人人享有尊严的社会底线，也扩充了社会、政府扶助人们实现幸福生活的积极责任。

第二组概念是关于福利与自由的讨论，它指的是人们在考虑幸福时逐渐将目光从仅关注后果投向了行动选择中的自由与机会。人们是否能够通过自主选择和更多选择的可能性过上自己想过的生活，这是幸福生活的根本意义之所在。也就是说在“追求美好生活”的表述中，常常讨论的是“何为美好生活”，而容易被忽视的则是“追求”这一行动的更多增长空间。自由在传统上有两种理解，其一是洛克与哈耶克的古典自由传统，也是经济学上一般指的自由市场经济活动的活动不受限制；而另一种理解则是同个人发展联系在一起的自由选择能力，它构成了阿玛蒂亚·森提出的可行能力。自由不再是不受限的消极意义，是从“摆脱……自由”转变为“做……的自由”，此刻的自由就是把一种实质要达成的活动与一个人达成它实际可利用的机会、资源与能力绑定在一起。我们注意到这是对获得幸福的一种过程性的管控，并且这一关注直接将经济学受功利主义影响仅测量后果最大值的狭隘中挣脱出来，它逐渐开始从可行能力入手确立对过程性进行测量的清单。这也导致公共政策在目标上的转变，在帮助人们过上美好生活时到底是只要满足人们幸福生活的愿望或福利结果，还是要从根本上促进他们的自由机会和相关能力，它关系到一个公共政策的力度是否真正作用在提升个体自我拯救和改变生活的能力上。

第三组概念突出表达人们生活目标的福利导向与能动性导向之间的关系，而恰恰是在个人/社会的不同语境下暴露了能力理论的内在冲突。但能力理论通过人际比较表达了亚当·斯密的古老洞见，它在本质上是要阐明为利益最大化所做出的理性选择并不见得是美好生活的唯一行为选择，在社会关系中人们的实际选择往往出于更复杂的非福利的理由，因此人们在生活选择中的能动性的一面应当被经济学家注意到，也理应作为幸福生活谋划的重要部分。人们能够看到福利与非福利动机在美好生活实现中的共同作用，换一种话语，幸福不仅仅是一种市场逻辑下的经济行为，而是正义、公正、人道等并不完全服务于自身利益的价值诉求，但同样是对社会整体有利的。在社会视角或人际视角下讨论能动性，其目的在于指出人类行为很多并不出于自身利益的考虑，但却构成了生活质量的重要维度。人们应当从强调主体性出发更积极地确立经济运行的社会伦理框架。其现实性在于，我们可以从主体性的平等来理解“共同富裕”的含义，在平等、正义的理论抱负中关切幸福生活就意味着人们在公共领域中追求幸福生活的自由是否被赋予了平等的权重。共同富裕指的是社会应在普遍机会和能力上力求平等，从而获取实现共同富裕的可能性。此外，这一组关系的对比还揭示了个体视角与社会视角在对待主体性时的一些矛盾态度。能动性表现在一个人可以超越福利而选择完全利他的，或是隐居独处，或纯粹冥想的生活，幸福蕴含在个体对自身珍视的独特人生的品味中。而社会性视角重视的是人际比较的问题，幸福不得不化为通向福利考虑的过程与后果的集合才有比较的可能性，即使可行能力方法超越了福利主义对后果的测量，而注重选择过程中的个人优势，那么这里的可行能力也仅指获取福利的自由，而并非能动性的自由。因而我们发现了可行能力在个体语境和社会性语境中内容范畴上的不一致。当然这也是德性论方法在面对政治伦理问题时自身无法克服的含糊性。但无论如何我们都认为在当代幸福理论研究中突出主体性与福利的差异是有意义的，它不仅指出尊重主体性的能力就是尊重不同价值的生活，而且承认终极价值的不可比较绝不排除不同价值的幸福生活在可行能力基础上是可以获得普遍共识的。

最后本书针对揭示福利幻象的虚假生活将森的正义理论同马克思进行比较。如果说平等理论是探索幸福的公共维度，那么通过马克思对剥削与不平等的分析，既能看到以森为代表的当代英美学者在改良实质自由的问题上取得方法论上的突破，在看到他们试图运用历史性或文化语境看待正义问题时的薄弱之处。森对马克思正义理论的探索是围绕着四点进行的。第一，森把马克思同那些不接受废除资本主义的思想理论汇聚在一起，而森自身也在资本主义制度内讨论正义。森向人们展示的马克思理论其实是分析的马克思主义，而并非马克思自己的思想。分析的马克思主义的问题就是把马克思淡化为脱离了资本主义制度系统的抽象论证。第二，森对身份和社会选择的讨论，虽然正确地把握了马克思关于多重自我的概念，但最终还是回到了马克思所反对的方法论个人主义，并不能形成一个公正的共产主义社会的理论基础。第三，在客观幻象的问题上，森对位置客观性的追求（比如人们通过实践推理来认同什么是公正或不公正这种方式），在资本主义意识形态和统治阶级利益的强大论证下显得非常薄弱。最后，森对马克思再分配理论的运用错误地排除了马克思关于劳动价值论的观点而使用了一种自由主义的视角，自由主义视角并不考虑根据实际的劳动付出而获得报酬的正义观点。因而森退回到假设的抽象世界的做法是分析的马克思主义所固有的弱点。这个抽象世界未能区分共产主义社会的不同阶段，其中马克思主义对按劳分配有着清晰的界定。当然，森的正义理论也无法与马克思对资本主义手段的拒绝联系起来，虽然森希望“消除那些可以补救的不公正”，但终究是“空中楼阁”。

第四章　幸福测量的综合性及当代发展范式的转变

当代幸福理论的两种路径在很大程度上影响了近三十年来西方社会治理路径的改变、社会发展范式的转型，就当前西方主流发展理念与新发展理念间相互纠缠的现象而言，决策者对幸福的两种路径探讨的取舍与拿捏可以算是这一理论动向的现实体现。就概念的纯粹性而言，首先，当代西方幸福理论的这两种路径涵盖了伦理学对善以及善与正当问题的广泛解释。幸福理论近几十年所取得的实质进展可以说是对幸福问题过往争议的一些澄清和推进，这其中就包含功效主义对幸福、福利等语词的内涵、结构、衡量策略与意义的再阐释。其次，就个人维度到社会维度的转化而言，幸福指向的成就结果与过程选择在不同的语境中还是有一定差异的，但作为对人类发展状态的整体关注，其内在逻辑并不支持对这二者分而论道。人类发展状态既体现在个体对生活意义与价值的理解水平，也包含在社会学、经济学等学科广泛现实的影响力中，因而本章从如何更确切衡量民众生活水平的角度，观察幸福的两种哲学路径在对话与交融后所能提供给我们的测量方法及其对当前世界的广泛影响力。

第一节　价值的不可通约与生活质量的可测量

功效主义在长久以来都关注发展经济学的基本思路，发展经济学从功利主义理论出发用人类发展的视角关注一个国家的民众需要怎样的生活、大体应怎样保持一种较为满意的状态，这类经济学指标都会影响政治领导者和政策制定者的决策。只要一个国家旨在提升民众的生活质量，或者主张它们已经大幅度提升了这一目标的实现，那么发展经济学的理论，尤其是背后的价值理论及其思考方式就得以运用。对生活品质的测量需要有一种主导模式，而对这一模式的需求源自对以往经济学测量方式的深刻反思。因为无论是以GDP还是GNP指数看待一个国家的经济发展水平都无法令人满意地把握生活质量的具体变动，尤其是当决策方向愈加需要对生活质量的精准测量时，人们发现政策分析所依赖的数据和指标倾向往往来自那些经济水平较高的发达国家。从而当前的人类发展理论更迫切要搞清楚的是，本国民众所追求的是什么，有质量的或者体面的生活在基础性指标上的可测量性。

一、摆脱"测量的谬误"

幸福理论的发展过程体现了功效主义的实证主义方法与古典德性理论在诠释学视角上的融合。这就对普遍可测量的含义做出了历史性和实践性的思考。人们很自然地想要知道，在能力理论的基础上生活质量如何测量。大部分时候人们总是陷入一种"测量谬误"，就是说如果指出某一种指标相较于其他指标更容易测量，那么人们就相信该指标是最相关且最核心的事。所以以往人们对生活质量的考察就直接把GDP或人均指数作为最核心的事物，简单的人均指数就能反映一国的生活水平。但实质上我们在前几章反复提到的能动性、选择的自由以及综合起来的一个人转化资源的能力这类更复杂的因素决定着具体境况下人们的生活水平。既然在两种路径的推动下一些曾经被忽视的重要因素在当代逐渐得到了广泛关注，那么就有必要提出一些有别于主流经济学衡量方式的新的公共行动的价值标准，这就需要相应地证明，这些相对较难获得普遍价值共识的能力要素在原则上是可以找到测量这些要素的方法的。为了尽量避免"测量的谬误"，寻找尺度面对的真正困难在于，能力的概念是人的内在认知与外在机会混杂在一起的产物，找到并确立可行能力在物理世界所对应的那些具体事物，并对它们进行可测量的量化可能并非易事，它既可能面临着价值独断的批评，也可能面临着相对主义的质疑。

于是，纳斯鲍姆提出的具体讨论在于，“我们可能不得不从运作模式中推出能力。例如，假设我们观察到美国黑人存在低投票率，我们不能直接做出推论，认定这一运作的缺位就是一种能力的缺位，因为人们可能只是选择不去投票”。然而需要考虑的关键问题是，低水准运作的模式与社会限制或恶性歧视相关时，则能提示人们关注到一些影响个人政治能力的更隐秘障碍。“它们可能包括选民登记的壁垒、进入投票场所的困难……还可能包括教育的不平等、持续存在的无助感等。”[①]如此看来要想细致而深入，其中的问题是复杂的，但是问题的复杂性并不表示该状态不能测量或是不能给出确定的相关因素。尽管以数字为尺度是一种人们熟知的、基本的测量类型，但是在更多社会文化、生活状态、交互关系当中数字尺度的衡量运行不具备更有价值的启发，它非常容易产生一元化的排序，尤其是导向价值一元化的决断性。哪怕阿玛蒂亚·森以及受其影响的当代经济学家采用的有关生活品质的比较理论，一旦落实在现实测量上仍然不得不依托于某些单一的数据，同样被人们指责为过度简化，比如人均寿命、受教育程度。在联合国开发计划署《人类发展报告》提出对预期寿命、受教育程度的测量统计开始，这类数据就已经指向了不同于人均GDP的观察视野，但测量的问题会呈现出有别于概念讨论的另一类难题，我们如何看待测量中所涉及的单一数据，它就一定比GDP更确切地反映生活质量？它被指责为过度简化，意味着人们把这些单一数据的线性排序看作是决定性的，单一排序的存在是没问题的，它提示性地让人们注意到主流评价标准以外的痛点；但实际上如何对单一指标进行数据分解才是关键所在，它旨在通过数据分解的方式读到它们之间以及它们与更多外在因素的关联性，而伦理学的思路是要在测量之外探寻一种能充分发挥能力理论优势的解读测量的方式，这种思路就恰恰类似于医学或法律领域的诊断一般。

二、不可通约与测量的可能性

以能力理论解释的生活质量包含着对生活价值的选择与尊重，因此对各个国家人类发展状态的衡量一旦涉及比价和测量，就应当首先考虑它们在属

① ［美］玛莎·C. 纳斯鲍姆：《寻求有尊严的生活——正义的能力理论》，田雷译，中国人民大学出版社 2016 年版，第 43 页。

性上是否可以通约(commensurable)的问题，通常来说这就包括几个问题：它们是否能够进行比较？是否所有比较都需要还原到某个共同尺度上？如果不能还原为同一尺度，那么是否有一种值得深思的人类发展状态的衡量路径？

不可通约(incommensurability)其实涵盖了相当多的领域。在较强的意义上，它意味着两个项目根本无法进行定量比较，二者既不大于也不小于，也不等于另一个。有些学者认为，这种强意义上的主张就是指它们不能适用于任何测量尺度。例如在道德哲学中有的"'悲剧性'道德困境，它源于人们有不同的道德观，不同的世界观，我们虽然不愿意放弃其中任何一种，但并不是所有这些都能在一个实践理性的单一体系中得到调和"。[①] 但是在弱一些的意义上，由于存在着许多不同的尺度，它们本身是可以从弱到强进行排序的。因此某些价值在相对要求不高的尺度上是可比较的，而在要求较高的尺度上不可比较。在伦理学中，价值通常涉及审慎价值和道德价值，人们认为审慎价值与道德价值是无法作比的，不仅如此，即使是审慎价值之类也普遍存在着无法计量的现象。

然而不管人们怎样描述各种价值的无法比较，最终的生活选择与社会衡量还是进行如常，大部分的权衡与判断实际上就发生在日常生活中。比如通常人们认为道德上的"正确"是要高于审慎意义上的"好"的，也就是道德价值与审慎价值在生活中还是有些惯常的排列。

"最强烈的不可通约性出现在两个价值甚至不能按价值排序的情况下"詹姆斯·格里芬曾经概括道："如果说甲和乙都是审慎的价值，甲的价值既不高于乙，也不低于乙，而且二者还并非等同。"[②]就算在审慎价值领域，比如弗洛伊德自己的例子，作为一个有才华但长期抑郁的人，服药能抑制精神的痛苦让他感觉身心舒适，保持清醒虽然痛苦但却无时无刻不保持敏锐的思绪和创造，可能不得不在服药和成就之间做出选择。而这两种价值观都算作审慎价值——免于痛苦和取得成就——彼此相去甚远，很难进行比较。当然我们事实上也确实在比较痛苦和成就。如果痛苦足够大，而成就足够小，我们就不应

① Griffin, James, *Well-Being, Its Meaning, Measurement, and Moral Importance*, Oxford University Press, 1986, p. 78.

② Ibid, p. 79.

该认为成就值得忍受痛苦。当然，如果痛苦少一些，成就多一些，我们可能会知道如何对它们进行排序。

但真正的不可比性不是在我们对两个价值犹豫不决时出现的，而是在认为它们是不可排序的时候出现的。例如，既然生活迫使我做出选择，我只是选了这样做，这种情况并不是出于偏好，它其实不存在价值不可比的问题；而恰恰相反的是，在一个情景中我们从根本上认为有些事情不值得做，这才是后者所说的不可排序的意义。

当然还有一些关于不可通约的理解能进一步澄清单一尺度的问题，就算在上述小量痛苦与较大量幸福的对比中，当事人可能会以一种粗略的方式追求两种不同的尺度。但我们知道"这两个尺度都不是终极意义上的重要尺度，或者说对二者而言没有一种更终极的对它们的审慎价值排序的单一尺度。一旦我们采纳了所谓的单一尺度，我们就会发现某些特殊的权重消失了，事情就变成了只有一个衡量审慎价值的尺度，一个相当小的痛苦就会让生活变得更糟，而需要很大量的幸福才会使它变好"。[①] 詹姆斯·格里芬在谈到测量时阐释了不可通约性和权重，尽管他侧重的是道德哲学上的行动理由，但针对可比与不可比的细微差异导致生活意义上的根本不同是很有启发的。

关联到普遍考虑生活质量的可测量性，不可通约其实具有多层面的含义，但它不排斥比较的可能性，"即使我们充分认识到了在痛苦和幸福背后包含着非常丰富的不可通约的价值，但除了审慎的标准外，看起来也并没有其他什么权重可以将幸福和痛苦放在一起衡量"。[②] 于是人们会诉诸一种"大致的、粗略的相等"(rough equal)，而这种粗略的程度并不在我们的理解中，而是存在于价值本身的复杂性中。从格里芬的论述中，我们看到"大致的相等"其实也算得上可比较性，只是这种大致的相等表现出的不是一种数学上的连贯性，比如 A>B，且 B>C，于是 A>C。但大致的相等却不必然得出 A 与 C 之间的高下之分，而至少这二者也往往是大致相等的，这在社会生活中并不是一个罕见的现象。因而，粗略的、大致的相等给测量问题留下了许多重要的思考，它在结构上超出了数理逻辑的把握，我们不得不承认也许一定的模糊性是能够为衡

---

①② Griffin, James, *Well-Being, Its Meaning, Measurement, and Moral Importance*, Oxford University Press, 1986, p. 79.

量幸福带来突破的。

三、复杂系统中的判例诊断

当格里芬的道德哲学提出行为选择在测量上的可比性之后，我们尤其关注在社会科学中常常表现出的这种“模糊性”，因为模糊性和概率上的偶然性使测量幸福的方法变得相当灵活且包容。这首先是基于我们对幸福生活或者有质量的生活的一种观念认知上的演变。在伦理学中，幸福在古希腊传统里是综合式的整全理念，它系于人性功能的品质与社会关联的内在一致性，在功效主义从发轫到衍生至现代伦理规范的过程中，幸福又是一个功效的量化指标不断自我更新的概念组合。如今，幸福要旨重新归于“有质量”“有体面”的模糊性观念时，既需要有对整全观念的考察阐释，也需要有对关键要素的分解量化，就毋庸置疑了。追溯幸福作为观念演变的历史有助于进一步认识它作为测量对象的本质属性，道格拉斯·C. 诺斯对人们的心智构念（mental constructs）的阐释很有建设性，他虽然是制度经济学家，但他认为社会观念以及其固有模式的维系和变迁取决于人们的意向性。他认为人的意向性来自心智构念，这是每个人用来解释周围世界的一种心智结构，它们部分地是从他们的文化固有遗产中产生的，部分地是从他们所面临和必须解决的“局部的”（local）日常问题中所产生，还有一部分是“非局部的”学习的结果。[①] 由此可以总结出三种来源，即人类天然的基因特征提供了心智结构的建构基础，心智与文化遗产和个人经验之间的相互作用塑造了学习，于是在诺斯这样的经济学家看来，基因、文化遗产和个人经验便构成了人类学习的三个来源。[②] 要测量作为生活质量的幸福和作为具体指标的幸福是不一样的，阿玛蒂亚·森和当代发展经济学家对幸福问题研究的重大贡献就是把能力发展的抽象理论通过现实生活中的各项指标测算来考察生活质量的变化。能力发展相对于任何一个具体的经济学指标而言，都是在地域文化、制度结构以及个人的学习经历中

---

① 参见［英］格拉斯·C. 诺斯：《理解经济变迁过程》，钟正生、邢华等译，中国人民大学出版社 2008 年版。

② ［英］格拉斯·C. 诺斯：《理解经济变迁过程》，钟正生、邢华等译，中国人民大学出版社 2008 年版，第 27 页。

逐渐建构起来的,因而对生活质量的测量思路与方法远比单一的数量指标要复杂。

评价和考量幸福状态的基本方法可以从社会科学方法的分野中获得借鉴。社会科学有实证主义与阐释学两类最著名的路向。功效主义以及福利主义在经济学中的发展始终坚持实证主义的研究方法,作为功效主义理论的代表人物,密尔从一开始倡导的道德科学的研究方法就是建立在经验事实基础之上的,作为实证主义社会科学研究方法的引导者密尔所说的"道德科学"(the moral science)的含义要比伦理学或是关于道德的学说更宽泛,它指的是包括了人的本性、性格活动、行为规律到伦理规范、社会习俗、政治体制及其相互关系的整体的经验研究。[①] 正因为密尔认为社会科学的方法离不开经验证据的证实,为了说明社会现象背后的可能决定性关系,实证主义的方法在于从现实经验中归纳并建立假设,从而通过发掘数据背后的因果关系进而产生对现实的进一步认知和预测,这条在现实调研、假设与数据分析中建立起来的研究思路产生了经济学等领域的主要方法。

然而,实证主义遭遇了来自两方面的批评,它们汇聚为一条不同的研究社会科学的路径,就是来自欧陆的诠释学—现象学传统,以及英美分析哲学传统对实证主义的反对,从而出现的诠释学方法。他们提出"精神科学"的概念,认为人的思想和行为、人的创造物和人的历史都是人的生命现象;作为生命现象每时每刻都在创新、永不重复,因而并没有物理世界的那种齐一性可言。既然如此,作为人类精神现象的科学应该有自己独特的方法,[②]它应当是以诠释的和理解的方式演进的。我们把这种社会科学方法论研究上的分野作为幸福测量方法论的参照,就会发现当幸福研究最终落在现实数据测算与公共政策的改进中,实证主义的方法在研究中占了主流。功利主义注重后果的特点直接表现在实证的研究方法中探寻后果产生之前的"因",以及后果之后能够进而获得预测的"果",所以这种因果性关联构成了功利主义至少在发展经济学上考察原因及结果的思维。但人类行动的世界有别于自然世界,尤其是人类寻

① 张庆熊:《社会科学的哲学:实证主义、诠释学和维特根斯坦的转型》,复旦大学出版社 2010 年版,第 14 页。

② 同上书,第 24 页。

求幸福的活动本身就包含着动机“对环境的有意图的建构”，以及“环境对于当事者或观察者来说，是他们的相关的行为的有意义的理由”。[①] 原因是不足以说明一种行动选择的，而更多的是“动机”和“理由”。如果要应对当前功利主义与美德理论融合后对幸福状态的反思与多元评估视角的扩展，诠释学的方法进入幸福测量具有高度的适配性，在很多社会现实的价值观念考察中，人们都采用了实证主义方法与诠释学方法的相互结合。比如，诺斯的制度经济学非常倾向于运用心智结构来解释制度变迁的外在环境之于动机影响的内在规律，这一点很容易诱发人们对幸福“质量”维度的思考。在过去很长一段时间，福祉的测量是通过发展指数的考察诉诸实证的量化计算，但是对于“有质量”“体面”等观念在内在价值结构上的不断反思，能够运用的方法也逐渐多元起来。实证主义的外在经验很难精准获知当事人为什么会对某些要素赋以价值权重，人们起初会因为价值的不可通约性而无法确认人际间的量化比较，而诠释学注重人文现象的历史性和社会性，主张以交往、文化和历史的生活共同体为基础来研究问题。[②] 由此生活的“幸福”“有质量”的模糊观念能通过人的内在体验与人们在共同体中的作用关系来进一步勘察和比较。

我们已经注意到了，现实生活中的各类情形实际上是处于复杂的系统之中的，依据各类价值之间模糊的相等，人们对比这类情形能够构成大体上类似的社会模式，从而实现定性测量的目的。定性的测量有别于定量的地方恰恰可以给诠释学的“理解”辟出空间，让许多现实性上的粗糙且模糊的相等在实践的历史性的维度得到解释上的内在一致。因而，这让人们想到一些领域中古老的技术传统，比如即使在现代仍然在医学和法学学科当中普遍运用的，依据判例的比对衡量进而给出诊断的操作技法。对于复杂性问题，测量不仅涉及数字类型的尺度，更主要的是通过观察发现其他类型的因素在它们彼此之间仍然存在一些稳固的关联，对关系性生成理路的理解是测量的又一重要对象。纳斯鲍姆在她的《寻求有尊严的生活》中提到，当美国最高法院要评判一

① ［英］彼得·温奇：《社会科学的观念及其与哲学的关系》，张庆熊等译，浙江大学出版社 2016 年版，第 33 页。

② 张庆熊：《社会科学的哲学：实证主义、诠释学和维特根斯坦的转型》，复旦大学出版社 2010 年版，第 27 页。

部法律是否侵犯了第一修正案所保护的言论自由时，这时最常见的不是数字尺度，不是对各种言论体制进行价值优劣的数字排序，而是求助于宪法文本、法院自身的先例，以及相关的历史和社会资料。[①] 这种方式运用的是比数字尺度更匹配的定性尺度，就是使用了格里芬所说的“大致的相等”的类比方式观察不同地域、不同族群和文化结构下的生活质量问题。如果说能力理论的介入提供了一个观察多元价值的复杂性思维，那么它既能为功利主义的幸福测量添加更多不同生活方式的度量（metric）从而更接近真实的生活。同时，能力的方法也能让人们充分意识到非数字尺度阐释幸福的必要性，在一个更加清晰的量表的基础上，依据文化境遇来解释那些行动的理由和动机从而判断是否好的生活，这种测量方式我们更愿意称为诊断或类比判断。尤其是，当各国对体面生活或者说有质量的生活的内涵在价值判断上存在分歧时，这类针对复杂系统的诊断方法能够在考虑最低水平的基本权益问题上，能够发挥出相当有建设性的作用。

第二节　福祉测量的趋势：从幸福感到能力发展

作为以讨论幸福状态见长的功利主义在研判某一行为的道德属性和道德价值时，不是依据其自身性质而是基于它所导致的预期或事实，故此功效主义也被称为后果论或后果主义。功利主义阵营中的许多学者皆受困于价值理论和行动理论的融贯性，因为他们在价值论部分大多赞同幸福的快乐主义因素并坚持主观主义的后果，但在行动理论部分却因为道德标准所需要的客观性而不得不承认，存在着不为主观意志所左右的衡量幸福的道德尺度。这使得功效主义在多年发展中以追求功效为原则但仍需兼顾自由、尊严的考量，尽管这些价值因子在幸福理论中往往是不自洽的，在当代社会公共政策中对幸福、福祉、幸福感的关注总是容易跟自由、权利、平等这些具有道德客观性的因素

① ［美］玛莎·纳斯鲍姆：《寻求有尊严的生活》，中国人民大学出版社 2016 年版，第 53 页。

相提并论，从而在现实的生活质量与福利状态考察中，那些在结果上看似令人满意的数字往往因为不正义的社会境遇被视为无效的或有缺陷的表达，并不能更确切地接近一个社会的真实情况。

一、主观性幸福(SWB)的测量方式

当代功利主义在幸福测量的现实性维度上尤其注重功效实现的主观特质，比如愉悦、快乐感受在判定福祉水平时的重要性。近几十年来，这种注重快乐感受的倾向在福利主义理论中焕发生机，许多经验主义学者更喜欢称之为“主观性的幸福”（SWB 作为 subjective wellbeing 的简称）。过去的几十年里从实证方面来说，SWB 的观念在国际经济学和心理学的科学研究方面已经取得了重大进展，这些学者如德鲁·克拉克、埃德·迪纳、布鲁诺·弗雷、理查德·莱亚德等人，[①]他们各自从不同角度对功利主义的主观性幸福做出补充，他们普遍认为，科学在人的神经和心理学研究上取得了足够进步，公共政策应该在这些新的研究成果上侧重于关注主观幸福感。主观幸福感的衡量标准已经经过了有效测试和改进，人们已经了解到哪些幸福决定因素是政府和公共政策能够影响到的。鉴于当代心理学和神经科学取得的巨大进步，主观幸福感测量方法在幸福问题研究方面不容忽视，它强烈地关注于经验分析和政策设计，因此，本章主要聚焦主观幸福感方法与能力方法的比较。尽管本书在前述关于功效主义的幸福路径讨论中提到了功效主义的快乐论这一派的主要见解，而本章则主要考察他们衍生出的主观幸福法在实际测量中的方法及其主要特色。首先主观幸福作为一种方法是怎样的；其次，它的优点和缺点是什么；再次，相对于能力方法，主观幸福的测量倾向在当代福利经济学中起着何种作用。

在主观幸福理论中，生活满意度是测量的重要观念。它包含了两部分的内容：一个是我们日常的正常感受——情感或“享乐主义”的组成部分，以及我们对生活偏好和渴望的判断，即认知的成分。[②] 为了评价“快乐”的程度，当

---

① 主要观点可参见 Veenhoven、Kahneman et al.、Schkade 和 Kahneman、Diener and Seligman、Van Praag and Ferrer-i-Carbonell、Ferrer-i-Carbonell and Gowdy 等人的论著。

② Layard, Richard, *Happiness: Lessons from a New Science*, Penguin UK, 2011.

事人需要做一些量表，当事人被要求对一个人的满意度进行评级或者以类似的方式对一天情绪或某种生活状态进行评分。举例来说，当事人对自己的生活从1到10开始评分（用以衡量他对快乐的认知能力）并报告他一天中特定时刻的情绪。在另一些方法中，当事人被要求想象最糟糕的生活并赋予这种生活价值为0，同时想象最好的生活并给它赋值为10，然后从0到10给自己的生活状态打分。

近年来，许多幸福研究报告中关于总体生活满意度的说明往往被采纳作为确立一些公共政策的“指南”，它们的任务就是帮助政府在可影响的范围内尽可能提高平均生活水平的满意度。[①] 此外，幸福感的测量还可以延续到对一个国家的幸福比较的长期观测，有学者提出了衡量生活质量的方法基于“幸福预期寿命”（happy life expectancy ）的生活，这是将一个国家的预期寿命乘以总体的平均满意度而得到的。[②] 而这些数据都是建立在主观的幸福感受作为重要衡量指标的基础上。

幸福方法或主观幸福感方法在当代广受追捧，最吸引人的地方是什么呢？这一方法的优势在于，首先，它关注人而不是关注人们用来提高他们生活质量的手段，从而把人的直接感受放在了舞台的中心位置。因此，这种方法非常果断地在概念上厘清了目的和手段在效用判断中发挥的不同作用。其次，即使在考虑赢得幸福的手段时，这一立场采用立足于主观感受的方法并不局限于物质手段，而恰恰避免了主流实证主义经济学的最大缺陷。经济学实证方法中占主导的就是考察收入，而实际上收入在创造性的幸福过程中只扮演了非常有限的角色。相比于收入以及其他一些客观的资源要素，主观幸福的方法确实有一些重要的优点，但它的缺点也很突出，无论在本体论的错置上还是幸福感对适应性偏好的忽视都容易产生很大的判断偏差，当然在讨论现实情况的测量时，此处主要考察它在实证研究和政策制定中引发的担忧。

主观性幸福的测量方式是简陋的，直到之后越来越多的经济学家从积极心理学的实验成果获得启发，进一步提升并完善了这种测量主观感受的方式，它们被统称为幸福路径（happy approach）。幸福路径因为强调主观性感受在

① Layard, Richard, *Happiness: Lessons from a New Science*, Penguin UK, 2011.

② Veenhoven, Ruut, “Happy Life-Expectancy”, *Social Indicators Research*, 1996, 39 (1), 1-58.

敏感度与灵活性上表现优秀，它适合用来检验一些新问题，比如一些学者在事实上发现个体的选择往往并不反映偏好，而这一观察结果与公认的显示偏好的经济学理论形成鲜明对比，那么，幸福路径在经验心理学的大量研究基础上能够更精确地对这类现象做出解释。当前在经济学和社会学领域备受关注的幸福路径同时与能力路径（capability approach）构成当前测量福祉的两种不同方法。

二、幸福路径(HA)与能力路径(CA)的交叉应用

主观幸福的方法在实证研究中第一个让人担忧的地方在于，人们的满意度在某种程度上受到心理适应问题影响，同时受到同他人的情况进行比较而产生浮动的影响。适应性问题很容易导致身处困境的人因丧失了对生活的更高期待而对现状麻木；同他人的情况相比较反过来会产生幸福感的缺失，于是这些问题都不足以还原人们在社会生活中真实的生活质量，以及在社会分层中的差异巨大的客观处境。这些由心理适应性和社会比较引起的主观心理状态会导致测量结果的偏差，而其测算结果很可能影响到公共政策用于提升大多数人幸福生活的精确度。因而，主观性因素的存在使人们对生活状况的观测乃至于讨论施加影响的政策都更加审慎。比如社会学家伯查特在她的调研案例中描述了存在适应性偏好的例子，在那些能够制定人生计划的人群中，她们的愿望表达通常受限于自己的社会经济背景与个人经验。[①] 尤其是当人们在一系列的能力中选择某一组去行动而放弃另一些功能集合，能影响到人们选择行为的都是那些曾经的劣势处境，恰恰是这群人深处的社会不公的客观条件。因此主观偏好造成的“感觉好”往往容易干扰测量结果，要想完整地把握生活质量必然得面对人际比较的公正与否，这就需要一个从根源上较能体现社会平等状况更加客观的指标，能力理论家以能力的方法取代欲望满足理论或者主观幸福理论来考察人的发展状态是有现实紧迫性的。

幸福路径尽管是经济学测量的方法，但是其理论传统是从功利主义开始

① Burchardt, Tania, “Agency Goals, Adaptation and Capability Sets”, *Journal of Human Development and Capabilities*, 2009, 10 (1), pp. 3－19.

的，功利主义将主观快乐感受作为幸福生活的标准，这在我们前面的伦理学论述中详细分析过。而另一种由森和纳斯鲍姆等学者提出的能力路径也在经济学福利主义中广泛应用，我们前面已阐明它是一种不同于功利主义的传统，其方法论资源更多来自亚里士多德的德性理论。德性论视角注意个体与外在世界交互的客观性，它们对幸福路径的不满意往往在于，福祉测量对主观指标的依赖很容易被扭曲偏离真实的情况。此外，森多次指出仅仅使用收入与效益提供信息空间分析人们的福祉情况是不够的，将资源用来衡量人类福祉是使用了一种不完善的指标，因为人类的多样性决定了将资源转化为现实的状况，转化率对不同的个人来说是不同的。因此，如果一个人所处的个体环境或社会环境体现了他将资源转化为有价值的状态能力，那么特定的富裕指标背后可能是完全不同的福祉水平。因此能力方法作为一个客观、多维的框架，更适合用于评估和衡量个人福祉的客观发展。能力方法特别适用于考察贫困和不平等问题以及福利政策的设计，从终极意义来说，能力方法将自主性和能动性作为人类福祉的重要因素，这些概念为人类发展范式奠定了理论基础，而经济活动只是实现人类发展目的的手段。

1. 能力路径与幸福路径的差异

有学者指出，能力路径和幸福路径尽管来自不同的传统，但它们都旨在克服传统经济方法对福祉的严格限制，也分别运用各自的优势解决不同层面的问题。幸福路径更侧重心理学甚至是神经学意义上对经济活动中人们的行为描述，它注重整体感受的福祉状态评估；而能力路径则偏重从政治哲学与道德哲学的逻辑上展开人际比较的考察。当代学者注意这两种方法都在各自领域中独立应用但却很少进行交叉，于是 21 世纪以来经济学界则开始讨论这两种方法结合交叉的应用价值。[①]

尽管从森和纳斯鲍姆的著作中对主观性因素的分析可以看出幸福路径与

① *Capabilities and Happiness*, edited by Luigino Bruni, Flavio Comim, and Maurizio Pugno, Oxford University Press 2008, p. 4. 文中提到幸福路径与能力路径分属不同的理论传统，本书是赞同的，但他将幸福路径一部分变体归为亚里士多德传统，而能力路径则分属于自由主义传统。本书并不完全赞同，森的能力理论在学界讨论虽广，但其是否具有功利主义或福利主义的基因依然存在争议。我们的观点是能力理论是功利主义与美德理论融合后的产物，森既继承自由主义传统，但作为经济学家他的理论也努力在为福利主义找补。这一点并不影响本书讨论 CA 与 HA 的共性与差异。

能力路径的差异，但我们认为这种批评乃是因为能力视角下关注的现实问题同幸福路径是不同的，由此在方法起源、应用领域以及理论旨趣上二者各有特点。能力理论最开始用于社会学的调研，且逐渐被应用在经济与社会现状的分析中。例如世界各地的贫困、不平等、歧视甚至饥荒，它的视角非常有利于人们发现现实生活中被收入、财富数据所隐藏的被剥夺状况，以及它们背后深层次的社会文化因素，而能力方法则主要应用在发展中国家。"通过指出评估人类福祉的功能和能力的相关性，能力理论通过展示不同形式的剥夺和排斥，不仅将人的实质自由关联到物质的匮乏，还涉及预期寿命的长短、疾病、文盲率、性别歧视和其他对人类福祉构成限制的因素。"①换言之，它的重点不只限于抽象的权利，而是超越个人权利和自由的关系，具体考察人们在生活中真正能够成为什么样的人、能够做什么。

包括森和纳斯鲍姆在内的当代学者将能力方法广泛用于管理学、社会学、经济学以及更多的学科门类中，他们运用能力方法行动起来，无论是在小规模的考察中，还是进行大规模的宏观调研，都纷纷采取了更倾向于能力发展的方法克服被观察者身上的适应性偏好。纳斯鲍姆认为体面的政治秩序必须保证公民的十项核心能力，以明确的清单方式提出最低限度意义上的丰富生活，它们分别是：1. 生命（life），2. 身体健康（bodily health），3. 身体健全（bodily integrity），4. 感觉、想象和思考（senses, imagination, and thought），5. 情感（emotions），6. 实践理性（practical reason），7. 归属（affiliation），8. 其他物种（other species），9. 娱乐（play），10. 对外在环境的控制（control over one's environment）。②

学者罗宾斯在其论著中介绍了社会学家在进行小规模群体调研以及对某些底层社会群体进行考察的情况，一些社会学研究者通过审慎的互动发掘出人群中那些隐藏的适应性迹象。③ 这其中她列举了好几位社会学研究者的案例。比如学者伊娜·康拉德（Ina Conradie）在南非当地的一个乡镇妇女的调

① *Capabilities and Happiness*, edited by Luigino Bruni, Flavio Comim, and Maurizio Pugno, Oxford University Press 2008, p. 11.

② 参见［美］玛莎·C. 纳斯鲍姆：《寻求有尊严的生活——正义的能力理论》，田雷译，中国人民大学出版社 2016 年版，第 24—25 页。

③ Robeyn, Ingrid, *Wellbeing, Rreedom and Social Justice*, Reexamined, 2009, p. 141.

查项目的研究中就提出了被称为“对适应性偏好干预的审慎完美主义方法”。在这种方法中，如果一个调查者怀疑一群人有适应性偏好，他首先会试图理解那些偏好是如何影响当事人的基本生活完善的。这必须通过审慎商议的过程来实现，如果调查者有好的理由怀疑某些偏好是适应性偏好，那么她完全可以设身处地展开对适应性偏好的讨论并和当事人一起寻求改变的策略。其实在这个过程中，一个人是有能力批判性地反思自己的生活，产生对更好生活条件的渴望，并制订行动计划逐渐接近她所期望的那些改变。

另一方面，从宏观维度来观察某类大规模数据集，能力方法也是可以应对大规模行动中的经验分析的。这种情况下能力方法可能需要借助其他学科，比如社会学的研究以及社会政策研究的专业知识。基于多学科的融汇，我们才能更确切地将现实中那些产生适应性偏好的维度作为考察的对象——比如社会阶层、边缘化群体、种姓或性别等。然后，我们可以使用这些维度的指标来研究某些偏好或愿望内容是否存在系统性的差异。

不得不承认，尽管能力方法认为主观性指标是不可靠和不充分的，但它同样也会面临着危险，如果研究者跳过那些主观证据，他们往往会忽视当一个人的能力难以被观察到时他所感受到的不安。主观因素也提醒了能力方法注意一些重要事实，一个人是在他们感知的基础上做决定的，哪怕他的决定充满了偏见。主观性因素无时无刻不在人们的行为决定和理由评价中起着作用。即使能力方法如此重视那些客观的选项，但是每一个新选项的介入或选择当事人的感情与偏好都构成了评价的理由。通过对这些性质的考察，学者们更倾向于将研究投入能力方法与幸福感的交叉作用中去。

相比之下，幸福路径源自幸福经济学在心理指数测量时发现的悖论，即“伊斯特林悖论”，这个悖论指的是经济学家注意到人们的幸福感是同富裕程度成正比的，通常富裕家庭对福祉水平具有较高的幸福度或满意度。然而同样以感受作指标，特别是美国和欧盟的富裕程度提高的同时福祉水平却缺乏增长。[①]

---

① Easterlin, Richard A., “Life Cycle Happiness and Its Sources”, in *Capabilities and Happiness*, edited by Luigino Bruni, Flavio Comim, and Maurizio Pugno, Oxford University Press, 2008, p. 31. 伊斯特林提到了“set point model”，将它称为“设定点模型”，即个人的幸福本质上是由性格和遗传决定的，生活事件例如婚姻、失业、严重伤害或疾病，可能会使一个人偏离这个设定点之上或之下，但享乐适应会很快使一个人回到基线水平。

这样一个悖论主要反映了富裕的发达国家而不是贫困国家的福祉测算情况，伊斯特林也指出在社会因素分析中可以看到，除了权利和自由，收入和物质资源的满足似乎不足以使人们感到幸福。经济学的幸福路径测量主要应用于分析发达国家的福祉水平，而且能够对个体的行为动机与福祉的后果展开详尽描述。两种方法尽管出于不同的动机，一个主要考察贫困的根源，一个用来分析富裕情况下的幸福困境，但这两种方法竟然通过经验对比得出了相似的结论，那就是在人的主体性上有着充分体现的——将资源转化为人类福祉的能力。

除此之外，两种方法在最初应用上的差异也导致了它们分析框架的不同。能力路径的分析基本上是规范性的，重点关注实质性自由问题，利用职能和能力为评估政策行动的必要性和充分性提供主要信息依据。相反，幸福路径的分析反而强调了解释性问题，比如它擅长用描述性的关联解释为什么一个人无法有效地运用现有资源来改善自己的福祉。

2. 能力路径与幸福路径的共同之处

尽管存在差异，但重要的是我们在差异中看到了两种方法都具有类似的总体目标，且在不同技术工具的使用中竟得出了类似的结论。首先，这二者都侧重于人的主体性，从而对人类福祉的调查超越了庇古所定义的经济福祉的概念。作为“人类”的限定提醒我们，美好生活或福祉是人类行为的首要目的，收入和资源本身就是用来追求福祉的物质工具，并且它并不能限制人作为主体性的自由发展。正因此，这两种理论在观察和测量美好生活中发挥着重要作用，它们都承认那些外在的资源与物质是实现福祉和发展的工具，对它们的需求是基于经验和实践的，并且这些需求通常可以根据现实情况加以衡量。能力路径和幸福路径的理想化版本共同的进步性就在于它们都旨在确立幸福的自主性方面的重要贡献，只不过幸福路径的享乐主义看起来更注重主观尝试来衡量人类名义上感受到的幸福。

其次，无论两种方法是强调客观性还是主观性，在理论结构上都共同关注一组关联性，那就是实现福祉的工具和作为福祉的体验这二者的相互作用。这二者在实现美好生活的实践中是相辅相成的，掌握了它们的内在一致性反而能各自推进两种路径中关键性概念的理解。比如，在能力路径中能力与功能性活动两个概念的相关性依赖于主观与客观因子的叠加;同时在幸福路径中内在动机与外在动机也遵循同样的理路。

再次,两种方法中的相关概念都超越了传统资源理论,有助于评估那些实际能促进人类福祉的公共政策的有效性,正因为它们直接关注了人的主体性,从而能够更准确地识别哪些策略在现实中可行,而哪些策略仅仅是具有理论上的可能性。[①]

总的来说,仅从能力视角出发,人们会对适应性偏好的测量思路产生担忧,从而引发社会学、公共政策对何为"体面的生活"或"有质量的生活"的深入思考。但是幸福路径以及关于主观幸福的基础理论在经济学理论中不失为一种热门方法,仍然能够与能力方法相提并论甚至进一步促进、交融。一方面,仅以快乐以及幸福感受为指数,有可能会掩盖那些历史形成的不公,无助于事实上改变人们的生活状态;另一方面,仅测量客观指标始终有忽视个体心理变迁而导致对幸福成因失察的威胁。然而这些问题只有放在现实社会的应用中去不断斟酌才可能有实质推进,尤其是谈到适应性偏好,它只是幸福测量若干思考中的一个小问题,我们在此强调它,是因为它的出现引出了西方世界近十年来考察生活质量、幸福指数的一个热门视角。这一视角被看作聚焦于物的福利经济学视角对人生真实感受的回归。从人类发展的实质可能性来说,无论是幸福感还是客观的能力方法,它们都比资源或物对幸福的评价更具合理性,只不过当代伦理学更有兴趣指出构成美好生活的规范性评价体系何以可能。于是能力方法而非幸福感的主观感受构成了更加坚固的衡量福祉的水平,毕竟能力方法兼容了主体性与外在资源的多样化,可以说对幸福生活的整体建构提出了更具建设性的规划。

三、能力方法对福利经济学的影响

能力理论曾应用在很多社会科学领域考察人们的生活质量或幸福指数,但是能力方法在经济学领域却有着独特的影响力与更复杂的作用范围。在分析能力方法在经济学中的努力与密切关联之前,我们先看一下福利经济学在

---

① "Introduction", in *Capabilities and Happiness*, edited by Luigino Bruni, Flavio Comim, and Maurizio Pugno, Oxford University Press, 2008, p. 4.

主流经济学中的地位。森曾经在其论著中明确谈道："福利经济学研究的是规范性判断的基础，评价性测量的基础和概念经济学决策的基础。"[①]或者说，福利经济学一直以来关注社会总量以及收益的结果，旧福利经济学的代表庇古谈到，经济学是解决物质福祉问题的，个人的福利可以用效用来表示，整个社会的福利应该是所有个人效用的简单加总。[②] 效用是用来表示个人福利的概念，在这里，效用基本上等同于物质财富的占有，从而以财富和货币形式作为基本单位的效用概念既是客观的，也是易于度量并能够做出人际比较的。福利经济学可以被理解为是后果主义伦理学思想的经济学实践。然而，随着能力理论的出现福利经济学中效用概念的内涵也发生了改变，旧福利经济学随着能力理论的形成和广泛应用，逐渐催生了一些关于新的福利经济学的阐释。

有学者将能力理论视为后果主义的远亲，把它看作"一种政治的、非福利主义的结果主义形式"。但是在更强的意义上，能力理论从宣称其主张开始就蕴含着正义的关怀，因为它"判断一种既定的政治情形是否充分，正确的方式应当是去观察结果：公民的基本权益能否以一种安全的方式得到满足？因此能力理论可以被称为一种结果导向的观念（outcome-oriented view）"，[③]只不过这种结果导向考评的不是结果的总量，而是在质量、获取程序以及广度和深度上的综合后果的灵活变化。作为当代的功效主义者并不排斥能力方法在后果内容上的补充，许多主张将能力、过程变量以及资源转化度等因素加入生活质量测量的提议，往往被人们看作"半福利主义"的主张。[④] 它们既强调自由选择的实体化资源，又很注重在个人福利效果上的增量。能力方法并不同功效与福利相冲突，它只是恰恰关注社会是否在多数情况下能保障每个人生活的底限，这些能力因涉及公正程序的理念而已经变成了好结果的内在

---

① Sen, Amartya, "On the Foundations of Welfare Economics: Utility, Capability, and Practical Reason", In *Ethics, Rationality, and Economic Behaviour*, edited by Francesco Farina, Frank Hahn and Stefano Vannucci, Clarendon Press, 1996, pp. 50-65, 50.

② ［英］庇古：《福利经济学》（上卷），朱泱、张胜纪、吴梁健译，商务印书馆 2006 年版，第 29 页。

③ ［美］玛莎·C. 纳斯鲍姆：《寻求有尊严的生活——正义的能力理论》，田雷译，中国人民大学出版社 2016 年版，第 67 页。

④ Sumner, Leonard. W., *Welfare, Happiness, and Ethics*, Oxford: Oxford University Press, 1996, p. 16. 他认为森是一半意义上的福利主义者，而另一半当然也是他的自由主义者倾向。

的一部分了。[①]

能力方法与福利经济学有着密切关联，笼统来说这体现在二者不仅是在道德哲学的层面上都把目光聚焦在个体成长、人类发展的这一目标上，在实践层面，能力方法对发展内涵的重新界定帮助了福利经济学自身的改良。能力理念提出了发展状态、生活质量的自由量化指标，而且福利经济学依据能力方法的改进将其应用在社会发展指标的测量中。

但是若要更进一步追究能力方法之于当代福利经济学研究之角色的话，有学者认为，在当代福利经济学的分支学科中，福利经济学很可能是最难描述能力方法的影响力的。[②] 原因是能力方法可以从两种截然不同的角度来看待，这取决于人们对测量整体的经济状况和生活质量的看法：要么是对主流福利经济学的改良，要么是一条可以引导我们走向一种非常不同类型的福利经济学的道路，而后一条路似乎要从根本上打破一些主流的假设和做法。可以说福利经济学家对能力方法感兴趣的情况也分为两种截然不同的类型。第一类的态度是，只想要在规范性的焦点上有一些变化即可，它可能是在理论发展的一些行为假设上有变化，但却并没有方法或元理论上的改变；第二类的态度是，人们希望进行理论范式变化或科学革命式的突破，比如其中将会出现元理论和方法上的多元化趋向，或者按照能力方法的预设将人类能动性所容纳的具体模块以及结构性的约束论证得更丰富或更厚实。此外，影响到生活状态的判断上，能力在当代理论中的多方位融入需要更细致的观念上的辨析，我们有必要分析这些路径究竟是在理论上关于能力的福利经济学，还是在经验上关于能力的福利经济学，它们更接近哪种可能性。而由于主题限制，这部分考察将引出另一些更远的话题，而仅此可以想见能力方法在福利经济学内部引发的震动，我们可能一方面略览福利经济学中学者们在理论思考上的变化，但另一方面仍将视线投在当下的实践领域看伦理理论在经济学和公共政策中

---

① 罗杰·克里斯普(Roger Crisp)曾经指出功利主义与义务论各自证成方式不同，功利主义完全是"回顾式的"(backward-looking)而义务论则是"前瞻式的"(forward-looking)，他指出美德伦理最好是被看成义务论的一种形式，因为有德之人做事情的理由在于，它同样依照了一种程序性的诺言或行动类型。(参见罗杰·克里斯普：《密尔论功利主义》，马庆、刘科译，人民出版社 2023 年版，第 5 页。)纳斯鲍姆认为美德伦理的思路非常深刻地影响了能力理论的形成，但能力方法的效果是对功利主义的深刻补充。

② Robeyn, Ingrid, *Wellbeing, Rreedom and Social Justice*, Reexamined, 2009, p. 202.

的作用力。

经济学家阿特金森曾谈到福利经济学是被主流经济学过度忽视或边缘化的那部分学问。[①] 一个重要的原因正如森的定义，福利经济学研究的是那些规范性判断和评价性测量的基础和概念，也就是福利经济学的工作要使经济政策分析和评价的规范性维度变得清晰明确起来。但事实上，大多数经济学家的工作恰恰是抛开已经设定好的前提主要进行那些更加技术性的演算。他们相信"现代"经济学是价值无涉的（value-free），任何与规范性有关的东西都可以被外包给道德或民主投票。然而当森以及与他志同道合的一批经济学家、伦理学家在提出能力理论可以作为一种以自由看待发展的路径时，主流经济学家们一直热衷的演算和技术性的价值中立被撬动了。因为经济学的大部分学科讨论都是同政策建议有关，任何一项公共政策都彰显着明确的价值导向，因而那些主流经济学家们盼望的所谓科学与价值的分离，对于许多现实中的社会发展问题而言都是不可能的。[②] 阿玛蒂亚·森等人提出的能力理论恰恰又加剧了经济学家们对这一事实的妥协，价值定位在细节上的偏差极大影响了关于生活质量评估测算的基本指标与结构。无论是伦理学家还是经济学家在当前时刻都意识到，讨论发展的美好价值问题所昭示的时代使命，重新回到亚当·斯密的抱负，把经济学理解为一门道德科学，而不仅是应用数学或价值无涉的一种建模形式。

第三节　美好生活的量化努力与人类发展指数

当代关于人类社会行为及其现象的各类研究中，任何主张如果无法转为可以客观实证并通过事实检验的命题，往往谈不上是社会科学而只能停留在哲学思辨的层面。我们在第一节恰恰谈到对多元化背景下幸福生活进行测量

① Atkinson, Anthony B., "The Strange Disappearance of Welfare Economics", *Kyklos*, 2001, 54 (2-3), 193-206.

② Robeyn, Ingrid, *Wellbeing, Rreedom and Social Justice*, Reexamined, 2009, p. 203.

尽管复杂但并非不可测算，第二节则指出能力方法对当代福利经济学重新确立评估和测算的基础概念与基本指标发挥着重要作用，以自由看待发展的观念促成了价值反思对科学测量的介入。那么在本节，美好生活的量化在当前最显著的形式就是人类发展指数的诞生与演变，其演变过程让人们看到过去三十年间能力方法是如何从道德哲学理论而逐渐成为全球主要国家考察生活质量的普遍共识，突破性概念已经转化为可以客观实证的命题，人类发展概念就是以能力方法为主导的社会测量的概念。

一、人类发展指数的能力内核

在过去几十年能力方法受到普遍关注，就策略的应用程度而言，能力方法已经在研究领域、发展应用领域以太多的方式被采纳并获得实践上的成功，以至于西方学界的相关讨论都不再用“……能力方法的潜力”或“能力的承诺”这种表述，因为已经取得的部分成功已经很清楚地表明，运用能力方法较之于传统方法实际上产生的变化与差异。最明显的例子就是《人类发展报告》(HDR)以及人类发展指数(HDI)在过去三十年的发展。人类发展范式在当代已经广为人知，除了由联合国开发计划署每年出版的 HDR 外，森最著名的《以自由看待发展》就阐述了使用能力方法作为他的发展愿景对之前的人类发展指标的替换，这很大程度上在现实中获得推进，在现实的不同层面成为全球各个国家制定公共政策时的关键要素。但是在目前的研究基础上，一方面，我们通过回顾《人类发展报告》自诞生以来演变的过程，看到能力方法全面渗入公共政策的成效，但另一方面看到能力方法只是在大体思路上被广泛接受，在真实的机能转化与具体目标指向上仍有很大的理论阐释空间，尤其是当代世界在瞬息万变中引发了很多始料未及的冲突，它们挑战着能力方法的现实处境。

1. 人类发展的界定

人类发展状况可以说是幸福讨论在当代最重要的一个现实成果。在 2011 年的《人类发展报告》中，人类发展被简单定义为“通过人们自由和能力的扩展，使他们过上其珍视和有理由珍视的生活”。人类发展的定义表明，与发展相关的人类福祉问题不再是关注人们拥有什么，而是关注人们能够做什么，从而使可以用金钱表达的手段同可以用能力表达的实质自由在人际比较中的权重出现实质性变化，而如何让每位成员能够追求和实现一种有意义的人生历程成为每一个现代国家更需积极承担的政治责任。

学界往往把“能力方法”与“人类发展”等同，而通常将二者连在一起的时候这种方法则被称为有关“人类发展的能力方法”。尽管严格来说，二者不尽相同，但人类发展理论侧重于关注人们的生活质量以及评估社会制度安排在是否提升能力上的合理性，而不再是像之前的其他指数那样只关注影响人们功能和行动的物质资源，从本质上人类发展的内核可以说是能力理论在现实评估中的数量化和图形化。因而我们在这里并不过多谈论它们的区别，一方面，我们基本赞同多位学者的主张，采取将人类发展与能力方法相提并论的态度；[①]另一方面，在之后也会简单阐明，人类发展指数部分地采纳了能力方法，即发展指数在何种程度上运用着能力方法，我们将指出一些具体采纳路径的差异。人们普遍关注人类发展报告中特别添加的那些项目指标，这些项目的选定激发了人们有兴趣探求在一个现实社会中人们实际上可以做到什么，实际上人类发展进步的水平如何可得的问题。

2. 人类发展报告中的能力构成

森将能力方法转化为客观实证的命题，一个突出贡献就是帮助联合国开发计划署(The United Nations Development Programme，简称UNDP)编写了人类发展指数，这是在客观衡量的要求上实现了对人类自由发展程度的测度。2010年的《人类发展报告》中这样说道：“阿玛蒂亚·森的能力方法继承了众多德高望重的有影响的思想家的观点，提供了人类发展的哲学基础。”[②]森所提出的能力方法关涉报告中的人类发展的两个方面：其一是人类能力的形成——改善健康、知识和技巧；其二是个人使用它们获得的能力——为了休闲、生产性目的或文化、社会和政治的问题。人类发展必须兼具这两方面，否

① Alkire and Deneulin、FukudaParr、Nussbaum都有类似观点，此处引自Robeyn，Ingrid，*Wellbeing*，*Rreedom and Social Justice*，Reexamined，2009，p. 198。但是罗宾斯本人认为是有差异的，且因此不能认为人类发展方法就类似于能力理论的方法，她从历史渊源、智性维度、实践角度谈到了差异，认为简单融合二者容易在能力研究上出现错误，但本书主要考察的是人类福祉关于实质自由的向度，能力理论与当代人类发展研究的理论旨趣相同，二者的相似度有助于看到美好生活研究的主流趋向。

② UNDP，HDR2010，p. 12.

则就会导致落后衰退。

而进一步分解这两方面，我们能够从2010年的《人类发展报告》中发现能力方法提到的三个重要组成部分。首先就是福利，福利水平体现了人们有条件扩展自己的真实自由，从而促使人们过上美好生活；其次是能动性，就是个人和群体是否可以采取行动推进有价值的成果；再次是正义，这个包含在能力理论中的价值是衡量人类发展水平的重要因素，人类发展当致力于扩大平等、尊重人权和其他社会目标并能持续维持人们所取得的成果。事实上，《人类发展报告》的理论基础在不断发展完善，每一年的报告都通过不同主题关注人类发展的简洁定义，即"通过人们自由和能力的扩展，使他们过上其珍视和有理由珍视的生活"。这个定义就是以"自由""能力"以及"有理由珍视"呈现了当代功效主义与平等主义在探索人类幸福之路中形成的新范式。但总的来说，最终能力理论在目标指向上认同了人类发展的终极含义，即扩展人类的选择。

UNDP从一开始编制人类发展指数，就确定了该指数由三个核心成分构成，分别是按购买力平价计算的人均GDP、以人均预期寿命代表的健康水平，以及以成人识字率和入学率表达的教育水平。"与仅仅考量人均GDP反映的'做大蛋糕'效果，把健康和教育纳入指数构成，不仅拓展了衡量发展的范围，相对而言也能揭示'分好蛋糕'的效果。毕竟，人均收入的提高与极少数人的极度富裕可以相容，而健康和教育水平的提高，却不可能仅靠少数人的改善达到。"[①]在人类发展指数得以盛行的这二十年间，直接与人的健康、寿命和教育水平相关的项目逐渐构成了人类发展指数的主干。

二、以商品为中心的指数(GDP)和以人为中心的指数(HDI)

多年来，福利经济学主导的模型是通过国内生产总值(Gross Domestic Product，简称GDP)来观察经济增长，从而考察一个国家的进步与发展。GDP是一个国家(或地区)所有常住单位在一定时期内生产活动的最终成果。GDP是国民经济核算的核心指标，也是衡量一个国家或地区经济状况和发展水平

① 蔡昉：《谦虚使人类进步——从〈人类发展报告〉看发展理念的变化》，http://ft.newdu.com/economics/Read/202211/314384.html。

的重要指标。GDP指数有其透明度高的优势，因为货物和服务的货币价值使得不同类型的数值进行比较成为可能，所以考察最终指数的时候任何一个被测算国家都不太容易做到为面子好看而作假。毕竟促进国内生产总值的提升是一个国家相对正确的发展方向，国家经济总量的增加至少为提升国民的普遍生活水准确立了有力的物质前提。尤其在20世纪80—90年代有一种颇为盛行的下渗理论（trickle-down theory），该理论认为即使不特别针对穷人或底层群体采取措施，经济增长的效益必然会改善人们的生活水准乃至最终命运。但事实上是这样吗？在对很多国家的比较研究中，人们看到"下渗"并没有如愿发生，也"并没有现实的必然性来印证国家在不采取任何措施的情况下，经济发展就能普惠最底层穷人"。[①] 于是最初倡导撰写人类发展报告的经济学家让・德雷兹通过研究发现，经济的高速增长并不能自动改善健康状况和教育等重要领域的生活品质。德雷兹与阿玛蒂亚・森共同撰写人类发展报告时就提出了依照能力方法考察人类生存状态相比经济和收入的传统方式更有优势。政治学家沃尔夫对以人为中心的能力广义上可以包含哪些决定性因素做出归纳，他整理了经济资源与能力资源的排序，指出"财政资源不是一个人可行能力集的唯一决定因素"，他建议，"至少有三种不同类型的投入有助于确定个人机会的多少，从而确定他们的可行能力集。我把它们分为：个人资源、外部资源和外部结构。第一，个人资源包括优势和才能，也即包括罗尔斯所说的'自然禀赋'和德沃金的'内部资源'；其次，'外部资源'一词与德沃金的用法相呼应，它包括财富和收入，但我还要补充一点，支持性的社会网络也可以是非常重要的外部资源。而外部结构则包括所有建构'游戏规则'的法律、文化、物质和环境因素"。[②] 可见，在关于人类发展的系统性因素内，生活是否美好绝非仅是财产资源方面的数据可以概括的，类似于"贫困线"的经济水平的底限测量也只是反映了收入的单一现象，而不能展现一个人在社会生活中的资源、机会和能力缺失的真实困境。

通过《人类发展报告》所关注的结果表明，按照人类发展指数的排序不同

---

① ［美］玛莎・纳斯鲍姆：《寻求有尊严的生活》，田雷译，中国人民大学出版社2016年版，第34页。

② Jonathan Wolff, *Beyond Poverty*, *Dimensions of Poverty: Measurement, Epistemic Injustices, Activism*, pp. 23－39, Philosophy and Poverty (book series volume 2), 2020, p. 32.

于单纯根据人均GDP所产生的排序，比如美国在进入21世纪的第一个十年时，尽管人均GDP排名首位，但在HDI指数的全球排名中却在十名之后。多年来随着能力理论的研究推广，人类发展指数得以盛行的近十年来，我们越来越看到人均GDP指数的缺陷。

首先，如果说要找到一个简易的指数代表实际生活水平或平均家庭收入的状况，人均GDP也不算是一个最佳选择。因为按照国内生产总值掩盖了在全球化世界中很多资金流动的情况，比如经济利润在一国的生产活动中产生，但它很可能被投资者调回国内，也不会提升生产国公民的消费能力。而且GDP作为衡量生产价值的指标，非市场的家庭劳动价值是否被统计在其中，家庭劳动的负担引起的家庭劳动外包进入市场的更新锐现象无法以人均GDP的形式真实表现出来。

其次，GDP没有考虑分配的形式与结构，在一些得分很高的国家往往存在着巨大不平等。比如纳斯鲍姆举例说到的南非，在种族隔离时代南非社会存在极大不平等，但某些阶层却拥有巨量资产，若仅以人均财富衡量该国的经济发展水平，那么它在全球排名中则是很高的。但GDP却完全无法告诉我们该国财富如何分配，以及哪些人掌握财富等的具体情况。

另外，GDP方法围绕货币的汇总测量抹杀了构成生活品质的那些丰富多彩的面向，生活质量的获得在事实上来自多元渠道中人类活动的综合分布水平，比如医疗保险的系统品质、公共教育的水准以及实际的政治权利和自由的状态。这些多元面向以人的生活为中心展开，而偏离人的中心从财富出发的统计测量就存在着如下问题：未能深度关切资源分配的状况、行动能力的实际履行、社会群体间的差异与压制，即使一个国家在GDP上是“发展”的，但上述领域可能产生的糟糕状态都极大影响着生活质量的真实面向不能被看到。

人类发展指数试图弥补国内生产总值指标的简单粗暴，有人指出效用主义当初的伟大功绩就是阐释了每个人的民主和对个体力量的关切，而GDP是效用主义在经济学上的简化，它聚焦于物质财富总量却离开了对人的关切。功效主义的力量在发展过程中，虽然看起来关注民众，但在它的主导下也会出现上面提到的以欲望满足或是幸福感为指标的流行的衡量方式，这在一些方式上也并没有努力涵盖“以人为目的”的真实客观性。因此 HDI 的指标并不是要提供一个对于自由的完整测量，而是要唤起人们放弃 GDP 崇拜并从中发现更多迫切的现实问题。

人类发展指数 HDI 的设立部分地采纳了森的能力方法。[①] 为什么这样说？国内学者汪毅霖指出：“人们曾指出森的能力方法有两种方式测量人类发展水平：一是直接测量个人的功能水平；二是分析能力投入，包括物品和各种转化因素。”[②]前者易于量化，但并不能完整反映森的能力框架；而后一种对能力投入以及能力转化因素的分析，虽然全面深入但是难以量化。目前人类发展指数采用的就是第一种方式，由此我们认为人类发展指数目前对生活质量的测量方式也只是“部分地”运用了能力方法。

人类发展指数 HDI 首次出现于 1990 年的第一份《人类发展报告》（HDR）中。此后，UNDP 几乎每年编写一册 HDR，至 2022 年已经出版了 32 册人类发展年度报告。从 1990 年第一份 HDR 开始，报告摆脱 GDP 的思路正确地认识到发展并不仅仅意味着财富和收入的增加，一个国家真正的财富是它的人民，人的自由与发展至关重要，人类发展是一个不断扩大人们选择的过程，因此如何扩大人类在各领域的选择是人类发展指数要探求的最终目的。在 1990 年的《人类发展报告》对发展的定义中，发展最关键的选择就包括拥有健康长寿的生命、受教育和享受高生活水准。尤其是 1997 年的 HDR，特别将关注点放在了贫困问题上，贫困不仅指低收入，还直指人的核心能力的缺失，贫困也意味着医疗与教育的缺乏、知识权与信息权被剥夺、缺乏尊严与自信等，在这一年的报告中出现了更具体的测量贫困的指数——人类贫困指数（HPI），从贫困出发最大限度地展示能力方法的现实影响力，它从医疗、健康、教育以及知识信息等各方面因子进行综合评估，考察自由和扩大的选择在何种意义上更深地嵌入社会系统。在此以后，每年发布的 HDR 都具体地突出了当年的全球主题，而 HDI 也成为能力方法在强调理论基础和完善多元价值

① 此处引用 Robeyns 评价森的能力理论两种测量方式，以及她对森的能力方法与人类发展指数之关系的论断。

② 参考汪毅霖：《基于能力方法的福利经济学——一个超越功利主义的研究纲领》，经济管理出版社 2013 年版，第 184 页。

体系时的最佳载体。

越是市场主导的社会，越是容易关注重要财政资源的走向，以及这些财政资源在分配上所表现的个人收入的情况，个人收入与人均财政资源的总量是关于贫困的传统定义。即使在一个社会内部，贫困以及贫困的类型与程度也存在巨大差异。在许多国家，城市居民几乎不需要汽车，无论他们是否富有或贫穷，而生活在农村地区的人如果没有它就无法工作或购物。因此，要提高那些在交通方面苦苦挣扎的人的能力，要么增加他们的收入以购买汽车或支付出租车费，要么建立更好的公共交通网络，例如，增加使用丘陵地区的汽车。按照这种情况，短期内解决贫困人口收入的问题通常比引入新的交通方式、改革工作场所或改变法律或文化观念要容易得多。因此，对于一个国家希望在短期变革中就达成一定效果而言，传统的贫困定义就是非常有用且直接的政策目标，即使在这里也需要思考以了解贫困是如何形成的，以便设计出最有效的应对方法。

三、人类发展指数揭示新问题与新趋势

人类发展模式相对于能力方法来说涉及现实中的更多具体问题，也是不同学科的结盟与汇聚。大致说来，它比能力方法更引人瞩目的地方在于，如果西方学者在理论上希望寻求当代新自由主义以及华盛顿共识的一种强有力替代者，那么他们不妨看看人类发展模式的演变与近十年的趋势，而不是仅在哲学观念上推理更抽象的能力方法。我们在这里关注人类发展指数，在于它所提出的许多指标都符合能力方法的思路，且人类发展指数相比于能力理论更具体、更能超越能力方法的理论局限去观照现实问题。人类发展范式在衡量一个人或一个国家的生活幸福状况时采用了许多具体的视角，比如它强调历史路径，以及能采用一种解释性的模式来理解具体文化环境、地域特征下的社会规范和实践成果。对于具体目标而言，人类发展范式可能比能力方法更强大有力。我们归纳了 2011—2022 年 UNDP 发布的《人类发展报告》主题，在列表中通过聚焦点变化看到人类发展在能力方向上的不同表现。

2011—2022 年《人类发展报告》列表如下：

年份	主　　题
2011	可持续性与平等：共享美好未来 Sustainability and Equity：A Better Future for All
2012	全球性人类发展危机：公正和平等是可持续发展的基础 The Globalisation of Inequality
2013	南方的崛起：多元化世界中的人类进步 The Rise of the South：Human Progress in a Diverse World
2014	促进人类持续进步：降低脆弱性，增强抗逆力 Sustaining Human Progress：Reducing Vulnerabilities and Building Resilience
2015	从实践活动与工作透视人类发展 Work for Human Development
2016	人类发展为人人 Human Development for Everyone
2017	社会性别不平等：解决难题，创造机会 Gender Equality and Human Development
2018	人类发展与工作变革 Human development and the Changing World of Work
2019	超越收入、超越平均、超越当下：21 世纪人类发展历程中的不平等问题 Beyond income，beyond averages，beyond today：Inequalities in human development in the 21st century
2020	人类发展与人类世：社会和环境可持续性的挑战 Human Development and the Anthropocene：The Challenge of Social and Environmental Sustainability
2021	下一个前沿：人类发展与人类世 The Next Frontier：Human Development and the Anthropocene
2022	后疫情时代的人类发展 Human Development in a Post-Pandemic World

1. 多维度的贫困问题

阿玛蒂亚·森撰写专著《贫困与饥荒》的时间距现在已经有二十年之久，

当年他在分析全球饥荒时颇有见地地指出饥饿的根本原因并不是粮食的短缺,而是资源分配的巨大问题产生的制度性粮食资源短缺。人们不能保证足够的粮食维持基本的生存和体面,在后来的森看来是能力的缺失。2022 年 10 月 17 日,联合国开发计划署(UNDP)在线发布了一则关于贫困状态的最新报告《2022 年全球多维贫困指数》(*2022 Global Multidimensional Poverty Index*,MPI)报告。该报告是牛津大学贫困与人类发展倡议中心(The Oxford Poverty and Human development Initiative at the University of Oxford)和联合国开发计划署人类发展报告办公室(The Human Development Report Office of the United Nations Development Programme)于 2010 年首次发起,该报告是衡量 100 多个发展中国家多层次贫困问题的权威报告,是联合国可持续发展目标(消除贫困)的有力支撑。《2022 年全球多维贫困指数》报告根据全球 111 个国家(23 个低收入国家、85 个中等收入国家和 3 个高收入国家)的最新数据,从健康、教育和生活水平等 10 个指标对全球发展中国家的贫困水平进行了评估。报告指出,全球面临新的挑战和复杂的环境,尤其新冠肺炎大流行和乌克兰战争使得贫困的复杂性越显剧烈,食品和燃料价格上涨、气候冲击和全球经济衰退加剧了不确定性和疫情后复苏的挑战。不仅会有更多的人变穷,而且贫困的程度也会增加。

《2022 年全球多维贫困指数》报告指出,通过分析 2020 年联合国发布的有关新冠肺炎大流行致使学校停课停业与粮食安全相关数据得出,新冠肺炎大流行可能会使全球减贫工作退步 3—10 年。联合国教育、科学及文化组织(UNESCO)的最新数据显示,全球各地的学生因疫情至少失去了半年的学校教育时间,有些甚至长达一年。联合国世界粮食计划署(UN's World Food Programme)关于粮食不安全的最新数据表明,2021 年,生活在粮食危机或更糟情况下的人数增加到 1.93 亿。[①]

当代全球的贫困问题被称为多维贫困,非常鲜明地表达了复杂性和不确定的时代中全球生活质量以及社会发展出现后退的现象。能力理论在几个层面上需要经历一些新思考。其一,经济秩序在突如其来的偶然性事件中被阻

① 中国科学院兰州文献情报中心:《资源环境科学动态监测快报》2022 年第 20 期。

断或失衡，能力理论再次回到对人的生命本质的道德哲学反思中，行动规范的合理性并不是建立在理性能力基础上的，而是建立在对人的脆弱性和生活的偶然性认知基础上，因而考虑满足人格尊严的物质条件成为迫切的需求。关照脆弱性可能是当代各国政府在未来发展的价值排序中需要慎重考虑的。其二，脆弱性是无法避免的，但是制度与结构性的不合理在一定程度上加剧了脆弱性带来的伤害，能力理论提供更贴切的标准帮助政府在公共政策上做出更恰当的取舍。

2. 不平等与不确定性

联合国开发计划署在2022年9月11日发布的最新人类发展报告《不确定的时代，不稳定的生活：在转型的世界中塑造我们的未来》指出，各种不确定性正在层层累积、相互作用，以前所未有的方式动摇生活根基。人类发展报告办公室发言人表示，广泛的挑战正在造成巨大的不确定性，全球人类发展指数(HDI)首次出现了连续两年的倒退下降，超过90%的国家在2020年或2021年下降；而连续两年下降者，更占40%以上，这表明当前全球危机对许多国家而言影响仍在加深。

在这些现实问题的层面上，能力理论所倡导的真实自由在当下凸显出非常重要的意义。在过去三年，新冠肺炎疫情、全球性冲突、粮食与能源短缺以及极端天气事件给全世界数十亿人带来灾难性的社会影响。正如UNDP所概括的那样，世界正陷入一场"救火式循环"——忙于补救、疏于预防。对此很多学者认为，如果不进行一场更为彻底的变革，世界可能会面临贫困和不公正问题的进一步加剧。

我们认为，人类发展指数的变化表明了全球对不公正问题带来的普遍危害达成共识，在过去若干年的发展中区域间的不公正以及国内政治的不正义已经成为危机与风暴酝酿的源头。如果说过去二十年间能力理论的普遍应用体现在各个国家在社会尊严的底线意义上逐渐满足了个体的生活状态，而当前把问题放在更复杂的社会正义和公平领域，能力方法对新问题的反馈将逐渐展开各种不同的分支以面对上述多维度的贫困，以及在多因素组合下爆发的不确定性危机。比如森保障的是有质量生活的底线水平，他看中的是后果主义在程序上的正当性，但是对保证底线水平以后的家庭继承性的社会不正义无法给出过多答案。这可能涉及近年来在全球各国普遍出现的阶层固化问题。

加拿大经济学迈尔斯·克拉克在2011年提出的一个指标被称为盖茨比曲线,该曲线生动地描述了每个国家阶层固化的现有状况。基于代际收入弹性和基尼系数两个维度的向右上方倾斜曲线就是盖茨比曲线。它的意思是:随着代际收入弹性增加,基尼系数相应也增加,换言之,社会流动性越低,贫富差距越大。迈尔斯在研究社会不平等问题时,理解了基尼系数与待机收入弹性这两个概念后提出了一种相关性解读。经济学家提出的创见在现实语境下提示了人类发展的真实困境,为扩展能力理论的进一步思考提供了更多契机。森用能力方法打开了解读自由以及生活质量的新窗口,纳斯鲍姆接着向前迈进了一步,列出了核心可行能力作为考察一个社会生活最低限度与社会尊严的政治学标准。从可行能力到实质自由,再到核心可行能力,能力作为个体行动的哲学依据一步步转变为测量现实社会中生活质量的基本尺度。面对当代社会阶层板结以及流动性的失衡加剧引发的新问题,近二十年来学界也在不断产生争论与创见来分析阐释那些表面上的稳定性与流动性冲突、个体福祉与自由的冲突,以及内在与外在价值的冲突等。我们接下来将就上述新问题和新趋势来看当代理论尤其是能力理论的发展是如何讨论它们的,在能力理论之后还有什么样的阐释空间供当代人思考更紧迫的社会宽容与多元价值的繁荣问题。

第四节　安全性构成对生活质量的重新评估

随着全球经济发展、生态问题以及相应的不可控制的偶然性事件的爆发,当代人再一次把对未来生活的期望指向了更多的安全需求,把还在发展中的国家、社会、公民责任等概念转变成关注焦点,安全性在评估生活质量的诸多标准中占比越来越大。目前这一转变可以说是追求美好生活在方向上与结构上的一次引人瞩目的调整。人们对安全感的需求直接对抗着对效率、权利和选择的语言，当安全感也被纳入对幸福生活的诠释中时，是否能力理论对选择的强调会得到更清晰、审慎的解释，何种选择可能被限制，选择的权利之外是否还有其他的权利更应当获得保护。在谈到安全的时候，我们较少听到对效率以及福利增进的诉求，效率与发展短时间失去吸引力。而且在权利表达人们获取美好生活的能力时，一直以来坚持的自主性、优异的能力以及个体的独立都将会经受考验。事实上，这些概念已经在过去的几年中经历了挑战，近年来的《人类发展报告》通常把目光投向因为技术迅猛发展、全球社会的变动等多种复杂因素导致的不可估量的风险与危害。因而在很多思想观念中，如何在权利上加上限制从而推进公平和正义似乎是一种传统且较为通行的主张。往往在历史事实中，当人们的关注点在某些时代更集中在安全时，“公民的声音就会安静下来，问责的要求也会沉默，权利会心甘情愿放弃地舍弃，尊敬之意更加深厚，国家重新掌握了威权”。[①] 但是在当代反倒存在其他的可能性，比如在一个因为信息和网络更加联系密切的世界中，人们会把过去多年来建构自主性、建构社会以及群体生活的新经验带入要权利还是要安全的讨论中。就即将开始的讨论而言，我们认为能力理论其实具有超出上述为了安全放弃权利的排他性特质，而可以作为一种包容性巨大的生活质量评估体系，至少能力保证了自主性极强的当代人所关心的核心能力，也顾及重要的社会公平问题可能导致的安全隐患。甚至是，当任何无法预料的脆弱性发生在人们生活中时，人类发展的实质性诉求在于是否可以超越效率崇拜，把人们的效力意识转化为对责任的坚持，对我们自身能力的肯定，以及对真正有意义选择的认知。这个转化过程并不轻松，它有赖于我们对于“有质量的生活”的重新认识，也建立在我们对彼此之间权利的冲突与重新联结之中，重新寻求权利、安全、可能性与福祉的再平衡。

一、功能运作的不安全与不可持续性

安全的观察视角意味着，对于每一种能力，人们必须知道它在何种程度受到保护，免于灾难、新兴技术、资本欲望或者政治权力的侵害。为什么当代人

① ［美］贾尼斯·格罗·斯坦：《效率崇拜》，杨晋译，南京大学出版社 2020 年版，第 285 页。

讨论幸福生活的话题会逐渐把关注的重点放在安全上，这并不是一个随机的选择。除了上述我们提到全球大环境处于复杂多变的不确定性中，而由此产生经济发展速度与社会结构的各类改变，使人们在无法预估的变化之下能力忽然丧失，深刻地体会到能力的不可持续性。对安全与稳定生活的可持续性需求构成了后疫情时代普遍的社会心理。可行能力不仅是解释贫困的理论工具，当代许多社会哲学家、政治哲学家将其扩展到解释更复杂的社会劣势问题，这些主题也回应了此前对脆弱性的哲学讨论，人们将生活质量从一般性的思考转向了对社会最底线生活状态的现实关注，从最劣势状态的蔓延及分析出发重新反思社会生活的安全性。英国政治哲学家沃尔夫与德夏利特就在一般性讨论基础上向前迈进了一步。

1. 劣势状态以及确认最不利状态

当代人考虑生活中的劣势状态是同那些不确定性联系在一起的。对个人来说重要的不只是一个人在任何特定时间所享受的能力水平，而是他们对这类功能水平具有可持续性的期待，也就是说人们更在乎自己所期待的生活前景能否保持可持续性。比如一个临时员工即使拿到手的工资跟一个拥有长期合同的职员一样多，但临时工面临随时都有可能失业的风险，他的真实处境更加不利，他会发现自己处于一种不安全状态，生活的不安全和某一生活状态的不可持续那些生活富裕的人是无法体会的。由此，对于处于劣势境地的人群来说，一个人的能力安全(capability security)才是最根本的。尤其是处于社会底层的群体，他们的生活状态与异常风险的相关性更大，在基本核心能力无法持续的时候难以预料的脆弱性本身会导致生活更加恶化。沃尔夫承认他们是在能力方法的基础上，通过社会调研拓展了对社会整体劣势状态的能力分析，提出在一个人可行能力的缺失下其运作会发生哪些变化，以及哪些运作是重建好生活的底限水平所必需的。

沃尔夫与德夏利特在《劣势》一书中分析了以安全为视角的能力的不可持续性是劣势的根本问题。首先，也许人们在短时间内拥有一些能力，但能力的持有却是不安全的，这个安全是广义上持有能力应具有的稳定性。其次，能力缺失让生活无法在安全中运作，它本质上并不是指某一项或哪一个领域的劣势最甚，而是这些脆弱性构成了连锁反应，一种劣势导致另一种劣势聚合起来才是不得不面对的困境，例如在英国疫情之下的个体健康状态遭遇挑战，而经济下行使得通货膨胀与失业率居高不下，高通胀带来的物价上涨与失业或工资递减的现状导致了一部分人坠入社会更底层，带来的相对贫困比绝对贫困更复杂。

现代政府或国家当然对弱势群体负有特殊责任，但是在确认如何承担起当前社会因各种偶发性风险带来的普遍伤害时，需要精准地找到那些劣势的功能性缺失并做出恰适的规划判断。沃尔夫在分析中指出，劣势是人们的能力缺失以及由此遭遇的多种不安全状态导致的，但这些劣势在价值上同样是不可通约的，即人们的劣势状态在本质上是多元的，它们无法化约为单一的通行指标。从全球来看，UNDP 在 2022 年的人类发展报告中已经做出这样的现象描述，尤其在新冠肺炎大流行和乌克兰战争期间，因为食品和燃料价格上涨、气候冲击与全球经济衰退带来的连锁反应，贫困的复杂性越来越显剧烈，频繁失业、糟糕的健康状况、社会歧视、教育质量下滑，以及相对于通货膨胀与物价上涨的基本生活成本无法支出，各类型的劣势境况在逐渐增加，且都将从各自领域导致更糟糕的状况。那么如何在各类的劣势中确认那些处于最不利境况的人群？沃尔夫说无法给出确切答案，但是研究能提出一种对劣势进行排序的说明。无论是能力缺失导致生活上的劣势，还是各种社会劣势是多元的不可通约“这两种想法任何一个单独来看都很无辜，但是放在一起则产生一个问题。那么在一个多元主义的视角下我们如何识别哪种才是最为劣势的？这就是‘排序问题’。排序并不是要找出那个最严重的情况，健康状态最差的人是处于最劣势地位的吗？还是最低收入的人？抑或是被社会孤立的人……是我们将劣势定义为缺乏能够进行安全运作的真正机会。”①

价值的多元性在劣势情况下的不可共量是明确的，但是在当前复杂的生活状态中缺乏安全运作也可以做很多灵活的分解。首先，不可比较、不可共量是一种狭义的不可通约性，从补救的意义上具体而言，即使增多增强某一种运作也不并不总是能纠正或弥补另一种运作的缺失。其次，尽管我们接受了狭义的各项运作在价值上的不可通约性，但可行能力与运作分属行动过程中的

① Wolff, Jonathan, De-shalit, Avner, *Disadvantage*, Oxford University Press, 2007, p. 24.

“doing”和“being”,可行能力在安全运作缺乏的情况下能够提供实现不同功能集的可替代可能性。所以在这个意义上,至少对于一个特定的个体来说不同的功能集是可比较的。[1] 因而,可行能力不仅提供了可比较的空间,帮助社会确认那些生活处于最不利境地的劣势群体,而且能在具体变动的社会境遇下不断调整能力清单满足安全性需要。

2. 寻找安全运作的能力结构

沃尔夫和德夏利特是如何解释寻求安全运作的路径呢,他们需要获得一些能够强调安全性的功能运作,也要得出在这些运作中更具有稳定保障的可行能力。他们第一步是对纳斯鲍姆的清单进行传统方式的反思,比如在哲学上思考清单中的十项在多大程度上涵盖了人们经验中处于不利地位的人,以及综合了政治学和社会学的实证研究。接着进一步提出了四类想要添加的核心能力类别,这些类别就包含着所指向的核心能力。他们的调研主要以在英国和以色列展开的38次访谈以及随后的60次深度访谈为基础。第一阶段的调研是在毫无提示的情况下简单地询问受访者,让他们根据生活中的基本运作列举那些有效能力;第二个阶段将纳斯鲍姆的十项类别与补充的一些能力展示给受访者,请他们对这些核心能力发表评论。最后,沃尔夫他们获得的结果是得到了对这些补充的能力类别的支持,且在过程中,也被引导添加了进一步的能力类别。从而他们在纳斯鲍姆的基础上做了一些修正。添加了四项核心能力,纳斯鲍姆的十项核心能力分别是:生命,身体健康,身体健全,感觉、想象和思考,情感,实践理性,归属,其他物种,娱乐,对外在环境的控制。沃尔夫与德夏利特补充的核心能力分别是:“1. 善待他人。将能够照顾他人作为表达你人性的一部分。能够表达感激之情。2. 遵纪守法。具有能够在法律范围内生活的可能性;不得被迫违法、欺骗或欺骗其他人或机构。3. 了解法律。对法律、其要求以及它为个人提供的机会有一个总体的理解。面对法律制度不迷茫。……以及最后一类:4. 完全独立。能够完全按照自己的意愿去做,而不需要依赖他人的帮助。”[2]

纳斯鲍姆的能力中指出了情感和归属感的核心能力,因而十项清单中不

① Wolff, Jonathan, De-shalit, Avner, *Disadvantage*, Oxford university press, 2007, pp. 96-97.
② Ibid, pp. 50-51.

仅包含着正义的话语同时还体现了对“关怀伦理”的赞同，沃尔夫所补充的第一个“善待他人”的能力已经隐含在纳斯鲍姆的叙述中。但沃尔夫认为这种更强的正义话语似乎出发点仍然是对人的自由和自主性的关注，以及这突出了人们对自身权利的关心，而有可能弱化对他者的责任感。从这个意义上，他们是借助了女性主义的关系性包容的视角将关怀伦理与政治共和主义理念整合起来。于是，“善待他人”在安全性运作上的意义就表现为，当比较人们的福祉时，重要的不仅是一个人有权得到什么，而是一个人能够为社会做出贡献的程度，一个人能够参与公众的集体塑造的程度。

“遵纪守法”这一条核心看似很简单，但它对于能力的表达是出于这样的考虑：当人们在一种正常生活中遭遇到无法支撑的困境时，这种情况下为了维系孩子、家庭以及人际关系，他在无路可走的情况下不得不去偷税、欺诈以及做出违法的行为。然而人们是否能在这种情况下遵守法纪，就将法律范围内的生活同他的社会关系以及社会排斥联系起来。[①] 所以这一能力描述的是个体行为，但其实构成了衡量社会建构方式的指标，一种社会的制度建构是否会迫使一些人为过上体面生活而去违法最后铤而走险。

我们认为，在沃尔夫补充的三条能力中能够理解法律是核心能力的一个非常有效性的补充。沃尔夫指出，“了解法律”这一项能力在英国的调研访谈中最初是由寻求庇护者和其他移民群体的需求引发讨论的，但他们也意识到这实际上是一弱势群体普遍都有的严重劣势。当我们看到这一项的时候，在全球任何一个国家的弱势群体中都普遍存在这样一种缺失，对法律本身的无知，对法律能够保护自己何种权利的无知，以及如何通过法律申明自己的要求全然无知，这一现实促使这项能力的内涵被广泛认识到，人们在一国之内在遭遇困境的时候是否能合法地接触到法官或律师被视为当代社会个人福祉很重要的一部分。[②] 尽管日常生活中人们较少会直接接触并使用它们，但是对于法律权利和义务的知识是使日常生活顺利或顺利进行的一部分，能否诉诸法律很大程度上体现在一种认知能力和认知结构上。

① 贫穷总是跟社会排斥联系在一起，这方面的讨论参见 Hills, John, Julian Le Grand, and David Piachaud (eds.), *Understanding Social Exclusion*, Oxford University Press, 2002.

② Wolff, Jonathan, De-shalit, Avner, *Disadvantage*, Oxford University Press, 2007, p. 49.

正如森在提出能力方法时反复强调的，他并不列举清单原因在于清单是根据不同文化和制度背景下具体现状的讨论而获得某些对重要能力的共识。无论是纳斯鲍姆的十项类别，还是沃尔夫与德夏利特因为强调安全运作而补充的四项类别，以及近二十年来英美学者如约翰·希尔斯、马莫特、理查德·威尔金森等人指出的社会排斥与贫穷的关系，[①]这些当代学者的研究都保留更多的开放性，期待当下的临时性能够在不断动态更替中获得发展完善。我们认为沃尔夫更偏重社会学实证的研究方法，不只是为人们提供了明确的清单，重要的是他为幸福生活的哲学研究提供了与实证方法的兼容趋向。在现实访谈中确定可行能力的方法克服了很多思想家当下面临的困境。当然对幸福的哲学思考能让人们超越对这些能力清单的事实认知，这些能力类别不只是提供了对人类福利的事实描述，相反，它们的实际运作自身应当被看作幸福的重要组成部分，这作为颇具有前景的维度可用来相对地衡量一个人所处的优势或劣势。

二、劣势的动态聚集

沃尔夫在近十年来的研究之后做了一些总结工作，均衡是一个合理的愿望吗?[②] 然而，这些反对意见的力量是什么？对于如何把握劣势的总体分布，沃尔夫的建议是其实不需要找到一个总体劣势指标。在对当代社会中的劣势情况进行研究时，学者们发现有两点需要注意，其一，劣势并不是独立单一的，而是不断聚集逐渐腐蚀性地蔓延的；其二，在一动态过程中不仅是通过数据看到那些相关性，重要的是要了解到劣势在彼此间的因果关系以及由此构成的系统性。

1. 劣势的聚集

为什么沃尔夫会认为社会并不总是需要一个总体上的劣势指标？因为在

---

① Hills, John, *Inequality and the State*, Oxford University Press, 2004, pp. 51 - 6; Wilkinson, Richard, "Social Corrosion, Inequality and Health" in Giddens, Anthony and Patrick Diamond (eds.), *The New Egalitarianism*, Cambridge: Polity, 2005, pp. 183 - 200; Marmot, Michael, Status Syndrome; Wilkinson, Richard, *Mind the Gap: Hierarchy, Health and Human Evolution*, Weidenfeld and Nicolson, 2001.

② Public Reflective Disequilibrium, *Australasian Philosophical Review*, Vol. 4, 2020.

劣势的形成与运作在安全性缺失上我们看到了这些劣势在价值上无法排序，劣势形式间的相关性构成了一种聚集（clustering）的类型，尽管不能排序但通过聚集至少可以确定地表明，一个或多个群体是处于社会中最不利地位的。在社会调研的研究归纳中，人们发现那些聚集在一起的不利情景，不仅随着时间的推移持续存在，甚至推进过程中是累加的。我们可以推测说，这似乎意味着一个人一旦处于一种聚集的不利处境，生活向好的努力可能是艰难的，但随着时间的推移，“积累”劣势的情况会不断蔓延，这些劣势甚至会在几代人中再生产。如果从单个个体生活的劣势聚集来看，比如一个人先是失业，接着可能导致家庭关系破裂，然后失去朋友和常规的社会归属，最后健康被毁，但这并不是立即发生的，这些是随着时间推移在一个人的生命历程中慢慢发生的。如果从代际劣势聚集来看，也会有这样一个劣势的继承和积累现象，跨代动态聚类的一个例子是父母的劣势（例如毒瘾或少女怀孕）出现在他们的后代中。[①] 沃尔夫在这里区分了两种类型，但这更容易让人联想到从社会阶层的整体结构上因劣势的不断聚集而发生的畸形改变。沃尔夫尚未谈到这一点，他进一步关心的不是单纯的数据统计，而是在劣势聚集的相关性背后需要了解聚集的因果模式。在不知道因果关系的情况下，就无法确定恰当的解决策略甚至是预防性政策。比如沃尔夫举例说如果健康状况不佳的原因是薄弱的社会关系，而不是饮食不当，那么这应该导致不同的社会政策。

2. 劣势之间的因果关系

劣势状况的聚集本来仅仅是这种不同类型的机能都频繁地显现出了能力缺失和无法持续的情况。种种弊端表明，在对特定群体不利的各种劣势之间还是存在某些因果关系的，它们并不是偶然间接续出现的，很多情况下一个劣势是另一个劣势的原因，这些关系是系统性的。虽然它们本身因为系统的复杂性还不构成有效工具去识别社会上最弱势群体，但至少它们能描述劣势的情形何以能聚合在一起。一些在实证基础获得的证据还说明，社会上仍然存

---

① 两类例子参见 Wolff，Jonathan，De-shalit，Avner，*Disadvantage*，Oxford University Press，2007，p.121。

在一些处于最不利地位的群体，而且他们的不利境况还可能有所叠加。[①] 两人的研究揭示了有足够证据说明劣势的境况通常是以连贯性的聚集方式出现的，社会中有一些群体毫无争议地就是处于这种聚集性劣势的最不利地位的。

如果能明确这些群体的存在，社会就必须要为此做出行动。行动的出发点是要弄清楚这些聚集的因果联系。不只是沃尔夫和德夏利特，还有一些学者对因果联系的考察更为具体。比如马莫特描述基本核心能力之间相互影响的情形比较显著的是，对环境控制的能力与人的健康和长寿之间存在很强的相关性，一个人的社会等级越低，他控制环境的机会就越少。一个人对自己的生活缺乏控制，越缺乏归属和社会参与的机会，他的健康状态就越差；以及他越缺乏工作声望，运用感官、想象力和思想的技能越少，他的预期寿命则越短。[②] 在这些调研中，马莫特归纳了一个明确的主张，他反对把收入和财富作为判断生活状态的做法，一个人的等级和相应地位对健康很重要，这个原因不是高收入，而是他认为的，实际上金钱只对低收入水平很重要，且只有在它增加了一个人的能力时。相反，他认为社会归属和地位的功能实现以及当事人控制环境的能力才是根本原因，他解释了为什么一个人的阶层等级实质影响着他的健康状况。这个颇有价值的结论深深吸引了沃尔夫和德夏利特对贫穷和劣势的思考。基于能力失败而对劣势问题展开的研究已经让能力的一般性思考进入更微观的视野，马莫特的研究同沃尔夫有一个相同的立场，就是反对以收入和财富作为指标评估生活状态，收入和财富指标无法反映人们是否有更多的生活机会，尤其是这种把生活的所有元素通约为一元化的加总方式，也无法解释弱势群体陷入社会劣势境地的复杂性和时间关联性。

沃尔夫把这种对其他功能产生负面影响的劣势称为腐蚀性劣势（corrosive disadvantage）。[③] 腐蚀性劣势的复杂性在于它是动态的，它从一个基本社会功能的缺失开始逐渐在各领域蔓延，导致一个人生活多方面的能力缺失；而且这种因果联系还能跨代发生作用，促使劣势在代际间继承。比如有些研究指出

---

① Wolff, Jonathan, De-shalit, Avner, *Disadvantage*, Oxford University Press, 2007, p.128; Jonathan Wolff, *Beyond Poverty*, *Dimensions of Poverty: Measurement*, *Epistemic Injustices*, *Activism*, pp. 23 - 39, Philosophy and Poverty 2020 (book series volume 2).

② John, Hills, *Inequality and the State*, Oxford University Press, 2004, pp. 51 - 6.

③ Wolff, Jonathan, De-shalit, Avner, *Disadvantage*, Oxford university press, 2007, p.121.

特定的劣势处境会对弱势群体的后代造成伤害。相反，受过良好教育的父母往往会更多地与孩子交谈并使用更广泛的词汇，这会使他们能够在学校和大学取得成功，从而找到更好的工作，那些缺乏广泛词汇量的人会觉得交流起来很沮丧，而且更容易生气、发脾气甚至变得暴力。当然，这种认为与弱势父母一起成长必然是一种劣势的描述是牵强附会的，这样一种倾向于家庭教育学与心理学的说明只是很内部的一个方面。回到本章第三节中2019年当代经济学家因为社会阶层固化现象而特别提出的"盖茨比指数"，让人们看到了全球各国在财富两极分化以及阶层固化的程度，社会阶层表现出明显的代际传递现象，一些国家的底层社会人口占国家人口很大比重，其劣势及窘迫的处境随着时间不断聚集并且在代际间继承，代际间的传递效应越强大，个体的努力越难以摆脱贫穷魔咒，社会流动性越低，一个社会的贫富差距越大。一种劣势的聚集会改变社会阶层的分布结构，由此不安全与不稳定性伴随着一个畸形社会而生。当代社会因为机制、资源倾斜、市场等多种原因使劣势群体从外部就丧失了教育机会和社会参与等更多社会机能，很多社会学、经济学的研究从不同视角展开论述，涉及了本书讨论之外的其他更多话题，我们无法赘述。然而能力理论以及这些对劣势境况的分析有一种整体上的启发性，它提出一些对国家政治策略、经济发展目标的行动建议，毕竟相对于收入和财富总额来说，一国居民的普遍能力水平和生活质量才是现代社会发展真正应当对标的目的。

三、阻断劣势聚集与重新理解安全

就生活劣势而言，有效的办法一方面是考察阻断劣势聚集的机制何以可能，国家或政府在公共政策上应当敏感地注意到这种系统性问题，集中去关注那些有腐蚀性的劣势；另一方面，应当研究如何培养或孵化出更多其他能力，面对挑战实施孵化性运作(Fertile functioning)的策略。其实寻找并确定那些腐蚀性劣势过程，也是通过实证研究发现替代性能力的过程，沃尔夫坚持森在功能和能力的上区分是有必要的，因为可行能力是实现功能的先决条件，如果某项功能缺失可以通过培育其他可替代的能力或直接或间接通过降低其他功能的风险将其良好影响传播到多个类别。这是通过孵化功能变相地逐渐接近阻断劣势的传递,从减缓劣势状态发展的角度实现他所说的安全运作的路径(security functionings approach)。

沃尔夫在论述了劣势不断发展传递的因果关系后提出了阻断劣势的整体建议,但是他坚持一种保守且审慎的态度。森是以能力的缺失看待贫困与发展的,沃尔夫也几乎在同一时期提出安全机能的路径,他是把正义的讨论放在能力的安全运作维度上,更注重运作的稳定性和持续性。劣势的多元性和复杂性使安全运作方法并不能获得一个完全清晰的指标用来归纳不正义。但它扭转了一个思路,就是让社会关注具体的、局部的公正,这一点至少是可行的。在价值多元化的、关系性的情景中,沃尔夫认为可以"将具体的劣势与能动性相匹配,让每种能动性在自己的领域内照顾到那些最不利的人,……它们并没有表明我们需要一个综合优势指数;相反,它们可能只表明我们需要机构间的沟通、合作和协调……这样做的可行性是另一个问题,但这至少是理论上的可能性"。[①] 我们认为从现实操作来看沃尔夫的主张是有针对性的。那些全面且普遍化的社会再分配方案虽然可能是行之有效的,但面对一个国家当下类型多元且错综复杂的劣势问题,仅仅是整体的再分配方案似乎过于简单了。国家政策往往是出于"公正"的善意但却无法有效覆盖多样性的困难,有时候会适得其反而滋生更多劣势。

具体到运用阻断劣势聚集的策略所可能产生的效果,通过阻断劣势聚集而培养那些更能保持稳定性的运作,会让最劣势人群的社会机能得到增强。但培养运作并不见得能阻断劣势的蔓延,而相反,它实际只是提升了那些目标个体的生活运作,结果是另一批人成为处于最不利地位的群体。质言之,我们不认为一个社会中的劣势是靠相对性的术语来定义的,在判断一些措施是否改进了现状时应该是有绝对位置的,所以阻断策略在指标上需要更客观的量化形式。此外,即使相对而言,情况也不是那么简单。首先,最弱势群体在很多方面都处于弱势,任何一套措施都不太可能对他们进行全面改进,而且即使改进也会因为文化或背景的差异体现为程度上的参差不一。其次,在现实操作上,政府增强某些运作时往往会忽视那些更长效、更基础的可培育性运作,

① Wolff, Jonathan, De-shalit, Avner, *Disadvantage*, Oxford University Press, 2007, p. 92.

如果仅仅针对某类群体的某项社会劣势在短时间聚集，有可能导致一个群体缺失这项运作，而另一个群体缺失另一个不同的运作，这样反而会让不同阶层群体的社会排序更为敏感，从而影响总体的社会公正。我们认为，消除劣势的聚集可能并不是唯一重要的事情，对绝对劣势的社会运作的增强和培育也许更重要，以及政府如何有效使用资源均衡公平与效率也很重要。

当代社会在公正的背景下实现幸福生活既需要对局部领域的深切关注，又需要一个普遍性的视角，因为仍然有必要从政府总预算的宏观视角指出可以拿出多少用以增进和培养社会不同领域的安全运作。政府应该在卫生和健康上投入更多，还是在教育及创新、想象力的运作上投入更多，抑或是失业人口或老年人口的生活保障？上述局部和整体的两个视角并不冲突，讨论安全运作路径与幸福关联的现实意义就在于，我们应该做的事情应当基于一个更有效接近人们真实需求的指标，是让每个人的社会功能运作都达到一个体面的水平。

正如纳斯鲍姆坦言，相比与森，她更愿意思考在社会生存中的人格底限和尊严应如何保障的问题。我们注意到不仅仅是能力，而且是能力的安全这个概念很重要，公共政策不能只向民众提供能力，而且还应该以未来可期的可持续性方式来提供能力。在底限的意义上安全意味着尊严和能力的可持续性，底限的观念并不是设置一个非常低的生存和经济的限度，而是既包含着理想抱负又兼顾现实的根本需求的底限。安全的观察视角不是要求固态静止的不流动状态，而是要求一个国家更有创造性且做得更好，个体掌控环境的能力、深度参与社会生活的能力、关爱与善待他人的能力等那些社会学研究中能够列举出的核心能力，它们的有机组合与联动构成一个社会所需的动态创新的持续性。安全的观察视角也意味着，对于每种能力我们要清楚它们能够获得多大程度的保护以免于受到外界因素的伤害，尤其是善于在核心能力中找到起着更关键作用的腐蚀性运作与孵化性运作。在不同语境和文化传统中可能是不同的能力扮演这些角色，比如对于农村女性来说也许土地所有权是孵化性能力，而对城市妇女来说信贷机会更能让她通过贷款获得社会参与，进行再次创业，从而获得自尊。一个国家应该以促进能力安全的方式将其制定纳入一部成文宪法。这样能力安全的话题就转向了政治程序和政治结构的思考。

当代西方国家以人性自由和人的尊严作为考量生活质量最低限度的要求，并在此基础上做出了卓有成效的理论创新和福利制度的建构。晚近以来，这一道德哲学理念扩展到福祉国家的制度完善之中，学界从"人们实际上能获得什么"逐渐转向对"人们实际上能做什么"的选择权利的扩展，将现实的目光聚焦在弱势群体的生存照顾和基本公共服务的供给上，由此推进了现代世界对于福祉和有质量的生活的理解。可以说从人性自由和人的尊严角度来理解国家福利制度建设本质上激发了人的自主性与自我发展的意愿。英美及欧洲的主流国家公共政策的施行就旨在落实人的自主性与自我发展的概念，从社会学家安东尼·吉登斯与英国前首相布莱尔推进的"第三条道路"开始，积极推进社会个体自我发展的思路就成为欧美主流国家的支配性理论。"其理论的核心就在于所提出的福利改革原则：'无责任即无权利'"，主张个人享有福利权必须以承担相应义务为前提条件，从而"打破了传统福利国家将福利权作为一种个人基本政治权利或者天赋权利的预设"，而其目的本质上"是防止个人成为懒汉，但这并没有改变个人主义价值观的信条"。[①] 西方晚近以来很多学者都意识到美好生活的实质推动力在于实质性的自由，而自由也意味着积极缔造一种超越经济福利的关系性，虽然在观念上它试图突破个人主义的价值传统的秩序，但在现实中它仍然把个体寻求幸福之路的努力不同程度地丢给市场。当能力理论逐渐将问题指向更加具体的政治学与政治结构的讨论时，区分是孵化性运作和腐蚀性运作的目的，恰恰在于为公共政策干预市场与社会生活提供了最佳的平衡点，但是运作的无法持续性地抵抗那些在"个人的发展"与可能的"欣欣向荣"生活中固有的体制性障碍，比如资本和权贵的世袭所产生的根深蒂固的阶层分野。从而，当代英美学者如沃尔夫在多年对能力与劣势的研究基础上指出，幸福生活的问题不仅是财富资源和经济收入的问题，而应当是与社会政策更相关的问题，因为"关注以收入不足来定义的贫困会鼓励关注基于收入的社会政策，而在某些情况下，提供公共产品或社会变革形式通常可能是更有显著优势的替代解决方案"。[②]

---

① 杨清望：《全面建成小康社会对人权'法理的新发展'》，《人权》2020 年第 5 期。

② Jonathan Wolff, *Beyond Poverty*, *Dimensions of Poverty: Measurement*, *Epistemic Injustices*, *Activism*, pp. 23 – 39, Philosophy and Poverty (book series volume 2), 2020, p. 25.

近年来人类发展报告关心的主题无一不是现实困境构成的对人类生存状态的毁坏。我们在此前讨论的更多伦理学理论虽然并不直接针对具体问题，但是梳理理论脉络的争论与走向往往能预测这样一个时代的现状。很多时候人们在寻求解决问题的思路时总能发现社会工作者、心理咨询师以及那些更具实证性的社会学经验研究能给出切实可行的方法，而道德哲学或政治哲学往往对现实困境隔靴搔痒。但我们不得不承认对幸福生活的哲学思考往往是在另一些层面产生启发和反思的。然而事实上，如果没有对于什么是劣势以及它是如何产生的形成一种哲学上或概念上的论辩，政策制定者就无法确切设计出那些纠正社会贫弱的公共政策。此外，要想对资源的各种不同需求设定优先级别，也需要对度量劣势情境的不同技术尺度进行哲学上的比较和考量。

本章小结

本章讨论了幸福生活的可供评估与测量的可能性。就可能性而言毋庸置疑，当代发展经济学不断更新幸福生活的测量指标，这些改变一定程度上得益于伦理学与心理学的研究突破。随着人们对幸福内涵的探讨，功利主义对幸福的一元论的还原无论是以工资收入还是以财富拥有为指标都不再站得住脚，更多经济学家与伦理学家重新回到对幸福的道德哲学与心理学的研究，同时他们也发现功利主义结合德性论来解释幸福问题启发了用能力方法对生活质量的评估，它以其极强的吸引力关联着许多不同的学科。此时人们更需要进一步以量化的方式确立指向幸福生活目标的有效路径，调整公共政策，使保障机制更接近生活的实际改善。

只考察一个国家的经济发展水平无法令人满意地把握民众生活质量的具体变化，需要更贴近个体生活状态的精准测量把握增进生活质量的目标。幸福是包含着多元价值与选择的整体社会实践，测量幸福生活的突出问题阐释多元价值的不可通约并不与普遍客观性冲突。尤其是在追求幸福生活底限的要求下，对于尊严、有质量与体面这样对幸福生活的描述可以寻求同具体语境与传统相匹配的基本社会能力运作，端看如何将能力方法运用在人际比较的指标量化过程中。幸福理论的发展过程体现了功效主义的实证主义方法与古典德性理论在诠释学视角上的融合，它一方面导致了从结果考量向过程考量的转向，另一方面表现在测量过程与指标日趋复杂。事实上对幸福生活的测量人们不得不承认过往在观念上的测量谬误，为了简化而取的结果失去了对真实状况的深入了解。因此，当代经济学以及社会学层面的测量在数值量化的同时，同样有必要借鉴医学诊断或法律判例的方式，在诠释学的基础上关注对特定情境与数据的综合解读，为幸福生活的普遍可测量程度提供一种实践性的思考。

人们很自然地想要知道，在能力理论的基础上生活质量如何测量。美好生活的量化在当前最显著的形式就是人类发展指数的诞生与演变。人类发展指数相比于人均 GDP 指数以及幸福感指数对人们幸福生活的测量具有综合性的优势。人均 GDP 指数只关注收入与财富指标而直接忽视了人的自身状况，幸福感在当代经济学测量中因关注人的欲望感受而曾风靡一时，但无法克服过于强调主观性产生的巨大偏差。福利主义经济学提供了多种对福利以及个体生活质量的测量方法，但是在过去的三十年中能力方法从道德哲学理论逐渐成为一种超越福利主义经济学的重要原则，从健康状态、预期寿命、医疗保障、教育等多领域的客观指标中进行生活优势的人际比较。人类发展指数在多元指标的确立以及测量中尚不能很精准地表达能力理论，但是已然成为全球主要国家考察生活质量的普遍共识。在后疫情时代人类发展报告的调研指出当前生活的新问题，多维度贫困以及社会发展不确定、不平等引发人们对未来的普遍担忧，因而幸福测量把安全性因素放在诸多核心能力排序的优先位置。

安全性在当代评估生活质量的诸多标准中占比越来越大。它是追求美好生活在方向上与结构上的一种转向。人们对安全感的需求使能力方法得到深入探究。当世界面对新问题、新冲突时安全与可持续性被纳入幸福生活的重要诠释。从能力视角上，安全是可行能力在功能上的可持续性，而社会广泛存在的劣势根本原因在于功能的缺失以及连带着相关功能的被剥夺，衡量幸福生活的可靠性是要找到那种导致劣势的腐蚀性的功能并阻断这些劣势境况在时间上的传递,同时一个社会有责任孵化和培养真正有利于好生活的能力。安全在幸福生活中具有压倒性的优势,这不是意味着固守静态局势放弃自主性能力,而恰恰是要打造持续的动态机制、保障民众的社会资源、生活机会以及其创造性不受伤害,这不仅是对经济学幸福策略的重新安置,更是一个国家的公共策略与政治职能的重心所在。21 世纪以来对效率以及福利增进的诉求,效率与速度的话语在短时间内失去了吸引力,而可持续性、均衡、安全稳定则逐渐被纳入对幸福生活的诠释。因而对幸福测量的要求也更趋向多层次、多维度,它们包含了功利主义理论主导的福利经济学测算、以能力理论为基础的人类发展指数考察、以安全运作方法为基础的生活功能的安全性评估,以及基于特定情境与传统的诠释学和社会学方法,这些都综合性地将幸福生活的测量指向了一个注重主体性活力、更加均衡审慎的体面社会。

这在总体上说明当代以幸福生活为目的的讨论要求多元领域的综合治理,仅局限于经济领域的思考并不能从根本上直面问题,从经济资源与收入分配出发考察生活水平很容易找到清晰的底限或收入标准,划分贫困线的方式在短期内有效,长远来看更需要关注当收入达到底限水平后那些实现幸福生活的障碍性因素。由此幸福生活的测量提出的是一种"超越贫困"的思维方式,对幸福的衡量一定是复杂的且存在着多维指标体系。它一方面需要更深入了解民众生活中的实质困境与风险,另一方面也应当分析并预测社会机制与社会结构变化对个人生活的深刻影响。鉴于幸福生活取决于广泛的社会结构与社会机能的运作情况,那么它的实现就需要在可持续性的长期规划中将那些与人类发展的质量密切相关的要素纳入经济、政治结构的总体中来。

第五章　人类发展指数与生态的经济增效

2020 年人类发展报告的主题是，人类发展与人类世：社会和环境可持续性的挑战。“人类世”的概念是 20 世纪 50 年代荷兰化学家诺贝尔奖得主鲍尔·克鲁岑(paul crutzen)提出的，所谓进入了“人类世”即表明人类进入了一种新阶段，就是已经实现了对地球系统的主导影响从而成为世界的主人。这不仅是一个客观事实上的判断，而且还关联着很重要的价值判断，从长期和根本上看，生态文明的发展始终是与人类发展水平保持一致的，而生态的可持续是放在美好生活的意义上来考量的。建设生态文明提高能源资源利用效率、减缓生态环境以及气候变化带来的不利影响，成为评价人类发展水平的一个重要因素。本章将指出，一方面，在伦理学的观念演化中，全球遭遇的生态与环境资源困境是如何敦促了道德世界中规范性思维与超乎规范体系的复杂性思维彼此融洽的；另一方面，福利经济学是如何在坚持规范性理论的基础上把经济发展与生态资源维护两种因素同时纳入测算的；最终如何通过这两种因素的复杂对抗获取一种全新理解的生态经济增效，大致来说这也是当前讨论幸福测量问题时所能收获的另一现实成果。

第一节　传统幸福测量在生态问题上暴露的缺陷

首先，作为背景的呈现，生态资源与环境因素的介入导致现代性意义下的发展模式的改变；其次，幸福评估方式的不断改观推动着伦理学思考突破传统范式的界限，美德伦理的当代勃兴在解释生态与生活质量的关系上颇具解释力。

一、发展的收缩与可持续性价值的出现

人们对幸福的思考和实践探索持续了多个世纪，当代人对幸福的探寻也逐渐形成固定的测量标准与调试范围。近十年来随着人类发展指数的提出，功利主义理论以及由之影响的福利经济学在幸福测量上更突出了主体价值所具有的丰厚伦理意蕴，这使得功效主义以及相应的规范性理论从客观上推进了生态资源与环境因素在生活质量评估中的权重，但另一面暴露出的问题也激发了思想领域的进一步思考。当全球发展的状态从过去数十年间的持续扩张到近十年来逐渐转变为资源环境的主动限制和消费的缩小，这种发展模式上的改变引发了探寻幸福生活的思路的根本改观。于是，目前关于生活质量的数值衡量体系能否更好地体现生态资源与环境因素在生活质量中的持存，我们持一种怀疑态度。我们的思考方向并不仅仅是在数值测量上做到更接近于环境友好型的生活品质评估，而是更希望在伦理学的固有格局中确立一些符合“收缩”的现代性的价值因素。事实上，外在客观世界的变化会导致人们的主观精神世界在内在体验上的相应反应，但是生态资源与环境因素的强势介入能否造成伦理学思维范式的改变，可能是一个比较复杂的事情。

在17、18世纪的思想家看来，人类才是这个世界的唯一主宰。因而自启蒙运动以来人类可以凭借自己的主动性与意念对自然这一类被动存在的材料加以运用并改造世界的观念就已深入人心，现代科学技术也是在启蒙以来的民主政治体制的创新基础上发展起来的，推动人类社会的文明进程、促进发展、日益改善，这类话语都展现出人们在现代性的无限扩张中的乐观自信。20世纪60年代蕾切尔·卡森（rachel carson）的《寂静的春天》揭示了自然所孕育的最大的平衡被打破，这通过对一种发展模式的批判而引发了对人类社会的严肃反思。1972年罗马俱乐部的《增长的极限》问世，它援引了大量科学的论据支撑，描绘了一幅前所未有的惨淡且危险的图景，若非《增长的极限》陈述的

事实，人们一直被一类观念持续激励：经济增长以越来越多、越来越高为特征产生了扩张的现代性模式，因而经济增长必须超越仅满足人的基本生存，而消费挥霍是人生享受，也是幸福生活的旨归。然而，“人类世”终于迎来了无节制发展的根本性悖谬：首先，能源及自然资源枯竭导致增长失去动力；接着，环境污染致使生态圈难以为继。因而在传统讨论幸福生活的观念中，一味求取发展并将发展理解为各项数值的膨胀，也逐渐被收缩的现代性所取代，为了人类共同的福祉能够长久持存，收缩的考虑就是另一种关于发展的均衡。

这种收缩的考虑基于一些醒目的事实，从 1972 年《增长的极限》报告出版，罗马俱乐部的成员乔根・兰德斯就意识到当时经济发展和增长模式存在的隐患，而这些隐患带来的问题一次次地冲击着地球环境，也冲击着我们对伦理学传统范式的思考。传统的思考一直在空间的维度上考虑作为主体的个人以及人际比较的问题，而鲜少从时间的维度思考人类世代的可持续繁荣。《增长的极限》揭示了一个时间维度上的幸福生活的巨大风险，那就是“扩张性现代化的高度发展导致了能源供给出现了危机，而能源的枯竭又直接引发了技术创新逼近其极限”。[①] 而一个相比之前更严重的事实在于，“石化能源的储量是有限的，而且大气层对温室气体的接受能力也是有限的……两个基本事实相比较，前者只是表明了经济增长与科技进步的极限，而后一个则呈示着人类文明整体不可逆的终结”。[②]而这样一种未来图景极大挑战了人类要继续建构美好生活的愿景，基于对历史上灾难的体验以及对未来危机的警醒，对生活重新的价值定位必然需要反思曾经的思维定势以及人类追求幸福的行为模式，“我们的经济结构、消费习惯以及精神生活要掀起一场全面的自我革命……具体而言，我们要将扩张性的现代性改变成为收缩性的现代化，在自由、民主、人权、公正的法治框架下，通过对日常消费、工作时间、交通习惯、社会参与、业余生活等领域的价值重估与行为改变，极大限制对能源和资源的消耗，使富裕人口的生活水平回归到基本的物质、健康、教育水准得以保障的原初层面上”。[③] 报告指出了生活方式的改变呈现了当代人对绿色价值的关注，

---

①② 甘绍平：《自由伦理学》，贵州大学出版社 2020 年版，第 334 页。

③ 同上书，第 335 页。

从内在力量而言，绿色价值的诉求在于人们能够自主控制自身生活的力量，也包含着对至简知足的道德精神的反思。从外在生活方式而言，随着联合国绿色国际会议的召开，全球已经进入绿色时代，它开启的一场绿色价值观念的革命日益改变着人们对生活方式与生活质量的看法。尤其是当美好生活把环境友好、生态平衡纳入重要考量标准后，为生态环境有序发展而坚持的自主性已经扩展为幸福生活评估的一个纵向时间维度，它可以被我们看作是关于绿色的可持续性的价值。

随着 2017 年罗马俱乐部的执行委员会提出了另一版报告《翻转极限：生态文明的觉醒之路》，这一份报告保持了乐观的态度，它在冷战已然结束而环境生态问题愈演愈烈的当下表达了一种积极的总基调，即世界的和平与繁荣也带来了大量新的机遇，一方面承认人类面临的灾难与危机深重但仍不会放弃寻找出路的努力；另一方面启发人们从哲学根源去审视当今世界的状态，这其中就包含着世俗的“物质私欲”是否始终是人类行为的主要驱动力？这一价值质问触发了新一轮启蒙，我们在追求好生活之旅上，一个前提性的问题恰恰是来自生态与环境枯竭而爆发的威压，人类主宰的世界是否仍然可以拥有“繁荣的未来”？《翻转极限》这一报告给出了积极的回应，它坦言一种彻底的改变是可能，人类尚有可能保持一种“主动型和合作式”的未来学习，[①]而笔者恰恰认为从道德哲学的发展脉络中可以寻得一种重新看待“幸福”的价值观。如果说现代从扩张到收缩的变化为新价值观提供了社会学、经济学的行动模式，那么把幸福理解为绿色、可持续的则是视野与范式的改变，伦理学将从空间考察转向对时间维度的关注，从而人们所能指认的那些蕴含在幸福生活中的价值则更倾向于动态，更需要瞻顾全民福祉并促进人与人之间的特殊关联，因而我们认为可持续性的意义加诸人类发展将获得一个更新的价值理想。

二、美德伦理对功利主义关于幸福之“得”的批评

将生态环境与资源的保护纳入幸福这一伦理学核心问题，按照学界探讨幸福通常采纳的两种进路，即功利主义的进路与美德伦理学的进路，那么，生

① ［德］魏伯乐，［瑞典］安德斯·维杰克曼：《翻转极限：生态文明的觉醒之路》，程一恒译，同济大学出版社 2018 年版，第 250 页。

态环境之于幸福生活的重要性也可以从这两种视角获得理解。功利主义要求我们做最好的事情，而避免或尽可能减少事态的恶化，这一原则作为道德评价的标准遭遇了诸多批评，但因为它符合人性的基本经验和在现实中的强大解释力，使得种种反对它的声音到最后都不能成功。从一个传统功利主义者的观点来说，如果要做到卓有成效，一种精明计算是有效的。但是当生态环境的保护作为一种大规模集体行动出现时，计算就带来诸如霍布斯的契约失灵，人们基于当下个体利益的计算，而放弃生态保护的道德动力。但是晚近以来，随着美德伦理在西方思想界的复兴，功利主义意识到计算行为的局限性，要取代计算行为可能需要非计算行为的增长，如培养个性和品德。随着功利主义的不断自我更新，尤其是从行为功利主义到间接功利主义的演变，使它们呈现出一种向美德主义靠拢的发展倾向。本书将指出功利主义在幸福问题的讨论上曾遭到美德伦理的批评，但它很快意识到功利主义原则美德化的内在必要性，美德在功利主义立场下对公众合作和个体自律能够产生传统功利主义无法做到的影响；最后功利主义的美德主义在面对“知行分离”的困境时，能为我们提供一种“绿色美德”及情感基础。

但正如我们观测到的幸福评估的指标在每个阶段逐渐发生改观一样，伦理观念在生活质量问题上的考虑越来越表现出突破原有在思考范式上的界限而尝试对现实困境做出积极回应。比如当人们注意到美德伦理学基本上拒绝对幸福进行数量计算，但随着当代美德伦理的发展，它们也关注到从理智德性和普遍性上对个人生活的完善度进行适当的推理，这种推理的全貌似乎更适合包容将绿色价值作为核心的关于生活质量的考察。

在当代西方幸福论中，功利主义者以最大多数人最大幸福原则作为获取幸福过程中人们道德行为的根本规范，尽管它所坚持的方法和理论旨趣在一定程度上获得了社会道德的共识，但是当代学界对它的批评也是很严厉的。比如，指责功利主义在陈述立场上设立了一种“不偏不倚”的视角；功利主义在强调后果作为道德行动的正确原则时会违背人基本的道德直觉；以及功利主义原则破坏了个人的完整性等。[①] 上述批评毋庸赘述，我们更关注另一重点，

① 江畅：《西方德性思想史概论》，人民出版社 2017 年版，第 247—249 页。

功利主义关于幸福的价值论基础到底同美德伦理有何差异，在美德伦理的系列批评中功利主义如何导向一种美德主义。具体而言，我们能够通过幸福的内涵、幸福的权重、测量及意义等几个方面对比一下功利主义的路径与美德的路径在处理生态资源与环境问题上的能力差异。

1. 在幸福的内涵上

早期功利主义者以快乐来界定幸福，形成了备受争议的享乐主义(Hedonism)幸福观，经过批评和修正后，当代功利主义者又陆续提出了以欲望(desire)、偏好(preference)等来界定幸福的各种主观主义幸福观，以及以需要(needs)等来界定的客观主义幸福观。这其中有代表性的是牛津大学的詹姆斯·格里芬(James Griffin)，他对 well-being 概念从边沁的主观主义到当代新享乐主义，乃至于客观主义的发展做了详尽的评析。美国学者尼古拉斯·怀特(Nicholas White)以及加拿大著名政治哲学家威尔·金里卡(Will Kymlicka)对幸福概念的古今演变及争论焦点做了全面的梳理，将"功利"所指向的主观主义幸福观放在平等语境下进行考量。但总的来说，无论是古典功利主义的传统还是当代功利主义的更新，都坚持幸福就是"功利"的增加或者是满足，而从功利主义的当代发展趋势来看，"功利"更倾向于主体的感受和体验。①

相比之下，美德伦理学则强调以个人完善以及生活的成就来定义幸福，在这些承续了古希腊传统的思想方法看来，现代规则伦理不是没有"幸福"概念，而是对"幸福"的理解过于单薄。现代英语作者通常用 happiness 来称谓"幸福"，所以当边沁提出功利主义原则时，功利就意味着一种感性经验。"尤其是当代行为后果主义对于古典功利主义的解读过分抽象化和简单化，抽离了其在历史中的真实诉求……"②当然，这似乎是现代性的通病，即便是反对把幸福纳入道德考量的康德，也同功利主义一样，认为幸福仅是单一的主观感受而已。

美德伦理学对幸福的理解同功利主义的本质差异在于，它不是态度上的，而是认识上的，美德伦理学从来就把古希腊的"幸福"(eudaimonia)看成是一

---

① 甘绍平：《伦理学的当代建构》，中国发展出版社 2015 年版，第 129 页。

② 方菲：《动机、意图与功利主义的阐释》，《道德与文明》2018 年第 4 期。

种最佳的状态，而不仅仅是单纯的感受，"它意味着行为主体拥有一个完整的、丰满的生活，而比片刻的愉悦和兴奋丰富得多……幸福在更充分的意义上是一个人之为人的充分实现"。[①] 这段话表达了两层含义：其一，丰富性是体现在一个人一生的实现过程中的，无论从深度还是广度来看，美德伦理学所说的"幸福"都需要一个更为复杂的术语来表达人们理想的人生圆满和丰饶，由此我们常见的"well-being"更符合这种解释。其二，这种"幸福"概念还预设了一种特定的存在论或道德形而上学，即它需要在目的论框架中才能得到解释。在《尼各马可伦理学》中幸福被规定为人最终的至高目的，在其文中完善（希腊语 teleios）一词的词根指的就是目的（telos）。[②] 也就是说幸福是一个道德主体在世的终极目的和本然成就，这个主体如果实现了自身目的，也就是完满地发挥了自己的功能和本性。那么，即使是当代美德伦理学对亚里士多德有所发挥，也是在这样一种"是其所是"的存在论基础上进行的。甚至可以说，从他们对道德主体的论述上，美德伦理所指的"幸福"不是单一的感受和行动的片段，而是关注自我实现的过程如何成为一种长期对"本真性"的追求和印证，[③]从而在成为一个人的意义上极具重要性。

2. 幸福的结构支撑

由于幸福必然包含各种不同的价值与善，而这些不同的价值与善之间可能存在冲突，为解决这些冲突，功利主义指出幸福在道德行动中具有绝对的优先性，因此它们采用单一尺度的还原论，将各种特征或价值都化约为幸福。功利主义为了一元论的简化主义能够得到理论支撑，它对幸福结构的配置以及为了功利主义的幸福原则能够被接纳做了较多工作。面对幸福和其他道德价值的结构性冲突，功利主义的幸福架构衍生出很多不同的表现形态。比如 20 世纪以来出现的规则功利主义与行为功利主义就分别用不同的立场解释一元论的合理性。行为功利主义所采取的简化论思路即试图把人们关于道德行动的考量全部纳入幸福的问题之下，通过幸福这一最优后果对所有行动做出终极解释。边沁大致算得上是行为功利主义者，他主张功利应该是每一个行动

---

① Richard Taylor, *Ethics*, *Faith and Reason*, Englewood Cliffs, Prentice-Hall, 1985, p. 112.

② ［古希腊］亚里士多德：《尼各马可伦理学》，廖申白译，商务印书馆 2005 年版，第 18 页。

③ ［加拿大］查尔斯·泰勒：《现代性之隐忧》，程炼译，中央编译出版社 2001 年版，第 18—19 页。

都必须考量的后果，最好行动促生幸福最大化这一标准在所有行动理由中是优先的。当代学者斯马特(J. J. C. Smart)等则继承了前人对行动的重视，强调功利主义的具体行动后果就是评价该行动正确与否的标准。

但是，这会导致某些获取幸福的行为陷入道德质疑，如果获取最大幸福将违背基本的人伦和道德直觉时，这种幸福还是我们真正想要的幸福吗？因此间接功利主义或规则功利主义接下来要处理的是，功利主义体系如何把其他道德要素重新嵌入幸福结构。当代规则功利主义的代表人物勃兰特(Richard B. Brandt)、莱恩斯(David Lyons)、厄姆森(James O. Urmson)大体上给出的答案是，我们在把幸福作为评判的标准上建立至少两种层级的规则，人们在大方向上拥有的一阶判断就是最大多数人最大幸福的总体规则，但是在通常行为中遵循的则是隐含着道德直觉的二阶判断，人们没有必要每时每刻都以功利的标准进行计算，只要在一阶原则的意义上保持功利主义的幸福认同即可。

此外，值得一提的还有当代经济学界颇具影响力的约翰·哈桑尼(John Harsanyi)的平均效用功利主义。他认为暂且撇开道德冲突问题，功利主义从社会公正分配的层面上也有必要针对"幸福"结构重新反思。功利主义为的是造就幸福的人和幸福的事，"殊不知问题的关键并不是使幸福的人数增多，而是尽可能多地使人幸福"。[①] 换言之，功利主义自己已经意识到利益总量的最大化忽略了巨大的利益分配不公；利益总量的最大化也可以通过人口总量的增加得到实现，但人均幸福却大大减少了。总的来说，无论功利主义怎样在幸福的权重和结构上进行技术性调整，它总能从人类生存及其复杂的行为模式中捕捉到幸福这一界面的优先性，并使它符合人们追求社会整体和长远益处的道德直觉，这正是功利主义始终产生吸引力的奥秘所在。

面对上述演变，美德伦理学一直以来提出的批评就是，尽管功利主义可以把幸福解释为整体利益和长远考虑，但它们在本质上已经走进快乐一元论的死胡同，它们对幸福结构的单向度理解都使它同其他更丰厚、复杂的人类生活产生无法克服的冲突。当代美德伦理学在幸福结构上采取了一种更和谐包容

---

① 甘绍平：《伦理学的当代建构》，中国发展出版社2015年版，第129页。

的设置，它试图在生活世界的基础上建构一个包容多元价值的体系。哪怕在亚里士多美德伦理的研究中实际上也存在两种幸福论的冲突，[①]即内在善和外在善的矛盾，但通过这组矛盾，美德伦理向我们展示了它想要通过更丰厚的幸福观念努力达成生活意义及人之完整性的逻辑自洽。一方面从存在论意义上理解的幸福结构既包含着感性经验又囊括了与人的情感、欲求相关联的外在善的兴旺；而另一方面亚里士多德又不断强调，幸福的结构可以非常单纯以至于仅仅内求于心，最高的幸福是不假外求的"沉思"的智慧活动。由此可见，美德伦理同功利主义在幸福结构的设想上是在不同的层面讨论问题。从而美德伦理对功利主义的指摘能够暴露功利主义理论最深处的隐忧，那就是功利主义的还原论仅限于一种策略，它缺失对幸福的某种形而上学的建构依据，在何种意义上幸福是人们追求的最高价值，它并没有给出令人信服的解释，这有可能让功利主义在推动更具整体性和长远性的现实需求时显得动力不足。

3. 在幸福的测量上

功利主义路径擅长幸福的计算与测量，它又根据个人幸福与社会幸福两个维度，进一步形成了福利主义、生活质量等理论，并引入了心理学、社会学、经济学的方法协助幸福测量。当哈桑尼提出平均效用主义时，功利主义的幸福理论开始关注个体获得福利的总量，因而福利成为当代功利主义计算"功利"或"幸福"的代名词，前述所有对"幸福"内涵的解释很大程度上来自当代经济学福利主义对福利的不断推进。为了测量的准确和深入，"功利主义对福利进行重新整理，它从单一元素转向多元素组合，甚至产生了各项福利清单。在当代发展中，我们看到功利主义对幸福结构的观察更注重主体的精神和心理动机的复杂性"。[②] 加拿大学者李奥纳多·萨姆纳(L. W. Sumner)在《福利、幸福与伦理学》中主张在关注人的真实性和能动性的基础上发展一种更稳定的幸福要素。牛津大学的罗杰·克里斯普(Roger Crisp)在《理由与善》中指出功利主义对主观感受的强调是在回应传统的批评，它既在主观上产生了"创造

① Sarah Conly, "Flourishing and the Failure of the Ethics of Virtue", in Peter A. French et al eds., *Ethical Theory: Character and virtue*, Notre Dame, University of Notre Dame Press, 1988, pp. 88－90.

② 刘科："我们追求的幸福是什么?"，《当代外国哲学》，上海三联出版社 2018 年版，第 105 页。

性的善”的优越性，又具有客观的对应物。丹尼尔·卡纳曼(D. Kahneman)的《幸福：享乐主义心理学的基础》通过情感和知觉价值等心理学表现论述了主观状态与幸福之间的关联，揭示了财富和幸福之间的复杂关系以及“幸福悖论”的缘由。经济学家理查德·莱亚德(Richard Layard)在《人类满意度与公共政策》中提出收入和幸福视角之间的关系，同时丝毫不放弃客观维度在社会发展和生活指标上的增进。

总之，从考虑环境与生活资源作为好生活的重要因素而言，近十年来功利主义在幸福测量上的客观倾向是有利于推进包括环境生态在内的数值衡量体系的，但同时也暴露出数值无法体现的缺憾。相比之下，德性伦理学基本上拒绝对幸福进行数量计算，但是当代美德伦理的发展在一定程度上认同从理智德性和普遍性上进行对个人完善度的推理。当代亚里士多德主义的两种变形都强调了计算和推理的能力：纳斯鲍姆的普遍主义变形、麦克道尔与伽达默尔的明智论的变形。纳斯鲍姆通过列举人性的普遍性特征并提出通过“美德”理解人的“能力”，从而确立核心能力清单来框定一种体面生活的基本维度，“德性对任何人来说都是一种普遍谋划的能力，它是与人建立联系、形成善好的理解并审慎规划生命的不可或缺的品性和习惯”。[①] 同时，明智论强调的是理智德性具有获取幸福的赋值和计算功能，它本身代表一种价值考量的能力，“它着眼于人类生活的普遍目标，其中包括个体、家庭、城邦的幸福”，[②]即明智就是通过合适的手段来选择实现既定目标的能力。

尽管美德伦理在幸福的内涵、结构以及测量运算的对比三个方面都提出了对功利主义的批评，但是我们看到二者在计算和测量幸福生活上的某些趋同性。晚近以来美德伦理在当代思潮中卷土重来，其势头似乎能够打破功利主义在伦理学语境下忽明忽暗的尴尬局面，进而有可能再次点亮功利主义为人类福利而努力的价值诉求。

---

① 玛莎·C. 纳斯鲍姆：《寻求有尊严的生活——正义的能力理论》，田雷译，中国人民大学出版社2016年版，第16页。

② Ron Beadle，“MacIntyre and the amorality of management”，presented to the Second International Conference of Critical Management Studies，2001，(07)，p. 131.

第二节 绿色价值在功利主义与美德基础上的融通

绿色价值在本质上表现出现代性扩张到收缩的历史境遇下，人们对好生活所指向的包括未来人类在内的福祉的一种理解，因而也体现了一种长远的历史或未来时间上的伦理要求与原则。功利主义所秉承的获取最大"善"的思路，既囊括了从共时性层面考虑的最大多数，也涵盖了从历时性层面上人类福祉的最大化。但通过上一节两种理论在对待生态环境处理能力上的对比，我们能够看到功利主义是一种比较外在的行动路径，而环境与生态资源保护则需要道德行动在历时性上持续地一以贯之，那么，或可言之，这需要的是惯性的内在力量。如果说功利主义路径用环境与生态资源的外在价值或收益来解释"善行"，是将善行纳入好生活的内涵，那么美德伦理的路径则是从持之以恒的行动或实践本身来解释环境与生态资源在趋向完善的生命共存的意义上何以可能，因而生命是生活在实践意义上的延续，而将绿色价值孕育其中的品性和生活习惯便构成了获得幸福的必要条件。

我们知道，绿色价值是协调当代人与未来人之间关系的处事规则与生活方式，因而它的基本诉求在于能够坚持至简知足，这一方面需要当代人在考虑到未来人生存的时候，把"至简"与"知足"理解为符合人性自身发展的和谐与均衡状态；另一方面，用现代性的话语而言是始终强调自主性的在场。用当代学者的共识而言，好的生活都是自主和自我决定的，在善的方面不被独裁，至少对于基本益品——个性和尊重的义务绝对排除强制。[①] 由此，绿色价值特别关注的至简知足体现的是外在后果上收缩而内在均衡的幸福观，而其经营之道的前提基础在于自主性的价值。功利主义路径与美德路径的当代发展都不约而同地聚焦于主体性或自主性的视角，即二者不仅一致认同了主体的精神活动和心理动机，而且承认个性和美德之于整体生活的意义，因而功利主义呈现出一种用情感、品性解释行为动机的趋向，那么，在绿色价值的强调诉求

① 甘绍平：《伦理学的当代建构》，中国发展出版社 2015 年版，第 337 页。

中，我们认为功利主义既具有处理环境与生态问题的理论优势，同时也蕴含了极强的同美德路径融通的可能性。

一、功利主义与美德伦理在理路上的相似性

首先，功利主义同美德具有相似性，从消极意义而言，康德主义义务论立场对幸福进行过批判，无论是功利主义还是美德伦理，义务论皆以道德与幸福无关为由指责它们对幸福的重视偏离了道德纯粹性的方向，甚至是走向了对立的方向。然而功利主义和美德伦理在共同回应康德主义的幸福观时，提出人类身体所具有的“切身性”构成了无可回溯的价值诉求，如果脱离这种身体的和经验的善“就会对人类的道德状况提出一种严重不完备和高度扭曲的理解”，[①]也就是说道德必须纳入对幸福的考虑才是完善和健康的。

其次，功利主义尽管从个体趋乐避苦的直观经验为原则整合社会成员的基本行动，但他们仍然希望在一个自由和自我可能成为社会主导原则的情况下，通过诉诸行为者的性格与品质获取上述规范背后道德价值的安稳感。对于当代功利主义者而言，这一点已经得到解释，阿玛蒂亚·森对功利主义的评价是，“人们能够自由地为自己做决定也是重要的，即使是糟糕的决定，作为人们发展品德能力的唯一方式，人只能通过持续的实践才能获知各种生活的可能性”。[②] 功利主义实质上会要求我们保护这种个人的自由，从而形成一种习惯和素养。这种印象尤其体现在密尔的文本中，他并没有否认亚里士多德对于美好生活以及个人完善发展的论述，甚至密尔对边沁的改进都一一证明了“在达致人性的完美丰饶和自由发展的目标中，幸福不是被直接追求的目标”，他诉诸优雅的教养和学识乃至于一贯的品性。[③]

再次，功利主义在回应有关人的完整性，以及有关道德直觉的批评时，就倾向于从行动的一贯性和人的完整进行辩护。当然完整性本身并不一定是美德伦理的主张，但功利主义在回答追求幸福何以能够造就人的完整性时，指出功利主义的价值理想同样可能来自一个人对自己生活的深入“筹划”及“慎

① 徐向东：《道德哲学与实践理性》，商务印书馆 2006 年版，第 337 页。
② Amartya Sen, Rights and Agency, *Philosophy and Public Affairs*, 1982, (11), p. 28.
③ John Gray, *Mill on Liberty, A Defense*, Routledge and Kegan Paul, 1983, p. 38.

思”,在功利主义的牺牲行为之后同样蕴含着主体对于高尚品性的坚持认可,这是建基于对主体一贯性和统一性的认知。[1] 当然,当代功利主义的辩护存在两种思路:一种是承认与完整性的不相容;另一种是阐释自己在何种意义上同完整性是相容的。功利主义在阐述这一问题时,更重视以相容性进行自我辩护,从而功利主义在当代发展中呈现出间接功利主义的倾向。[2] 相容性和不相容性虽然是研究者的概括,但是间接功利主义在相容性方面所做的努力的确弥补了传统功利主义忽视性情和动机的不足,总体上推进了向理想的功利主义美德和品质的转向。

功利主义至少在上述三个方面体现了美德的倾向,但功利主义理论体现出美德理论的倾向其独特价值何在?

二、功利主义原则的现实优势与美德的保障

无论是亚里士多德还是密尔首先都默认了美德本身应该被视为一种高于幸福的目的,因为这样理解的美德能够确保某些情感和行为模式,而这种保障所带来的好处则弥补了在德福冲突的特殊情况下可能丢失的东西。[3] 需要注意的是任何利益都出自得到保证的状态,而不仅仅是出自某些得到保证的行动。我们要阐明的是,功利主义重视美德主义的倾向,实际上是为保障行为始终指向长远利益和整体利益而确立一种品质上的保障。

首先,功利主义对“幸福”的阐释不仅着眼于空间上个人利益与社会整体利益的一致性,其优势之处还在于它能从时间上考察过去、当下和未来利益之间的延续性和整体性。功利主义原则聚焦于实现最大幸福的普遍性和整体性考量,在这一目标下无论是个体还是社会都应该实现利益总量的最大化。进一步而言,“这种整体性的思维方式可以推出功利主义的普遍性的、不偏不倚的观察视角……即所有的为行为后果所裹挟到的当事人都应获得同等的顾

---

① Shelly Kagan, *The Limit of Morality*, Oxford University Press, 1989, pp. 390 - 391.

② 刘佳宝:“功利主义与个人完整性是否相容——论威廉斯对功利主义的批评”,《华中科技大学学报》2018 年第 6 期。

③ 密尔文集中的伦理学和政治哲学理论皆受到了亚里士多德的影响,这使密尔遭到前后矛盾的质疑,因为密尔既主张美德需要作为获得功利的最大保障,也指出美德和最大功利是统一的,其自身就是目的。但密尔最终还是坚持了表达了美德能够作为幸福保障的观点。

及。既然不得因为特殊社会关系而有所不同，也不得因效果出现较晚则其重要性就要看成是弱于近期的效果……从一个普遍的视角来看，后代人与当代人已被置于同等的地位。后代人的利益对于一位功利主义者而言必须得到像其同代人利益一样的关注”。[①] 由此而言，虽然同美德伦理的解释理路不同，但功利主义从未来利益对人们整体的影响发展出很具竞争力的解释；因此能够从生态和环境对未来人类美好生活的影响出发对当下道德行动做出宏大且恰当的思量。可是，一旦要将这种思路贯彻到人们的具体行动中去，功利主义原则便缺失了为坚持长远利益而一以贯之的行为动力，它们发现如果能够得到美德理论的加持，才能在主体的行动中找到合适的动机和性格依托。

其次，相比于道义论和契约主义，功利主义有丰足的理由把环境和生态纳入当代人的道德考虑。处在专业哲学家角色中的研究者往往都对生态和环境问题保持沉默。当代康德主义，比如考斯嘉德(Christine M. Korsgaard)给人的印象就是一个构思恰当的道德理论不会考虑行为的后果，它强调的是对个体性和内在性的“善良意志”的探讨。他们对行为如何并不感兴趣，而只关注行为背后的形而上学源泉。同时，契约主义在讨论普遍的环境和生态保护上也存在困难，一方面，契约主义很难缔结并坚持大规模的合作契约，另一方面，它将所有非相关的契约方排除在首要的道德考虑之外，而我们对环境的多数争论都集中在那些被排斥的对象上，如后代、处于边缘的弱势群体、婴儿、动物等。可见，从道德考察的思维和对象而言，功利主义是擅长解释现实问题的，因为对幸福的重视，它在每个新阶段都尽可能地融入了那些影响人们获取美好生活的要素。

再次，面对道义论和契约论所坚守的人权和个体性不容侵犯的普世原则，当代功利主义更擅长通过基本权益之外的主观感受来化解具体文化传统、具体情景同普遍原则的价值冲突。因而功利主义具备了考量人的主体性和外在情景于一体的灵活的思维优势。它在对幸福作为“福利”或者“愉悦”的理解很大程度上推进了功利主义方法的道德智慧，即能直面当代人的伦理悖论和道德困境，尤其是在不断涌现的新科技和应用伦理的新问题下具有明显的解释力。

---

① 甘绍平：《伦理学的当代建构》，中国发展出版社 2015 年版，第 134 页。

由此，我们认为如果功利主义不仅是一种行动原则，而是一种习惯和智慧品质的话，那么其理论本身的优势更能通过美德主义的倾向凸显出稳定性。

第三节 为生态的整体与未来所需要的美德策略

按照上述要求实现功利主义的智慧思考，这其中的美德是否还具有像美德伦理中的那种同终极目的的统一性？接下来的问题是，如果践行美德并不一定产生最好的结果，那又该如何？

一、功利主义与美德在行动中的匹配

既然契约和外在制度都不足以作为一种行动原则的心理保障，那么美德在功利主义中的稳定作用则更加凸显出来。功利主义原则在实际生活的应用往往同美德交织在一起。一些学者对人们按照功利主义原则行动的可能性归纳出几类："(1) 行动单独由功效原则的某一版本组成或者以'总体'原则而不是其他的'次要'原则组成；(2) 行动包括一套足够全面的次一级准则用来决定每一部分行为所产生的特定案例；(3) 包含某些次要准则但不是一种绝对全面的体系。而在第三种情况中，形式可再分为三种情况：3.1 均可直接运用功利原则确定；3.2 其中一部分可以根据功利原则确定，其余的则无法按常规而定，而是当事人根据自己喜好定；3.3 它们可能都不由常规而定。"[①]在这些情况中，尤其后二者是更为常见的情形，可以分列出准则与美德的多种组合方式。即便一个功利主义者出于自己的立场，选择了一种最好的行为准则和美德保障的组合来最大化他的幸福，但是仍有一些关于美德的问题需要考虑。

第一，基于功利主义是以实现最大多数人的最大功利为原则，那么与之匹配的美德则是因着这一原则培养起来的品质和动机。建立一种美德或品质作

① John Kilcullen, Utilitarianism and Virtue, *Ethics*, Vol. 93, No. 3, 1983, p. 451.

为功利主义原则的保障是有代价的,一个人就需要不断发展这种美德,呵护并展现其品质。这一过程中,美德作为个人品质既可能在实施中产生令人满意的结果,从而增加其行动的良好后果,也有可能导致不那么令人满意的后果,出现与功利主义原则的冲突。那么,功利主义是否还会运用美德呢?

第二,功利主义运用美德品性在于美德需要情感作为行动者的动机。那么这里分两种情况,一种是在为自己的利益打算时产生出自爱的情感是自然的,另一种则是为他人和公众利益而牺牲自己时的情感是如何产生的。后一种很大程度上依赖于一个人不断扩展、涵养和陶冶自己的良心情感,诸如同情心或者大爱等。那么美德并不是因为个人理性地计算效用后果而被激发出来,而是被某种涵养的情感触动而产生。那么,美德则在一些情景下一定会独立于功利主义的最终期待,而无法始终贯彻功利主义原则。

上述两种情况其实涉及美德和功利主义如何在手段和目的上统一的问题,这就涉及我们选择从哪个视角看问题。在功利主义的视域中,美德并不能算作一种具有终极目的的存在。很多功利主义者对遵循哪种规则和保障的组合对他们各自的社会是最好的这个问题上,已得出结论,"由某些特定美德,尤其如真诚、忠信等美德加以保障是最好的。如果这是结论,那么功利主义者就会做出创造、保存和表现恰当美德的行为;他们可能在某种程度上已经从成长过程中获得了这种能力"。[①] 需要注意的是,正因为此刻我们很难按照功利主义的标准对规则加美德的搭配进行评估计算,一旦美德品性的特征融入功利主义以及次级准则,那么对于整个事态的计算就已经转变为:我们需要计算一下是否要履行美德的问题。如此一来美德依然是作为手段和工具的,除非功利主义用一种长远和整体的眼光来统合美德,功利主义可能接受这种变化,即履行美德的行为之后果从长远来说是一种获得善好的过程。这基于一种心理上的转变,也许人们在追求功利主义主张的过程中把美德当作一种工具,但是因为这种工具在施展它的过程中无一不体会到一种快乐,甚至是超越一般的快乐。那么,美德必然会导向一种信念,即使在行动中能够施展这种品性的情景没有再现,但该信念业已形成一种良好的惯性。

---

① John Kilcullen, Utilitarianism and Virtue, *Ethics*, Vol. 93, No.3, 1983, p. 945.

如果从美德作为终极目的的视角来看，功利主义仅仅把美德当作一种良心情感用以推动功利主义的最大化，在这里则很难得到支持，一个人需要多么强烈的情感要牺牲自己的利益乃至于生命而换取他人和社会整体利益的最大化。但如果将美德理解为一种坚强的意志和强大惯性，它能够超越个体当下的情感、欲望，形成一种向善的力量。这取决于一个人长期培养起来的自我克制和美好情操，它的产生不依靠功利主义原则，带有一种自身的独立性。

二、美德的独立性在于辨别伪善

美德伦理真正的独立性在于如何辨别伪善。这是基于我们在上述讨论中仍旧保留的担心，处于内心的情感和动机难以获得外在的判断，一种行动只有基于其持续的结果才能产生人们对此的信仰。如果某人为了获得他人对自己良好形象的信赖，尤其是在对保护生态环境这样超出个人当下利益，也有可能违背一般行动直觉的情况下，装作真诚地承诺，那么实际上就扮演了一种伪善。在功利主义的行动中要真正形成一种美德主义的倾向，美德和伪善是应得到区分的。

按照美德伦理的思路，为了赢得有经验的人的信任，展现稳定的性格状态是有必要的：因为这是一种难以伪装的、持久的品性。明智是当代亚里士多德主义的理智论作为核心观念的德性能力，他们认为明智不会受到利益计算的行为影响，通常来说，它能够产生足以克服利益动机的强大影响力，它能使美德伦理保持原生品质。需要澄清的是，康德很早就把明智逐出了道德范畴，他认为明智不过是实现自身幸福的方法和测算能力，并不具有任何道德内蕴。接着马克斯·韦伯在对现代性的描述中也着力把明智描述为与价值无涉的工具理性。而这一扭曲的理解就掩盖了明智作为美德的价值属性，可以说它在亚里士多德的《尼各马可伦理学》中是唯一沟通实践活动和理智活动的心灵品质，它自身属于理智德性，具有反思价值的能力，但同时又能为诸如节制、勇敢、仁慈的伦理德性提供方向性指引。

就其本质而言，明智在亚里士多德那里绝非价值中立的，将它列入伦理学的范畴恰恰印证了明智不仅仅是工具，它的实现过程本身就是人的至善与欣欣向荣的好生活，这一人之为人的卓越性正好决定了明智在价值上的卓越性。著名功利主义学者萨姆纳(L. W. Sumner)认识到了这一点，并对明智的价值性作了进一步发挥。主张在关注人的真实性和能动性的基础上发展一种更好的幸福论，这其中明智代表着人们对多元价值的判断和择善而从的主体性选择能力，这种品性能够对功利主义原则提供最大的补充。

概言之，功利主义从“得”到“德”的发展趋势，事实上在如何创造美好生活上针对生态保护、减少人对环境的破坏提出了自己的倡议。功利最大化的主张反过来也意味着在生态和环境保护上对自然施以尽量小的破坏，这在做法上需要依靠人的实践美德和道德情操的培养。当今时代对于环境和生态的保护积极方面主要依赖经济结构和发展模式的转型，以及一系列法律法规的强制；但从消极方面来说，仍有广阔的空间依赖于人们的自觉和自愿，而这一点正是求思于功利主义对美德和生活智慧的普遍关注，“因为最好的结果将产生于将我的行为同众人麻木而常规的集体行动中脱解出来”。[①] 功利主义的优势恰能提醒人们在以个体利益为生活原则的时代中，唤起独立于时代的“道德圣徒”也许是一种妄想，但是为谋求未来更美好生活逐渐培养人们的节制和内在修养却并不是不可行的。

三、功利主义的绿色德性

我们在“面对气候变化，臭氧层耗尽和大量物种灭绝的情况下，应该怎样规范我们的行为，对每个关切自然或人类福祉的人们都是非常重要的——且从传统来说这种担忧也应理解为是接近道德反思的核心的”。[②] 我们承认功利主义的这一论述将环境保护和生态发展纳入伦理考量是符合人们的道德直觉的，并且提出用明智这样的实践智慧对整体生活环境加以综合思量，从而形成人们生活与行动的良性发展，不啻提供了一种“环保美德”的新品质。若让一位传统功利主义者来看，环保问题要做到卓有成效，可能需要一种精明的计算，但是如果当大规模的“集体环保无意识”出现时，众人基于个体自我的多重博弈之下仍然会陷入利己主义的情感麻木。举目全球，各国之间的气候和环境协议也莫过如此，其导致的就是不合作的恶性循环。

---

① Dale Jamieson, When Utilitarianism Should Be Virtue Theorists, *Utilitas*, Vol. 19, 2007, (2), p. 161.

② Ibid, p. 162.

功利主义的深度反思应该能够让我们放弃计算，代之以一种非计算的行为增长：个性特征、性情、情感和我们称之为美德与“明智”的东西。我们认为，当面对全球环境变化时，普遍的道德策略应该是努力发展和培养出恰当的美德，而不是促进计算的规则。此处有几点仍需明确：（1）强制性的国家权力是有必要的，而培养有美德的公民并不同它相互排斥。（2）发展集体观念建立环境保护的共识是有必要的，个体需要形成信念在共同行动中发挥自己的作用，而伦理学的任务仍要关心这些环境保护的意图究竟包括什么，如何产生，以及由什么样的人拥有和在什么情况下采用。（3）我同意一些学者的主张，“一种道德美德是一种系统地产生善的性格特征……并且情感在维持行为模式方面扮演着重要的角色，这些行为模式表达了诸如忠诚、勇气、坚持等假定的美德”。[①] 因为如果没有情感的支撑，很难想象像我们这样的生物之间会存在怎样的养育、友谊和家庭伙伴关系。这就说明一个问题，在功利主义的计算之外还是有一个非计算的性格的存在。那么，我们面对的不仅仅是如何把美德安置在功利主义原则之中的问题，而是如何在计算和非计算之间进行权衡。

作为一种在当代发展已经颇为复杂精细的功利主义，当涉及全球环境变化时，他们既可以是灵活的、道德的环保主义者，但在大多数其他一般领域又可以是灵活的计算者。笔者认为，这恰恰体现了功利主义在发展中呈现的美德主义倾向，美德赋予他们在后果运算中学会了实践智慧的价值考量。一个功利主义者在当代情景下，从习惯上形成善良的“绿色美德”会帮助他形成一种优雅的人文气息，在日常生活中恰当地减少自己的世俗消费，从而保持对美德和品质的信赖。

作为结论，如果要对生态环境乃至于我们真正的生活质量承担起责任，功利主义的原则应该从社会总体福利的最大化考量延伸至对整体物种世界，以及未来世界的欣欣向荣生活的重新定位。虽然从美德的角度看，明智并未向我们呈现哪些是具体而清晰的价值指向，但是它本质上蕴含着重建人文性的努力、对贪婪欲望的节制，以及对自由个性的运思和创新，这都可能出现新的生长点，这将是功利主义者变成一个美德主义者的契机。

---

① Julia Driver, *Uneasy Virtue*, New York Press, 2001, p. 108.

第四节　为生态的整体与未来求思的福利策略

当代环境问题的哲学讨论纷纷以环境与人的生存实质为蓝本，思考人存在的本质以及在现代社会发展过程中唯工具理性的运作如何摧毁环境且使人类趋向自我毁灭的。伦理学的讨论在环境哲学对人本反思的基础上，具体指认了把环境与生态纳入好生活的考量之下个体的道德行动与道德品性的可能性。上一节所讲的是为生态的整体与未来求思的德性策略，德性策略的启发不仅在于内在品性支撑外在行动的思维结构，而且揭示了美好生活不可能是一个具体的状态，而只能是一个涉及不断追寻、学习、发现以及更正的过程。这一伦理学的讨论将引向生活如何是美好的问题解答，个体日臻完美的生活需要在美好的社会中实现。在环境与生态资源保护同经济建设的均衡上，美好生活的实质内涵是需要社会的福利政策有明确要求的，从而一个注重环境生态具有可持续性的社会才可能给予人们较为完善、具体且明确的客观情形在生命的时间节点上获得幸福。

一、从线性到循环经济——一种新思维的诞生

我们在此将介绍的福利策略来自一个根本的问题，即当代社会在经济规模越大、发展速度越快时面临着资源环境压力越大的困境。经济发展需要一种可持续的模式，需要实现经济发展与环境资源保护之间的均衡。

1. 可持续发展带来的新观念

从扩张的现代性到收缩的现代性已经在观念上引发了当代社会在生活观念上的改变，也重新强调了人们对好生活的认识。但是面对环境资源与发展速度如何均衡的问题，人们需要引入一些新观念的，这既包括重新理解经济发展与资源环境的关系，也包含着让更多的人意识到在社会生活中改变具体实践的策略和思路的必要性。

可持续性意味着，当代社会在不突破生态界限的前提下实现繁荣的生活，如何创造普遍的福祉，满足所有人的基本需求。而满足需求和供给福祉有序

进行的同时必然要保证基本的公平才能维护社会稳定，为真正的安全提供保障。在过去的经济发展中，企业界一直把环境当作自身保有竞争力的威胁，而从业者也很容易把环境保护视为就业的一大阻碍。虽然全球化经济的竞争愈加激烈，但是可再生能源与资源的高效运用能够改变这一现状背后的二元对立结构。从长远发展来看，资源与环境的保护需要在可持续的策略上获得实现，这取决于我们如何看待生产力的概念。生产力的提高是所有企业乃至政府所要考虑的主要问题，但在可持续的背景下生产力的提高并不是什么值得夸耀的关键问题，而是在生产力提高的情况下同等规模的资源使用效率的提升。因而在当代经济策略中，生产力概念已经包含了自然资源的使用，自然资源作用一种生产力要素不是对立于生产力，而是内在于生产力的。这一思维就恰恰是对上述二元对立的破解，我们不是在固有模式上探讨如何求得经济发展与资源保护的平衡，而是一次次打破经济发展的传统范畴，把美好生活概念中关于能力、尊严、质量的细节融入发展的经济指标中。

联合国国际资源委员会在2016年发布的报告表示，自然资源是繁荣和幸福的基础。联合国所有的可持续发展目标都取决于地球自然资源的可持续管理和利用。针对线性经济模式的问题需要做出彻底的转型，否则我们可能无法达成可持续发展的目标。[①] 从伦理学的角度来看，这是一次关于好生活在福利经济策略上的具体改进，这一思考直接指向了如何避免资源短缺和处理原材料的产业运作方式，从而寻求可以取代传统经济模式的新发展思维。

2. 线性经济到可循环经济的思维转变

线性经济是当代经济运行的主要模式，这是一种物质的线性流动，比如原材料—产品—使用—废料—处置的流动过程。当代经济的持续发展很大程度上是建立在产品快速更换的基础上，一个产品快速周转在原则上就是依赖获取、制造和丢弃等环节的更新速度，更新速度越快经济似乎就越好。然而，无论是生产消费类商品还是耐用品，我们管理地球资源的方式都存在严重的效率低下问题，这种快速更新造成大量资源浪费、生态系统破坏，大量丢弃的产品导致巨大的经济价值损失。很多学者认识到这种物质的线性流动过程事实

① UNEP IRP, Resource Efficiency: Potential and Economic Implications, A Report of the International Resource Panel, UNEP, 2016.

上造成巨大的经济损失，严重来说会引发经济的崩溃。[①] 目前人们可以看到经济的线性发展带来的一些危害。首先，从产品制造的原材料来看，哪怕是运作最好的产品制造系统，它的原材料再利用以及再回收的可能性都非常小。比如电子产品以及汽车使用的钢材，电子产品设计为无法拆卸的状态，只能焚烧或填埋，同时汽车使用的钢材在磨损污染以后，回收再利用的价值也极低。其次，从减缓气候变化来看，目前线性经济模式也引发了很多问题。原材料的开采和生产造成温室气体排放量升高，因而不仅选取可再生能源是重要的，而且开放一种有别于传统经济的循环模式则是更重要的，比如通过再回收、再利用、再制造以提升资源使用效率。

幸福概念发展至今通过经济运行模式的不断转型已经逐渐将环境以及自然资源的繁荣纳入我们生活的内在组成部分，当代可行能力的概念也明确地将享有健康的自然环境作为人们生活的尊严和基本机能的实现，它在实践上印证了哲学意义上环境与人共同构成能量转换的有机体系，从而把幸福理解为寻求自然融洽的生活而扩展的自主决定与建构的能力，环境与资源要素即是将人的脆弱性纳入幸福的重要测评，从而把降低人为伤害作为伦理活动的核心，进而也作为经济活动新观念诞生的核心。

二、新观念在经济策略中逐渐实现赋权

很多经济学家以及罗马俱乐部的成员正在思考如何实现经济策略的转型，伦理学家则思考的是其转型背后到底是何种新观念，因为人们无法逃避现实去思考如何离开以及去往何处，而必须面对的问题是在这片土地上如何幸福地生活。所谓新观念，学界已经讨论的很多，尽管各种观念在具体主张上来自不同情景，但大体上都强调了人性的脆弱、关怀、尊严等，以及支撑这些要素的核心能力理论。而赋予实质的权利则是我们接下来更关心的问题，首先，赋权是如何从观念变革逐渐进入现实操作的；其次，赋予权利包含了何种形式、何种内容，它更迫切地指向了社会的平等与公正；再次，为哪些人赋权是

① ［德］魏伯乐、［瑞典］安德斯·维杰克曼编著：《翻转极限：生态文明的觉醒之路》，程一恒译，同济大学出版社 2018 年版，第 179 页。

保护生态资源的根本问题，这其中包含了贫富差距与生态资源保护的相关性问题。

罗马俱乐部的成员德内拉·梅多斯说道："人们并不需要宽大的汽车，需要的是尊重；不需要满满一柜子衣服，需要的是感觉自己有吸引力，渴望精彩、差异和美丽。每个人都需要个人的形象、社交群体、挑战、认可、关爱和喜乐。如果我们都用物质来满足这些需求，那就会形成永无止境的欲望，这等于给真正的问题错误的答案，由此导致的心理空虚，反倒成为助长物质欲望的主要动力。一个可以把非物质需求表达清楚，并以非物质的方式来满足需求的社会，可以大量减少物质和能源的消耗，并大幅提升人们的成就感。"①这段话很生动地澄清了当下人对幸福生活的实质期许，这些需求的描述超越了传统福利经济学对物质要素的计算与排布，指向似乎在经济学指标上并不那么容易量化的尊严、成就感等。看起来这些新的内在要求并不是经济学能解决的问题，似乎也不是通过高效利用生态资源与保护环境能直接实现的诉求。但指出从非物质方式来满足需求，可以大幅度减少物质和能源的消耗，这一点引发人们思考如何能够在物质的形式中满足这样一种非物质的诉求。

按照纳斯鲍姆的可行能力所提出的十项核心能力，这里产生的导向是寻找和运用各种方式来让一个具体地方的人民获得多种权利，即在十种基本的核心能力上根据其情景积极地"赋权"给当地人。"赋权"就意味着获得社会地位的权利，能够有意义地参与家庭、社区和地方政府机构的政治事务的权利。如何获得具体而实在的社会地位和工作生活的成就感？有很多人通过获得新技能、积累一定财富，从而拥有了掌控自己生活的更多自主权。学习新的工作技能，从而有能力谋得新岗位，或者为他人提供再就业的机会，这些都是让人们改善生计的实质举措。

获取知识等其他类似的方式被看作当前全球消除贫困、创造可持续发展的基本能力的实现方式，这种不断增长的能力链尝试逐渐满足幸福新观念的内涵，譬如在个人体验的层面，逐渐表现在关怀、照顾、尊重个人尊严；同时在社会联结的意义上，又意味着具有自主决断能力用以沟通与合作共生。只有

---

① ［德］魏伯乐、［瑞典］安德斯·维杰克曼编著：《翻转极限：生态文明的觉醒之路》，程一恒译，同济大学出版社2018年版，第131页。

当人们实质性地被“赋权”时才可能将那些寻求尊严、关怀、保护脆弱的新观念化为现实，而不再是追求以竞争为目的的盲目增长。这其中的道理既反映了伦理学观念在现代性的困境下重新回归于至善的反思、重构对生活质量的评估，也在实质的福利策略上强调组织机构和制度如何更好地加强人与人、人与自然之间的共生，寻求在健康的自然生态中共享福祉。

正如森的能力理论的要务在于开辟了一种更有效的人际比较的新视角，它在乎的是最贫困和最弱势人群的能力状况，因而实现人们真实自由的赋权正是在于为千百万人创造安全感、工作岗位以及健康的生态系统和积极的人生观。环境问题是同每个个体的就业、收入、安全感与幸福感息息相关的。保护环境以及自然资源的可持续发展本身就能为“赋权”提供更充足的可能性；而反过来恰恰是因为让当地人获得比以前传统经济运作时代更多种的权利，从而使当地人在技术研发、高度创新的过程中，继续开发符合环保标准且致力于消除贫困的具体技术。概言之，当代人关心的问题不外乎是就业、收入、个人尊严和工作的意义，面对人们的直接需求，赋权之于作为整体的生态经济既是因又是果。它通过经济运作结构的变革有目的地提供机会让人们参与可持续的工作与生产，侧重于最贫困地区人们的真实自由，其实也是在促进社会公平的目标上实现社会经济发展的可持续性。

此外更深一步来看，人们普遍关注的赋权是为了缓解贫富差异以及当前全球凸显的社会阶层固化问题，甚至在环境议题下讨论赋权，不仅是伦理学家而且还有许多经济学家都意识到社会贫富差距与资源环境破坏之间的巨大相关性。尤其21世纪以来，全球众多国家经济不平等现象日益严重，极大的贫富悬殊引发各国对社会危机的担忧。与此同时，环境压力的持续上升促使环境危机日渐凸显，于是，社会和环境危机成为世界各国当前发展阶段面对的两个重要问题。这两种危机的同时出现使得人们不得不思考其背后的关联性。很多学者从不同视角开始研究世界各国在当前发展阶段面对的这两个重要问题之间的关联，但期间彼此的影响也呈现出一些不确定的、非线性的关系。①

① 参见占华：《收入差距对环境污染的影响研究——兼对“EKC”假说的再检验》，《经济评论》2018年第6期；杨寓涵：《收入差距促进了环境污染吗？——基于省级面板数据的实证检验》，《云南财经大学学报》2019年第5期。

但是收入差距究竟以何种途径对污染排放产生影响？这些研究分别提出几类不同途径，也是人们很希望了解的原因，为什么贫富收入差距增大会加剧环境资源的破坏。在经济学家的数据分析中虽然存在许多不同视角，但总的立场则表明，缩小收入差距将会使社会趋向平等公正，这确实是环境资源保护主要且有效的手段。

三、赋权的行动直面收入差距问题与生态保护的关系

分别来看，研究者认为收入差距对环境质量影响有很多途径，有的强调政治结构与经济的关系，有的侧重于消费形式的社会规则性，也有的把关系归为对经济学指标的具体依赖。

首先，有一类被称为“政治—经济”途径，主要认为收入群体产生了政治精英，他们在政治权利的行使中拥有更多话语权，而这导致的政治权利差异则会对环境政策产生影响。通俗来说，富人往往拥有较大的社会与政治影响力，收入分配的不平等将导致权利分配的不平等，这种权利分配的失衡将使环境政策有利于政治精英或富人的利益而不是社会更大一部分人的利益，更多的经济收益由富人获取而使穷人承受环境的损害。[①] 这个结论也可以用来清晰地解释发达国家与发展中国家经济收益的巨大差距，发达国家通过输出技术与资金而制定有利于本国的环境保护策略，从而让发展中国家承受环境受损的代价，这一转嫁方式往往使得全球生态资源体系加剧恶化，从而导致一种“飞去来器”效应，生态资源的有机相连性使得环境污染和损害的负效应最终仍然落到了发达国家的头上。然而回过头来看政治—经济途径在一国内部的运作方式，比较显著的是，如若降低贫富收入的差距，则能够观察到相对弱势的群体在政治议程中的话语权得到了提升。

由此我们有理由得出，赋权的对象应当是相对弱势的更广大人群，他们的实质权利得到提升，社会贫富差距在赋权过程中一定程度得到减小，抑或是这二者互为因果关系，从而能够甚至是，更加均衡的收入分配还能促进环境意识，从而推动人们对环境质量的需求。

---

① Y. Wolde-Rufael, S. Idowu, Income Distribution and CO_2 Emission: A Comparative Analysis for China and India, *Renewable and Sustainable Energy Reviews*, 2017, 74 (6), pp. 1336 - 1345.

还有一类途径则是消费现象背后的那些"社会规则"，收入不平等的变化将导致社会规则的改变，这种改变可能会逐渐修改并渗透进个人价值观，比如消费主义、个人主义和短期主义，从而导致社会整体环境水平发生变化。[①] 当然，这一影响运用消费主义的路径会通过生态资源的消耗与损害引发更深刻的批判，但经济学的视角也同样注意到了这一现象在生态经济上的巨大反噬力量。消费原本作为个人经济活动在现代社会发挥作用，但它已经脱离了个体效用的目标，变成了一种独立的价值活动，即所谓的炫耀性消费。"一方面，消费在一定程度上体现个人社会地位，收入差距的扩大导致社会地位差异更加明显，竞争的加剧更加突出个人炫耀性消费。另一方面，不平等的增加可能导致中等和较不富裕社会群体的模仿欲望，提高其消费水平并对环境产生更大的压力。"[②]

因而，从道德哲学对良善生活的发掘来说，我们尤其认识到赋权相对于消费主义可能具有一种矫正的功能，应当承认人们具有自我认知与反思的能力，辨识消费主义引发的上述幻象，相对弱势群体越能够拥有切实的社会参与的权利，那么人群中理性推理的能力则越具有现实达成的普遍性。实质权利的表达意味着理性协商与公共说理能够让人们重新认识到那些普遍存在于人类生活中的意义之源，从而认识到真正的幸福生活并不是对消费的无限竞争与追求，而是孕育在人与人合作共在，以及人与自然共生的可持续性中的。

此外，还有学者指出二者相互影响的途径是依赖于一定指标关系的，比如个人消耗产品的边际污染排放(MPE)，贫富差距是否对生态资源具有影响，这二者并非确定性地指向或负面或正面的影响，但是研究发现这取决于边际污染排放的倾向。[③] 边际污染排放其实解释了穷人和富人消费单位产品而产生的污染排放程度是不一样的。通常穷人消费的产品比富人包含更多的污染，每单位产品所包含的能源消耗也更多，进而收入不平等的加剧将使得低于

① A. Berthe, L. Elie, Mechanisms Explaining the Impact of Economic Inequality on Environmental Deterioration, *Ecological Economics*, 201511, 6 (4), pp. 191 - 200. 参见方时姣，肖权："收入差距加剧还是抑制环境污染?"，《江汉论坛》2020 年第 4 期。

② 方时姣，肖权："收入差距加剧还是抑制环境污染?"，《江汉论坛》2020 年第 4 期。

③ L. A. Scruggs, Political and Economic Inequality and the Environment, *Ecological Economics*, 1998, 26 (3), pp. 259 - 275. 参见方时姣、肖权，"收入差距加剧还是抑制环境污染?"，《江汉论坛》2020 年第 4 期。

平均水平的人口比例增加，这不利于能源结构的升级。而另一些观点认为，如果贫富差距过大，极端贫穷的人由于迫切的生存需要会过度使用主要是可再生资源，而富有的人基于贪婪和炫耀会过度使用或摧毁不可再生资源，这两极的巨大消耗都会使可持续发展的可能性减小。[①] 概言之，在这类影响途径中，边际污染排放指标的变化说明经济发展方式导致收入差距增大，粗放型经济发展方式同时导致了地区收入差距的持续上升，在经济的高增长及收入巨大差距的双重压迫下，环境质量持续恶化。转变经济发展方式，实现经济高质量发展的重点在于生态经济的创新模式中。

当然这部分并不是本书研究的重点，我们看到的是经济学界归纳了贫富差距影响生态的几类途径，而且目前更多的研究将这些影响类型做了更加细化的处理。但从幸福生活对制度文化与经济运行模式的伦理诉求来说，它们都从不同程度表明要实现生态可持续的好生活，应当通过增加各种实质能力的方式赋权给更广大人民，是从“活得好”与“做得好”双重意义上将生态资源问题具体化为幸福生活的重要部分。因而，当前更综合的策略已经不是单一的环境保护和生态资源利用，而更是“文明”意义上的一种生态建设策略。

本 章 小 结

本章强调了德性论思路对地域、环境与人的生活质量的关系，生态建设之于美好生活的重要性在当前我国的生态文明建设中既产生了丰富的理论成果，也贡献了实践经验上的模式创新。我国的生态文明建设是在美好生活的现代化体系下的实践，面对生态问题中国式现代化是人与自然和谐共生的现代化。中国走出了一条生产发展、生活富裕、生态良好的文明发展道路。在短短几十年时间，中国不只是从生产力相对落后发展到成为全球第二大经济体，而且在保持经济持续增长的同时实现发展的绿色转型，这一现代化的发展模式正激励越来越多的发展中国家，期盼从中国借鉴成功经验。

---

① ［德］魏伯乐、［瑞典］安德斯·维杰克曼编，《翻转极限：生态文明的觉醒之路》，程一恒译，同济大学出版社 2018 年版，第 140 页。

首先,人与自然和谐共生的现代化诞生了经济发展模式的环境奇迹。当代世界各大经济体的发展都面临着经济规模越大资源环境压力就越大的困难,经济发展需要一种可持续的模式。中国从改革开放之始就提出了植树造林绿化祖国的号召,而直到"绿水青山就是金山银山",完成了绿色发展理念的观念认识上的转变。"两山论"从经济发展与生态的辩证关系阐释了中国式现代化的可持续发展,这其中至少有三层含义。其一,"两山论"既反对唯环境主义,也反对唯增长主义;其二,生态和经济发生冲突时要保住生态这一底限,宁要青山绿水不要金山银山;其三,青山绿水反过来是经济发展的价值依据,因为它是蕴含在人们美好生活需要中的价值力量。因而,"绿水青山就是金山银山"解释了中国的经济发展方式,在世人面前展现了中国经济发展过程中实现人民美好生活需要的满足,这具有生存权和民生视角来看生态建设的战略意义。

其次,人与自然和谐共生的现代化提出了中国式的解决方案和治理策略。西方尽管在理论上提出了多元化与综合性的生态伦理和生态治理观念,但是政客的活动却全然不顾生态与生存权在理论上的内在关联,他们在选举时往往把生态治理作为赢得选民的口号,面对生态问题一刀切地选择了极端的环保策略。比如,某些欧洲国家尽管宣称环保优先于经济而关停核电站,但一碰到经济困境又被迫重返化石能源,虽然号称"有序推进煤炭发电计划",但结果又因超量开发继续污染环境,其实质依然是传统的先污染、再治理的模式,将经济发展和生态保护看成前后串联的关系。与西方不同,中国式解决方案是边发展边治理,将生态与经济发展看作是同时并联的模式。从政策导向上,在经济发展过程中稳中求进地进行能源结构转型,推进碳达峰、碳中和。从具体策略上,根据我国能源利用的基本国情和客观实际强调"先立后破",先建构长效机制再循序渐进地退出传统能源,在新能源安全可靠的替代基础上减轻资源环境压力。

再次,人与自然和谐共生的现代化实现了对西方生态政治叙事的超越。西方国家为了维护其政治的合法性,建构一套环境正义的话语体系,在国内维系唯环境主义的政治正确,在国际上以环境污染为名对发展中国家横加指责。西方国家标榜自己低污染、低排放,用所谓的生态正义掩盖其大肆毁坏环境

“发家史”，粉饰富国剥削穷国，将资源环境压力转嫁给发展中国家。与西方生态政治的虚伪性和排他性不同，中国式人与自然和谐共生的现代化发展强调建构人类命运共同体。生态文明建设不是追求效率的单极发展，而是培育多元生态的综合迈进；不是以牺牲多数人为代价换来少数人享乐的农场绿地，而是尊重平等互助共享的青山绿水；不是以生态为借口阻挠别国发展，而是面对全球生态危机在国际间谋求合作与共赢。从政治叙事上看，人与自然和谐共生的中国式现代化推进了真实的人权、强化了国际间的公平正义，其中包含的政治智慧和伦理意涵让中国在国际舞台上展现出负责任的大国风范。

最后，人与自然和谐共生的现代化彰显了独立于西方模式的新文明形态。长期以来，现代性话语一直被西方发达国家所垄断和支配，而西方国家现代化的本质是资本的逻辑。发展中国家要实现现代化，常主动或被动选择西方提供的资本现代性方案，这导致后发国家陷入对西方模式的路径依赖，从而陷入资本主义的扩张中而无法自拔。资本主义所追求的资本的无限增殖、无限扩张必然导致对大自然的过度剥夺。生态维度直观地暴露出资本逻辑的致命缺陷，资本嗜利而增殖的过程中不断滋生着生态危机，加剧了人与自然的对立、人与人之间的歧视与对抗。许多西方学者对西方这种资本主义模式下的生态前景忧心忡忡，正如德国著名社会学家乌尔里希·贝克所说，西方这种做法会造成全球生态风险，“回旋镖”效应会让迫害者与牺牲者迟早合为一体。然而，中国式现代化以“人民为中心”的逻辑超越了资本中心主义，这里以“人民为中心”就是强调主体性以及实际生活质量的更多细节，因而绿色发展模式就决定了中国式现代化的目标不是在 GDP 上“赶英超美”，而是通过生态文明建设满足人民对美好生活的需求，是要超越以效率最大化为导向的资本逻辑。因此人与自然和谐共生的现代化虽然诞生于中国但却创造性地回应着全世界的问题，这是以中国的生态之治为原点解决全球生态问题的中国方案的逻辑演进，彰显了超越资本主义文明形态的价值优势。

结语　从马克思价值论看美好生活需要

行文至此当是结语，然而此处的任务并非一定要对全书观点进行概括与总结。我们发现当代西方伦理学在美好生活上的概念分析与方法突破乃是基于现代以来社会发展暴露出来的共同问题，马克思的价值论在美好生活需要的阐发上也有类似的共识，这让当下的思考在不同的话语中获得印证且推陈出新。

美好生活是一个复杂的价值难题，应当依据何种标准判定生活是否美好，这个基础性问题在回顾功利主义幸福的几种代表性形态就可以看到：快乐主义、欲望理论以及客观列表理论。这三种观点均不同程度上拒斥了“客观性需要”概念，怀疑需要能否作为衡量美好生活的标准。而当前国内以马克思主义的需要概念对于美好生活的属性与特征的讨论，多是指出人与他人、人与自然等方面美好生活应当满足何种需要，进一步的研究有助于阐发这些重要的需要可能会发生冲突的客观现实，如何协调社会经济发展中的不均衡，政府在努力满足人民美好生活需要的过程中应优先关注哪些人群，以及如何看待消费在需要满足中的正向价值等问题。

一、美好生活从认识需要出发

何谓“美好生活”？本书在前述章节呈现了当代学界见仁见智的回应。在马克思主义价值论的视野中，“生活是否美好”是主体对于生活境遇的价值评价。生活是否美好，取决于主体较为看重的某些需要是否得到满足，如果得到满足，那么主体就会做出生活美好的价值评价。在马克思的价值论理论体系中，“需要”概念居于核心基础地位，对于美好生活的价值评价标准正是基于需要概念。马克思之所以重视需要，其理论源头在于古典政治经济学的一个思考传统。

从詹姆斯·密尔和亚当·斯密开始，经济学的思考本身就同伦理学融为一体，对于个人生活是家政学，扩大到城邦则是经济学与政治之学。[①] 谈论好生活一定会涉及需要的满足问题，也就是一定会涉及经济问题。19 世纪 40 年代，马克思主义是从人的真实需要看民生福祉的，他看到资本家只关心资本增殖，工人的生存状况与生活状态完全被忽视，这构成了资本主义早期发展过程中工人民生状况的图景，“少数人的人权”与雇佣关系的异化使得劳动者遭受尊严和赤贫的双重压迫，“物的世界的增值同人的世界的贬值成正比”。[②] 它代表了延续至今的现代世界的最大问题，人在资本主义世界中的异化，人的价值被市场和货币决定，这如同人的状态从 A 通过中介 B 转化为－A 的过程，而－A 则俨然同 A 处于一种颠倒的情形。虽然这只是对异化的简单类比，但可以看到资本和货币价值作为确立人们存在关系的尺度，让人失去了的尊严与自由所代表“现实的人”的生活，这是马克思在美好生活设想中的终极关怀。而现实中解决人的自由和尊严的问题首先就要解决“人的需要”，即改善“现实的人”的基本生存状态，民生福祉的发展离不开人们的基本生存状态，也离不开对美好生活的追求。学界已有颇多对马克思异化和批判理论的研究，是从批判的立场讨论消费主义对生活、消费、自我认同造成的极大影响，本书则旨在从建构的立场看马克思的价值论对美好生活需要的建设性价值。

---

① 经济一词的英文 economy 是由希腊文而来的，色诺芬的《经济学》是古希腊被保留下来的最早的一部有关于经济的著作，讲的是农业生产和家政管理。与此相应，eco 意指家务，nom 意指规则，合在一起就是家政学。后来家政学加入了政治含义，扩展到了公共行政和国家事务的管理，而 17 世纪在亨利四世和黎塞留统治下的法国，随着公共管理范围的迅速扩大，“政治经济学”一词首先出现在法国。政治经济学之于国家，相当于家政学之于家庭。在这个意义上，政治经济学与伦理学有着同源性，政治经济学是一种技艺不是严格意义上的科学，而伦理学则是这种技艺或科学的哲学思路的论证。斯密并未在书名中采用“政治经济学”这个名称，而是直接指出这是个伦理问题，但在他看来一旦给定了伦理价值的导向，政治经济学就有两个不同的目标：“第一，给人民提供充足的收入或生计，或者更确切地说，使人民能给自己提供这样的收入或生计；第二，给国家或社会提供充足的收入，使公务得以进行。”（亚当·斯密：《国富论》（下卷），商务印书馆，第 1 页）因此，政治经济学的含义就是他的书名：国民财富的性质和原因的研究；而他的策略则是让“看不见的手”自行调节：自由放任。

② 《马克思恩格斯文集》第 1 卷，人民出版社 2009 年版，第 156 页。

正如此，我们认为这里需要澄清一个关于消费主义的通常观念，搞清楚消费与需要的关系能让我们更进一步认识马克思对好生活或福祉的理解。

1. 回顾需要的历史发展

这部分我们在本书开篇功利主义的幸福概念中就已经展开分析过，但在这里我们则会发现马克思价值论中的需要是兼容了功利主义或经济学中的福利主义认知的，且对它们的发展过程曾一度保持反思。哲学对于一个人的生活，什么使得一种生活更好、更符合其利益的问题，形成了三种答案：快乐主义理论、欲望理论以及客观列表理论(objective list theory)。这些类型不仅是经济生活的价值指引，而且是政治哲学以及一些社会科学理论的基本立场。快乐主义以边沁与穆勒为代表，主张“快乐体验或快乐感是人的首要利益”，[1]将快乐作为评定生活状态的至高标准符合生活的部分经验。某些人的需要满足之后通常会产生快乐的愉悦感，然而很多错误的，甚至是违法的行为也会产生快乐。首先，诺齐克的批评就是，理性的人不会愿意生活在能够带来各种体验的机器中，尽管这个机器能够持续不断给肉体提供各种快乐的体验。由此可见，快乐、愉悦不能作为美好生活的评价标准。其次，就是森提出结果的适应性偏好问题，人们的愿望和享受快乐的能力随具体环境而调整，特别是在逆境中人们会调整自己以使生活变得易于忍受一些，甚至会把愿望和期望调整到按他们谦卑地看来是可行的程度。因而作为感受性的快乐是必要的，但是它很难作为一个严谨的标准指导行动，人们需要对过程的占有和体验。

欲望理论是快乐理论的进阶版本，人们要的是那种快乐从始至终享受到的过程，也就是说欲望理论将满足人的各式欲望作为衡量指标，主张通过这个世界上的某个地方实现他的愿望，他的生活能够变得更好。对欲望理论的批评同时包含着一些情形的认识：(1) 欲望可能无关个体真正的利益，可能被煽动、制造，所以欲望也总是跟消费主义的批判联系在一起。这一点是当代西方左翼知识分子用来唤醒大众而实现的主要任务，让大众摆脱对消费的迷恋和对虚假需要的上瘾。但反过来我们恰恰可以看到，欲望是人主体性的表现，它

① [美]金里卡：《当代政治哲学》，刘莘译，上海译文出版社2015年版，第16页。

既可能被诱导、欺骗，也可能是人们突破幻象的动力，欲望可以有多元的方向。就比如当代人群中也有一种现象，比如网络语言中说的酷抠族，他们通过展示和介绍各种省钱的方法让受众看到自己独特的生活方式和理念。在这个过程中当事人感受到的是省钱的快乐，也可以说是努力摆脱消费主义，同时从清醒的对抗中感受到自主性胜利的快感。(2) 欲望包含着错误的、伤害他人的欲望，这样的欲望与过好生活是完全相悖的，它不具备普遍性的意义。(3) 由此直接导致福利经济学家指出的客观指标问题，主观易变的欲望难以准确测度，因此政府在制定某项决策时是无法诉诸“欲望”指标的。

基于快乐论和欲望理论的上述问题，好生活评价越来越愿意将目光投向那些具有某些重要价值的“客观清单”，揭示哪些因素是符合人性的美好生活的构成内容。客观指标虽然外在于人，但是它秉承批评异化回归真实人生的观念，即使是在西方世界中，当代政治哲学家罗尔斯、约瑟夫·拉兹、阿玛蒂亚·森以及纳斯鲍姆等人的立场之一，也是要将人们的世界从“拜物教”的资源崇拜中拉回现实，而专注于人性本身以及能够更贴切体现人性的客观标准。例如罗尔斯提出的“基本善”包括自由与机会、收入与财富、构成自尊的社会基础。客观列表理论相信某些事项对于每个人都是切实有益的，这种客观有益不在于这些事项能否给主体带来快乐的体验，也不在于其能否满足主体的欲望。这一种思路直接指引着当代西方的政治学、经济学应用以及公共政策的发展方向。但客观列表理论自身也存在问题，它并没有考虑每个人将外在客观收入、财富、资源转化为好生活的实质能力，因而这一过程体现在人际比较上，就是满足每个人生活需要的程度差异是很大的，个体的身份地位、社会阶层与所处的地区都成为影响他实现好生活的关键因素。这一点马克思的认识相当深刻，他的价值理论的基础恰恰是强调过程性与社会历史性的方法论革新，但从评价好生活的具体要素而言，他的需要理论其实同样覆盖了欲望理论与客观列表理论的那些内容，且从中指出了对消费与需要之关系对美好生活的促进作用。

2. 消费在需要中的正向价值

欲望理论与马克思主义价值论颇多相似之处，但又不完全一致。人们对于快乐主义基本上形成了较为普遍的共识，即快乐的体验不适合用作判定标准。而马克思价值论坚持以需要作为衡量对象是否有益的标准，这里的需要不用再做澄清，因为当代客观列表理论所列举的那些要素就表达了需要的内涵与外延。需要是有价值的生活的真正所需，需要同时兼顾了主体性与外在世界之间的关联，需要并不是一个现成的、静止标准，它依然是随着社会经济发展动态变化的。主体是在不断变动的社会存在以及社会意识中理解那些真正会带来益处的需要。马克思的需要理论也不否认欲望理论，欲望是主体对待外在世界的意向性理论，无论是快乐论还是欲望理论，需要都并不排斥它们，马克思用主观能动性表达了这两种主观标准的积极之处，它们都体现了人在精神上的自主与自由，不要轻易否认一个人的感觉与欲望，这是最真实而独特的生命力的彰显。

至少，在马克思主义价值论看来，需要是“主体发起对客体作用的内在动因”，“代表着主体与客体之间一种客观的联系”。[①] 主体的能力越强，能够发起的“内在动因”就越大，主体需要的范围就越广、结构就越复杂、种类就越多样。不同于“欲望理论”将人的欲望/需要视为主观的，价值论认为“需要不依主体意志或其他意识为转移”，[②] 即需要具有客观性。就需要形成的根源而言，需要的客观性表现在主体不是想要有什么样的需要就能有什么样的需要，正如马克思明确指出的，“我们的需要和享受是由社会产生的”，[③]换言之，特定的社会存在与社会意识塑造了主体特定的客观的需要体系；而在需要得以满足及满足后的结果方面，需要的客观性表现在哪些对象能够满足需要，以及需要满足后的状态是确定的。需注意的是，价值论不仅没有否认需要具有主观性，作为“主体发起对客体作用的内在动因”，主体有充足的自由选择如何满足自己的需要，而且提供了欲望与需要加以区分的一些界限。然而，这一点并不是关键，重要的在于价值论的需要概念同时囊括了“欲望理论”的“主观”维度与“客观列表理论”的“客观”维度，具体表现在：(1) 价值论承认人的欲望在特定情形下确实无关主体的真正利益，即主体对于对象有没有价值、有什么价值、有多大价值的评价与对象实际上对于主体的价值可能一致，也可能不一

①② 李德顺：《价值论》，中国人民大学出版社 2020 年版，第 44 页。
③ 《马克思恩格斯选集》(第 1 卷)，人民出版社 2012 年版，第 345 页。

致，不一致的程度或小或大。[①] 然而价值论基于需要能够被理性认知的立场，主张经由实践可以检验主体对于价值的主观认知与价值的实际呈现是否一致。(2) 尽管存在主体未能意识到应当满足的客观有益的需要，但这并不能得出美好生活应当拒斥“需要”概念，拒斥满足欲望的消费活动，而是应当注意“需要”的提升与需要体系的合理调整问题。(3) 主体的感受性非常重要，是否能产生“获得感”“幸福感”“安全感”是美好生活需要被满足的一个相当直观的体验，这一维度受到重视说明学界的总体关注更倾向于主体性力量的考察。

马克思的需要是从四个方向实现的：生产、交换、消费、分配。但从民生福祉的视角或者主体性实现的视角而言，更直接的就是消费环节和分配环节。尤其就消费而言，可能需要澄清一种由于批判消费主义而产生的厌恶消费的误解，马克思从来没有把抑制消费和放弃消费看作解决资本主义的办法。一些学者从马克思的文本中可以看到他关于生活日常与消费的基本态度，从而指出马克思不是在否定消费，而是在为消费者辩护。[②] 马克思曾经论述国民经济学家对资本的态度如何催生了异化，在其文本中“因此那些国民经济学家的基本教条是：自我克制，对生活的人的一切需要克制，你越少吃、少喝、少买书，少上剧院、舞会和餐馆，越少想、少爱、少谈理论，少唱、少画、少击剑……你的财产就越多，你的外化的生命就越大，你的异化本质也积累得越多”。[③] 马克思在这里提到十二项活动，六项活动是同消费有关的，关于吃、喝、买书、去剧院以及餐厅，五项是关于智性的、艺术性、情感，思考、爱、理论与唱歌，如果没有必要的消费，那么后面的活动则都是用不着的。马克思绝不是排斥和诅咒消费活动，反而是强烈地支持工人消费活动的增加以及生活需求的倍增。如果这里我们把价值的维度加进去，就会看到马克思对消费的价值评判不同于反消费主义的理论，他首先认为消费是人的社会关系的体现，更应是一种人的生活繁荣的方式。马克思在《〈政治经济学批判〉导言》中说道：“饥饿总是饥

---

① 马俊峰：《评价活动论》，中国人民大学出版社 1994 年版，第 9—10 页。

② 本文此处参考刘擎教授讲座“消费主义不是洪水猛兽，马克思也不是反消费主义斗士”中对以色列开放大学教授伊沙伊·兰达文章《克制的否定：马克思论消费》的论述，https://www.bilibili.com/read/cv24809030/?jump_opus=1。

③ 《马克思恩格斯全集》(第 42 卷)，人民出版社 2016 年版，第 134 页。

饿，但是用刀叉吃熟肉来解除的饥饿不同于用手、指甲和牙齿啃生肉来解除的饥饿。"[①]从价值标准来看，马克思显然认为第一种解除饥饿的方式才是一种属人的方式，从而消费在属人的意义上是点燃人的生命力并且借助把对象物作为媒介而发展自由和创造力，换言之，它表达了一种好生活实现的论断，如果消费让人们看到了生活的意义和好生活的客观图景，那实际上这就是人们需要的。资本主义条件下的消费并不都是对欲望的极致诱惑和野蛮的体验，马克思的观点暗示了文化消费在资本主义条件下具有改进和上升的可能性，扩大消费和促进人们生活的普遍发展是一项有益的运动，尤其在当前背景下，通过消费逐渐完善有质量的生活也是国家以及公共策略必须保障和鼓励的。

美好生活需要早已不是满足温饱的基本需求，而是在消费升级的基础上对有质量生活的需要，马克思这样描述需要的动态变化："历史地自行产生的需要即由生产本身产生的需要，社会需要即从社会生产和交换中产生的需要越是成为必要的，现实财富的发展程度便越高。……于是，过去多余的东西便转化为必要的东西，转化为历史地产生的必要性，——这就是资本的趋势。一切生产部门的共同基础是普遍交换本身，是世界市场。"[②]马克思认为人们的需要越是成为生活必要品的时候越是社会财富生产越高的时候。因而对美好生活的需要并不是某种固定不变的指标，而是在超越贫困的基础上人们对一般生活消费以及可类比的生活状态的进一步要求。消费鼓励着人们过好生活的愿望，促进了社会财富的生产，甚至在生活层面上激发着人的自由全面发展。

人类的生活常态是通过活动满足各种需要，但也是部分需要得到了满足以及部分需要尚未被满足的复合态，由此产生的问题便是：美好生活应当优先性满足何种需要以及谁之需要。

二、何种需要优先

人们对美好生活的需要形式是多元的、特殊的、具体的，它最终经由主体

---

① 《马克思恩格斯文集》(第 1 卷)，人民出版社 2009 年版，第 16 页。
② 《马克思恩格斯全集》第 46 卷(下)，人民出版社 2003 年版，第 19—20 页。

的确认、满足主体所认可的特定需要，那么最重要的就是能够提供多元的选择。不争的事实是人的所有需要不可能同时全部都得到满足，满足某些需要总是以延缓甚至放弃另外一些需要为代价的，这种情形反映了主体每时每刻都面临着需要冲突的客观现实。当然这并不意味着主体每一次仅仅只能满足一个需要，在不同需要之满足均涉及同样的对象时便不存在冲突。例如享用一餐美食既满足了饱腹的生理需要，还可能会满足审美、尊严、了解饮食文化、社会交往等其他需要；再如人的某一行为也总是被多种需要所驱动。可见不同的需要并一定会导致需要的冲突，对于单个的人而言，主体只能对于不同的需要赋予不同的优先级，对不同层次的、不同方面的价值进行权衡取舍。正如功利主义在结果的取舍上诉诸总量的运算，这种权衡取舍在人们日常生活的经验中是常常发生的，它对个体来说是对于人生近期目标与远期目标的整合，也是对当下整体利益的考量，要满足幸福需要而不得不承受某些代价，人们始终进行着审慎的价值判断。

归根结底，美好生活是主体面对诸种需要的冲突，选择何种需要优先满足、何种价值优先实现的权衡取舍的价值判断。生活中主体自发对不同的需要做出轻重缓急的价值判断，我们将能够持续影响人的生存状态、对人的生活带来重大益处的需要称为优势需要，代表着相比其他需要来说，其优先级较高。优先级较高的优势需要以其他需要的满足为前提，例如生存的需要、遵守社会规范的需要等。从个体推至整个社会而言，无法脱离社会独立生活的个体为了解决需要冲突，确保其优势需要能够有机会被满足，必须遵守社会现有的规范性要求。在人类历史的演化过程中，法律规则与道德规范的诞生主要用于调节利益冲突，这些规则规范明确了特定历史时期、特定社会背景下哪些需要不能被满足，哪些应当被满足，以及国家、政府有何种责任满足个人生活的需要。

事实上，对美好生活的理解分歧主要不表现在“善”与“恶”的优先排序上，而是人所共求的诸善诸好难以排序的问题。在生活中，主体通常会有不同的抉择，有着不同的优势需要，例如追求健康、高收入、名声、快乐、幸福、自由、尊严、财富、爱情，等等，显然我们无法得出爱情一定优先于收入、快乐一定优先于财富、健康一定优先于声誉的排序。正如伯林所言，不同的价值既“无法通约”，也难以“价值排序”：“在某些特定情形中，是不是要以牺牲个人自由作为代价来促进民主或者牺牲平等以成就艺术？牺牲公正以促成仁慈？牺牲效率以促成自发性？牺牲真理与知识而促成幸福、忠诚与纯洁？”①按照伯林价值多元论的观点，不同的需要不可能有明确的优先级排序，因而也无法得出客观的、绝对正确的答案。然而如伯林所言，尽管就某次需要的满足来说确实没有明确的排序标准，且每一次的选择都以牺牲某些重要价值为代价，但这种牺牲并不一定都是永恒性的，有些价值可以在多次满足需要的过程中陆续实现。美好生活关注的是在持续的生活过程中需要整体上被满足的状态。此外，若一定要提供答案，对美好生活需要的满足首先要实现哪些事态，人们仍然可以确立一个既有差异、又有共同之处的“优势需要集”，倘若优势需要的满足状况达到了主体预期，可以说已实现了美好生活目标。

由此，人们可以看到客观列表理论在当代公共政策与国家治理策略中的基础性价值，基于人类普遍经验到的生活境遇，从普遍的底限原则上对美好生活的基本要素（如衣食住行等）当中归纳出诸多“基本性善/益品”（goods），相当于明确了美好生活应当满足的“优势需要集”。通常来说，在现代社会这些需要之优先级高于清单之外的其他需要。但客观列表理论并没有提供清单内所列的各种需要如何优先排序的根本原则，它们聚焦于教育、住房、医疗等社会权利，但是何者优先是根据一个社会的具体文化与经济发展结构诸如此类的区域性特征来决定的。同时，客观列表也提供了美好生活的一种理想状态，它大致应当包含哪些内容，即如果没有这些内容的实现，一个社会中的个体就算不上享受到了现代化的生活。毫无疑问，作为理想状态的美好生活应当是人的生存需要得以满足基础上有体面的、有尊严的、有意义的生活，客观列表理论提供了美好生活的确定性与客观性；而价值论、客观列表理论、伯林的价值多元论对于需要如何排序的立场一致，均主张不可能存在一个绝对正确而又完善的需要序列可直接指导现实生活的抉择，这反映了诸种人们普遍承认的价值难以排序的现实。

---

① ［英］以赛亚·伯林：《自由论》，胡传胜等译，译林出版社2003年版，第47页。

面对无解的诸善排序难题，约翰·密尔的立场是“如果一个人具备相当的常识和经验，其以自己的方式筹划生活，就是最好的”。[1] 面对美好生活理解分歧的客观事实，“国家应当调和这些分歧而不是试图消灭它们”。[2] 就实现人民群众的美好生活而言，马克思强调的“人的自由全面发展”是价值论主张的核心，他指出人民群众享有最终的评价权，主体选择何种理性的偏好是各人的自由意志，只要不侵害他人的合法权益，美好生活必然包含了能够自由满足其合理需要的维度。毋庸讳言，“自由”是美好生活的必要条件，也是切实有益于主体生活质量的重要益品。[3] 在这点上，价值论与密尔的立场是一致的。当然，双方也都意识到主体对于美好生活应当何种需要优先是存在认知偏差进而容易出现错误评价的。例如个体对满足某些需要对自己会产生何种影响认识不足，或是对于此需要被满足的直接的多方面后果始料未及，只看到了部分结果，而对引发的负面效应预估不足；或是未能看到此需要被满足后的长远影响，个人主观觉得一时有利，长远来看，又可能弊处极大；再如对没有满足某些需要的后果缺乏了解，在选择性满足某些需要的同时势必会延缓，甚至放弃其他需要的满足，而被后置的这些需要反而极其重要。但无论上述情况如何，都应当保持对每个人选择自己生活之能力的尊重，社会应当充分相信个体具有独立判断并实现美好生活的能力，它的存在应当为人们恢复和提升到恰当的好生活需求来提供自由保障，而不是强迫其放弃选择。因此需要在现实中是有指导意义的，比如满足温饱是碳基生物的客观需要，在满足温饱这一客观需要的具体满足中人们更有色香味俱全的追求，这些追求既是需要也是欲望。当前重要的不是批判想要吃更多美味的欲望，比如大学食堂想要满足学生的美好生活需要，就要考虑食堂如何能提供更多种类的选择以供学生消费。需要理论提供的客观意见就是，充分尊重个体的口味、偏好的自主性，一个食堂在满足美好生活需要中确定能做的是，提供更多饮食的选项以保证学生的自

---

① 约翰·穆勒：《论自由》，孟凡礼译，上海三联书店 2019 年版，第 75 页。

② 克劳德：《自由主义与价值多元论》，应奇译，江苏人民出版社 2008 年版，第 160 页。

③ 政治哲学普遍承认自由的重要作用，从穆勒伊始，到罗尔斯的正义两原则将“自由最大化”置于善品分配的第一原则，以及森主张以人“实际能做什么”（而不是“最后会做什么”）的自由来衡量人的生活质量都体现出自由满足合理需要的重要价值。参加阿玛蒂亚·森：《正义的理念》，王磊等译，中国人民大学出版社 2012 年版，第 217 页。

由选择。在一定社会存在基础上，提供一种有效的选择机制才是马克思提出的自由全面发展的现实路径。

虽然“何种需要优先”无法获得整全性答案，但马克思主义价值论反对以相对主义的方式理解美好生活。首先，价值论基于需要的客观性以及理性主义的立场，主张通过具体的实践活动，修正对于需要产生后果的认知偏差。其次，马克思主义价值论强调以“生成性的”“历史性的”视角看待美好生活，反对以先验的抽象方法得出美好生活的“理念”。随着生产力的发展，主体的能力相应获得发展，加之人所面临的环境也发生变化，人的需要体系变得越来越多样化，人们的美好生活目标、满足主体需要的对象相应也都在变，例如封建社会时期的优势需要绝不是今天人们所畅想的自由、平等、民主、正义。再次，马克思主义以实现人的自由全面发展、人类的普遍解放为崇高目标，在承认价值的主体性原则基础上，为主体依据不同合理性、实现美好生活提供了高度抽象的原则性答案，美好生活的远景应当是实现每个人的自由全面发展。然而，即便有这一共同目标，仍然存在着需要的冲突，即在满足需要所依赖的资源有限的形势下，优先满足谁的需要？

三、谁之需要优先

在资源不足的情况下，实现美好生活面对的问题便是：优先满足谁之需要。毋庸置疑，美好生活的实现离不开诸多生活资料的支撑，国家层面的福利分配必须合理解决需要与资源的矛盾。当代伦理学提出了多种方案，从功利主义的分配方案，到罗尔斯正义两原则，再至阿玛蒂亚·森以可行能力对罗尔斯正义原则的补充，这一发展脉络针对民众多元化美好生活的诉求，展现了政府应当如何分配资源以满足人民需要的各种解答。伦理学对于有限的资源(不仅包括对于生活有益的物品，也涉及自由、权利、尊严等内容)如何分配，提供了若干分配原则：

1. 最大多数人最大利益优先的原则

功利主义关注社会总体的善和群体的福利，依照“快乐最大化”原则，福利的分配应当遵循满足多数人的快乐。“谁之需要优先”的答案是能够带来快乐最大化的多数人的需要。诺齐克已证明“快乐”已经不适合用于作为评价美好生活的标准，但多数人优先的原则在某种意义上具有合理性，这是因为此原则是基于人格绝对平等的立场。功利主义的多数决法则磨平了人际差异，将人视为无差别的"原子"，当代著名的电车难题揭示了功利主义分配方案的根本问题，每个个体不应当被看作抽象而完全相当的原子，他们都是独一无二且生成于具体的关系语境中的，功利主义原则并不注重分配且因为一味倾向于效率而遭到了正义理论的强烈批评。

2. 自由主义的有权利者优先

权利原则针对功利主义无视少数人群的弊端，提出对于某些需要每个人都有不可让渡、不能被牺牲的权利，以避免"多数的暴政"。持此主张者多是给出一些限定条款明确人的权利，[①]或是像诺齐克一样指出一些领域不适用于功利原则。[②] 承认这一点，即意味着主体都具有某种满足需要的法定权利，但是在权利上的平等掩盖了人们在现实生活中不得不承受的那些由来已久的压迫与巨大的社会差异。

3. 基本益品"利益最少受惠者优先"

作为平等自由主义者的罗尔斯借助"正义两原则"追求自由的最大化以及对于弱势群体的平等主义关照：他通过"无知之幕"的设定理性个体达成的共识，在确保自由优先、机会平等的前提下，优先满足利益最少受惠者对于基本益品（包括自由与机会、收入与财富、构成自尊的社会基础）的需要。罗尔斯的第二条正义原则进行补充，应首先保障对于最大限度的个体均有满足此种需要或是获得此种益品的自由，之后将满足需要的优先权赋予缺乏基本益品的利益最少受惠者。

4. 可行能力弱者优先

罗尔斯之后，当代政治哲学的一个重要分支是以森为代表的可行能力理论。森注意到罗尔斯分配原则的不足：在资源与人的生存与发展之间，还有着至关重要的一环——人运用各种资源的可行能力不同。森认为仅考察资源

---

① 洛克的劳动产权理论在阐述人占有资源的权利时，指出如果自然资源不是无限的，一块土地被某个人占有了，其他人就无法得到了。洛克为了解决需要的冲突，提出的限定条款是：有足够的和同样好的东西留给其他人共有，只有满足了这个限定条件，主体对于自然资源的占有权才是合法的。参见［英］洛克：《政府论》下篇，叶启芳、瞿菊农译，商务印书馆1986年版，第19页。

② ［美］诺奇克：《无政府、国家和乌托邦》，中国社会科学出版社2008年版，第1页。

端无法准确反映人的生活质量,[①]可行能力进路致力于以人利用资源的能力弥合各类益品与美好生活之间的断裂。森通过可行能力的强弱衡量生活质量,依此判定谁才是真正的"利益最少受惠者"。可行能力概念指"有可能实现的、各种可能的功能性活动组合",[②]森注意到不同的功能性活动有着不同的重要程度,有些较为基本,有些则"有显著意义",他通过公开讨论的方式探寻某个区域所看重的"可行能力集",对于某种可行能力赋值的"权数"或"至少是权数的区间"形成"理性的共识",获得"民主的理解和接受"。[③] 这样基于民主的形式讨论得到的结果不是外部某个意志的强加,而是反映了特定区域的民意。之后,对于以民主的形式确定的集体价值共识,森认为还需要外部反思的必要环节,这种建立在"开放的中立性"基础上获得的来自外部的判断有利于避免陷入地方或国民狭隘性。[④] 可以看出,森经由民主商议再通过外部视角的反思为强调普遍性的客观列表理论注入了特殊性,他在承认客观列表理论的客观合理性的基础上,阐明了对客观列表中各项内容的增减的理由并不是某种普遍抽象的合理性原则,而恰恰有赖于特定的地域文化。

马克思、恩格斯对于在19世纪"谁之需要优先"的答案显而易见:无产阶级。理由是不劳而获的资本家"偷盗"了无产阶级的劳动果实。当然在资本主义的经济体系下,资产阶级当然不会优先满足无产阶级的需要。然而在21世纪,生产环节日趋复杂,劳动的外延变得异常宽泛,尤其是在数字经济时代劳动形式与劳动关系的变化多样,在劳资界限模糊的情况下,谁之需要优先变成一个极难解决的现实问题。当代的功利主义已经演化出了多种形态,不断修缮原有的理论粗陋,在制定实际的福利分配政策时"最大多数人最大利益优先"的法则仍有着顽强的生命力;同时兼顾社会流动性,积极促进公平共享的策略在当代更受欢迎。因为在当下充满着不确定性、全球社会阶层分化严重,

---

① "就饥饿和缺乏营养而言,一个因为政治或宗教原因而自愿绝食的人,与一个遭受饥荒的人,可能同样地缺乏食物与营养。他们表面上的营养缺乏——他们实现的功能——也许基本一样,但是选择绝食的人可能比因贫穷而挨饿的人具有更大的可行能力。"参见森:《正义的理念》,第219页。

② [印]阿玛蒂亚·森:《以自由看待发展》,任赜、于真译,中国人民大学出版社2012年版,第63页。

③ 同上书,第66页。

④ 同上书,第375—376页。

且人们生活的可持续性随时遭受挑战的情况下，社会整体的需求是安全、稳定以及基本质量的生活能获得保障，人们需要寻求自由能力的可持续发展，对民生福祉的“兜底”型保障正在获得更高关注。

在马克思价值论的视野中，他也具有一种分配正义的模糊性设定，那就是下限表现在利益相关方都“还能接受”，上限是“都还满意”，落在此区间内的即是分配正义。[①] 当然，达到这个目标的上限是极其困难的，但是目前更重要的是下限的需要满足。马克思所坚持的“人的自由全面发展”是一个很有深意的指标。仅靠社会资源无法准确反映人的生活质量，尤其要注意到人们运用资源在生存与发展过程中的转化能力，资源作为公共善是同美好生活存在断裂的，因为如果不关注人的自由发展程度，仅资源之间的分配是没有实效的。这也就是当前西方社会尽管指出了公平、正义的理念以及原则，但是真正的问题是不能为切实地为个体提供自由能力提升的机会与选择。从这个意义来说，实现就业、教育、医疗以及社会保障的真实覆盖，是社会主义社会最具优势的地方。

在我国，全面建成小康社会的进程中民生与福祉被提上历史性高度，本着“以人民为中心，扎实促进共同富裕”的目标，将“保障和改善民生放在优先发展地位”，当前这一发展阶段被我国学者称为民生福祉的“精准覆盖阶段”，[②] 相比过去，当前政策注重民生立法的顶层设计，通过法治国家建设保障人人有尊严的美好生活在秩序中得到落实。同时，突出公共服务的均等化，这意味着公平正义成为民生政策制定和实施的基调和底线，在全民共享的基础上个体能获得自由发展的可持续性保障。[③] 尤其是我国当前的民生政策聚焦于补足短板弱项，在兜底性惠民政策基础上推进经济的均衡发展，这一判断在各种需要的不断冲突与多元化蔓延的趋势下非常精准地把握了当下主要矛盾以及未来发展的导向。

---

① 参见马俊峰、宁全荣：“公正概念的价值论分析”，《教学与研究》2008 年第 4 期；马俊峰：“马克思主义公正观的基本向度及方法论原则”，《中国社会科学》2010 年第 6 期；马俊峰：“推进和实现国家现代化的理念基础和关键环节”，《社会科学辑刊》2022 年第 1 期。

②③ 许玉镇、张为娟：《中国共产党推进共同富裕实践中民生政策的形成与发展——基于 1949—2020 年党的重要会议文本的分析》，《社会科学研究》2022 年第 4 期。

四、冲突的持存与满足美好生活需要

尽管需要的各方面冲突迄今为止没有形成普遍能接受的标准答案,但这不妨碍每个人追求其自认为的美好生活目标。对于个体来说,“何种需要优先”的冲突会永远存在,只要个体进行选择,便意味着在多种需要中择其一种或几种获得满足;对于由人与人构成的社会来说,有限的资源和无尽的欲望使“谁之需要优先”的冲突持续存在。需要冲突的恒存决定了追求美好生活充斥着不同层面的紧张张力。

对于个体来说,实现美好生活涉及三方面的问题:

1. 提高主体对于满足需要产生后果的认知能力

每个人都是在既定的文化、法律、伦理背景中成长起来的个体,因此对于美好生活的理解都必然存在或大或小的局限性,小至地域的局限性,大至时代的局限性。森的“开放的中立性”视角有助于解决区域、文化的局限性,通过不同主体的实践活动可以确认满足需要产生的事实后果以及价值影响,随着认知能力的增强,对于满足需要所产生长远的影响也会有越来越全面的、准确的把握。只有不同主体正确认识到这些事实与价值的双重后果,种种需要的冲突才能在公共商谈过程中形成共识性的调和原则。此外,主体认知能力的增强也有助于解决“适应性偏好”问题,让主体意识到在现有的需要之外,还可能存在一些至关重要的客观有益的需要。

2. 满足需要的目的之反思

每个人的需要总是蕴含着特定目的,这些特定目的的实现又在目的链条上逐渐累积。满足了生存需要之后,人会自觉生成“享受的需要”与“发展的需要”,因而有必要重新看待我们对美好生活的期待。一方面,当代社会曾经倡导感官享受的消费主义之滥觞,让人在五光十色的商品世界中满足“虚假需要”,甚至是反消费主义思潮的盛行让人们认为消费使得享受变成了终极目的,发展被遗忘。我们承认让人耽于享乐、纯粹利己主义的生活显然不是美好生活。但实现美好生活并非要彻底拒斥“享受的需要”。从另一方面讲,消费隐含着更为复杂的自由意蕴,消费至少在行动上是主体自由的体现。20世纪50—60年代以后反消费主义理论转向了对丰裕社会的批判,这是有进步意义的，但他们只是把需要用作批判消费的武器，以此来约束、抵抗资本主义。这个过程既偏离了主体性的本性，也忽视了需要所产生的真实力量，它不是约束资本主义并与欲望对抗的事物，而是作为个体对外在世界的意向性有助于人们寻求资本主义的替代模式的突破口。如果一定要反思，那么上述对反消费主义的传统看法将欲望同需要生硬分开的做法毫无意义，而真正有着革命性的社会变革的大胆远景在于，我们似乎应当通过消费活动承认丰裕社会的结束，而未来在于如何开启一种可持续发展的有活力生活。

3. 结构性比较引发的主观评价难题

主体的生活状态总是不尽相同，个人的优势需要总是潜移默化地被他人所影响，突出的表现是向精英阶层人士看齐，而资源的有限性不足以支撑所有的人都过上世界首富的精致生活。幸福生活既然包括主观感受性的因素，那么在人际比较普遍存在的社会关系中，在资源分配上的更大程度的平等，以及人际比较的价值标准出现更多元化的路向才可能逐渐克服主观情绪上的不幸福、不美好。尽管在古代斯多亚派看来，这是一类个人欲望治疗的心灵问题，不比较、不动心则会让人感觉舒服，但我们认为那也许更像适应性偏好的另一种替代形式。应当承认一个社会之所以爆发极度的“不幸福”“不安全”乃至于“躺平”的社会心理，仍然在于社会阶层的分化与差异、社会流动性的自由程度降低。我们希望从丰裕社会到可持续发展的模式转变，将会不约而同地影响人际比较的结构与指标，让单一路径变得丰富多元，让人们对于美好生活的想象更趋于个性化与创新。每个人不可能生存状态完全一致，只要生活境遇存在差异(也即需要整体满足状态的不同)，就势必产生生活境遇的比较，而要实现每个人持久满意状态显然是不可能的，政府能做的，只能是不断缩小“不满”与“满意”之间的间距。如果阶层能够流动，那么上层的美好生活对于中层、下层来说，就是一个暂时未能实现的目标而已，倘若这个目标存有实现的可能性，那么中下层人群的工作、奋斗才有现实意义，对于美好生活的追求会促进经济的进一步发展以及社会的和谐运作。

而从社会视角看，当前政府或国家要做的已经不再是仅以功利主义方式尽可能追求需要得以满足的数量最大化，从追求总量到如何消化存量的变化，政府将把注意力放在最有效、最科学的调整需要冲突，如何在放缓脚步的过程中实现美好生活的高质量发展，为实现人的自由全面发展提供制度保障。

首先，精准结合人民生活需要促进消费动力与个体创新能力，同时为美好生活的效率指标转向质量指标提供充分的保障机制。曾经的"效率优先"原则在根本意义上是用于解决需要冲突的，把蛋糕做大是提升人民生活水平的最直接路径。客观而言，这一做法在满足人的基本需求时有着普遍适用性，但随着温饱问题的解决，随着中国全面建成小康社会进程的推进，追求效率总量同生态问题、社会公平问题、资源分配与消费问题都产生了愈来愈尖锐的冲突。重新回到人民美好生活需要，则是从"物"的指标达成回到"以人为本"的根本宗旨上，对安全感和幸福感的需要则让当代人看到了固有发展模式的短板，从扩张的现代性到收缩的现代性变化趋势，幸福生活的传统评级体系也在不断崩塌，因此在多元与均衡中保障人的自由发展，可以看作是马克思赋予民生福祉建设的极大想象力。

其次，调和需要冲突。具体而言是最大程度满足优势需要的"机会平等"，这个原则既契合罗尔斯正义两原则当中的第一条，也是森可行能力致力于实现主体有选择"实质自由"的体现。价值的多维性表明资源通常能满足人的多层面的需要，基于资源的主功能，能够明晰分清资源能满足的不同需要的主次，例如火车票在采用实名制之前，主功能是满足人们出行的需要，尽管票贩子囤积车票高价出售能够满足盈利的需要，但这种次要的功能已经不同程度干涉了车票的主功能，类似的还有医疗服务、受教育的机会，等等。对此，政府需要对于资源的利用方式进行规范性设置，合理设置满足需要的条件，缓解需要的冲突。此外，调和需要冲突还应注意多次福利分配的结果应当避免红利集中在某个阶层，而代价却集中于另一个阶层，这样会形成巨大的社会不平等，严重的话甚至会形成阶层固化以及美好生活的代际传递。[①] 这是效率发展中普遍存在的问题，但是在新发展模式下应当主动采取措施加以克服。

---

① 桑德尔指出美国已有此种表现，在当今的美国，"美国最富有的 1%的人，其收入比收入居于后 50%的人的收入总和还要多"。而阶层"向上流动的能力似乎更多地取决于获得教育、医疗和其他资源，而不是来自贫困的鞭策，这些资源让人们能够在工作中获得成功"。如此这般的贫富悬殊造成"哈佛大学和斯坦福大学 2/3 的学生来自美国收入最高的那 10%的家庭。尽管有慷慨的经济援助政策，但只有不到 4%的常春藤联盟高校学生来自收入最低的那 20%的家庭"。参见［美］桑德尔：《精英的傲慢——好的社会该如何定义成功》，曾纪茂译，中信出版社 2021 年版，第 9—11 页。

再次，遵循“以人民为中心”的理念丰富人民的“功能性活动”。正如森所指出的，实现美好生活政府的作用不能只是产品的提供方，还应当关注如何帮助人民搭建起从资源到美好生活的桥梁。实现共同富裕的“扶贫”不能仅仅落实在金钱援助上，从根本上说，是要重建弱势群体的可行能力，党的二十大报告中明确提出“人人都有通过勤奋劳动实现自身发展的机会”，人民群众是美好生活的建设者与享受者，仅仅依靠政策的救济与扶持无法真正实现人民的美好生活，只有充分调动人民建设美好生活的积极性，才能从根本上缓解满足需要的资源不足的现实问题。

最后，发挥全过程民主的商谈作用，提供人民广泛参与美好生活的政治活动的机制与平台。价值观念多元是现代社会的客观事实，美好生活不是消解了一切矛盾与冲突的“童话”，对于价值观念冲突、需要冲突的政策处理是否有效、是否合理，最终的评判权还是人民。当代中国的全过程民主有助于健全完善分配制度，也有利于找到更合理的资源分配的现实操作路径，从而避免某些群体所秉持的价值被社会无视，而沦为牺牲品。

作为个体来说，美好生活应当追求的是享受生活与人的能力发展、建设者与享受者的合理统一，不能将追求更多的财富作为评判生活是否美好的终极标准。当然，人的优势需要又因为价值主体性原则而具有人际差异，因此在面临需要冲突时，需要的排序总是不确定的，这就使得美好生活必然具有个性化的表现。但不管选择优先满足何种合理需要，过何种生活方式，既要体现生活的被普遍承认的意义与价值，也要杜绝以纯粹利己主义（仅考虑自身需要的满足，而丝毫不关注他人的需要）的态度追求美好生活。对于政府而言，一方面是发展科技、发展生产力，发挥市场的作用，达到满足基本需要的人“一个也不能少”；另一方面是合理调和需要的诸种冲突，注重分配正义，确保福利的多次分配，不断降低人际不平等，避免福利巨大差异在代际间的传递。

当代西方对于幸福生活的理论研究集中回应了当下全球的普遍性问题，也面对着西方世界自身的制度性困境。我们在马克思主义理论的视角中看到的幸福生活，在同当前幸福理论的两相比较之下也收获了更多启示。大众非常自然地想要过上舒适的生活，拥有美好的东西，这些真实的需要和欲望，不应当被病理化为一种边缘的精神疾病。在各种美好生活的想象中，有一些要素的实现可以确定地说是现代社会对人们生活的承诺，比如自由与发展不断更新的可能，比如说个人实现好生活的能力具有可持续性。一个社会制度的优越性在根本上表现为能否为人民提供过美好生活的机会，人民在实现幸福生活过程中所珍视的那些价值是否得到尊重并得以施展。改善民生福祉无论就实践经验还是理论发展都具有共性规律，也同时能够运用于本土的文化境遇和历史的独特性之中。为实现美好生活展开的努力既是为了改善本国人民的生活质量，也要以改善人类境遇为目标，建立起长效的民生发展全球化议题。幸福在这里不仅作为一种物质生活，而且应当作为一种革命性的精神欲望，在开放的、接纳新技术、拥抱全球化的语境中成为下一个发展阶段的历史动力。

参 考 文 献

中文著作

[1] [印] 阿玛蒂亚·森:《资源、价值与发展》,杨茂林、郭婕译,吉林人民出版社 2008 年版。

[2] [印] 阿玛蒂亚·森,玛莎·纳斯鲍姆主编:《生活质量》,龚群、聂敏里等译,社会科学文献出版社 2008 年版。

[3] [印] 阿玛蒂亚·森:《以自由看待发展》,任赜、于真译,中国人民大学出版社 2012 年版。

[4] [印] 阿玛蒂亚·森:《正义的理念》,王磊等译,中国人民大学出版社 2012 年版。

[5] [古罗马] 爱比克泰德:《哲学谈话录》第 2 卷,中国社会科学出版社 2004 年版。

[6] [英] 彼得·温奇:《社会科学的观念及其与哲学的关系》,张庆熊等译,浙江大学出版社 2016 年版。

[7] [英] 庇古:《福利经济学》上卷,朱泱、张胜纪、吴梁健译,商务印书馆 2006 年版。

[8] [英] 边沁:《道德与立法原理导论》,时殷弘译,商务印书馆 2000 年版。

[9] [加拿大] 查尔斯·泰勒:《现代性之隐忧》,程炼译, 中央编译出版社 2001 年版。

[10] 陈炼:《伦理学导论》,北京大学出版社 2008 年版。

[11] 陈真:《当代西方规范伦理学》,南京师范大学出版社 2006 年版。

[12] [英] 弗雷德里克·罗森:《古典功利主义:从休谟到密尔》,曹海军译,译林出版社 2018 年版。
[13] 甘绍平:《伦理学当代建构》,中国发展出版社 2015 年版。
[14] 甘绍平:《自由伦理学》,贵州大学出版社 2020 年版。
[15] [英] 格拉斯·C. 诺斯:《理解经济变迁过程》,钟正生、邢华等译,中国人民大学出版社 2008 年版。
[16] 龚群:《当代后果主义伦理思想研究》,中国社会科学出版社 2021 年版。
[17] [美] 贾尼斯·格罗·斯坦:《效率崇拜》,杨晋译,南京大学出版社 2020 年版。
[18] 江畅:《西方德性思想史概论》,人民出版社 2017 年版。
[19] [德] 康德:《道德形而上学》,苗力田译,上海人民出版社 2002 年版。
[20] [美] 科尔伯格:《道德发展心理学》,郭本禹译,华东师范大学出版社 2004 年版。
[21] [英] 克里斯托弗·J. 贝瑞:《苏格兰启蒙运动的社会理论》,马庆译,浙江大学出版社 2011 年版。
[22] [瑞士] 克里斯托弗·司徒博:《环境与发展—一种社会伦理学的考量》,邓安庆译,人民出版社 2008 年版。
[23] [英] 拉里·西登托普:《发明个体》,贺晴川译,广西师范大学出版社 2021 年版。
[24] 李德顺:《价值论》,中国人民大学出版社 2020 年版。
[25] 李德顺、马俊峰:《价值论原理》,陕西人民出版社 2002 年版。
[26] [美] 列奥·施特劳斯:《自然权利与历史》,彭刚译,三联书店 2006 年版。
[27] [美] 罗伯特·诺奇克:《无政府、国家和乌托邦》,中国社会科学出版社 2008 年版。
[28] [英] 罗杰·克里斯普:《密尔论功利主义》,马庆、刘科译,人民出版社 2023 年版。
[29] [美] 罗纳德·M. 德沃金:《刺猬的正义》,周望、徐宗立译,中国政法大学出版社 2016 年版。
[30] 马克思:《哥达纲领批判》,中央编译局译,人民出版社 1965 年版。

[31] 马克思:《资本论》(第 1 卷),中央编译局译,人民出版社 2014 年版。
[32] [美] 玛莎·C. 纳斯鲍姆:《善的脆弱性》,徐向东、陆萌译,译林出版社 2007 年版。
[33] [美] 玛莎·C. 纳斯鲍姆:《寻求有尊严的生活——正义的能力理论》,田雷译,中国人民大学出版社 2016 年版。
[34] [美] 玛莎·C. 纳斯鲍姆:《正义的前沿》,朱慧玲、谢惠誉媛、陈文娟译,中国人民大学出版社 2016 年版。
[35] [美] 玛莎·纳斯鲍姆:《欲望的治疗: 希腊化时期的伦理理论与实践》,徐向东、陈玮译,北京大学出版社 2018 年版。
[36] [英] 麦金泰尔:《现代性冲突中的伦理学: 论欲望、实践推理和叙事》,中国人民大学出版社 2021 年版。
[37] 麦卡锡选编,刘森林主编:《马克思与亚里士多德——十九世纪德国社会理论与古典的古代》,郝亿春、邓先珍等译,华东师范大学出版社 2015 年版。
[38] [英] 密尔:《功利主义》,徐大建译,上海世纪出版集团 2008 年版。
[39] 欧诺拉·奥尼尔、伯纳德·威廉斯等:《美德伦理与道德要求》,徐向东编,江苏人民出版社 2008 年版。
[40] 钱永祥:《动情的理性: 政治哲学作为道德实践》,南京大学出版社 2020 年版。
[41] [英] 乔治·克劳德:《自由主义与价值多元论》,应奇译,江苏人民出版社 2008 年版。
[42] [美] 桑德尔:《精英的傲慢——好的社会该如何定义成功》,中信出版社 2021 年版。
[43] 石敏敏、章雪富:《斯多亚主义(II)》,中国社会科学出版社 2009 年版。
[44] [美] 托马斯·斯坎伦:《道德之维》,中国人民大学出版社 2014 年版。
[45] 汪毅霖:《基于能力方法的福利经济学——一个超越功利主义的研究纲领》,经济管理出版社 2013 年版。
[46] [加拿大] 威尔·金里卡:《当代政治哲学》,刘莘译,上海译文出版社 2011 年版。

[47] [德] 魏伯乐、[瑞典] 安德斯·维杰克曼:《翻转极限:生态文明的觉醒之路》,程一恒译,同济大学出版社 2018 年版。

[48] [英] 休谟:《道德原则研究》,曾小平译,商务印书馆 2001 年版。

[49] 徐向东:《道德哲学与实践理性》,商务印书馆 2006 年版。

[50] [英] 亚当·斯密:《道德情操论》,蒋自强等译,商务印书馆 2006 年版。

[51] [古希腊] 亚里士多德:《尼各马科伦理学》,廖申白译,商务印书馆 2003 年版。

[52] [古希腊] 亚里士多德:《尼各马可伦理学》,廖申白译,商务印书馆 2003 年版。

[53] [古希腊] 亚里士多德:《物理学》,张竹明译,商务印书馆 1982 年版。

[54] [英] 伊安·汉普歇尔-蒙克:《现代政治思想史:从霍布斯到马克思》,周保巍等译,上海人民出版社 2022 年版。

[55] [英] 以赛亚·伯林:《自由论》,胡传胜等译,译林出版社 2003 年版。

[56] [美] 约翰·罗尔斯:《正义论》,何怀宏、何包钢、廖申白译,中国社会科学出版社 1988 年版。

[57] [英] 约翰·洛克:《政府论(下篇)》,叶启芳、瞿菊农译,商务印书馆 1986 年版。

[58] [美] 约翰·L. 麦基:《伦理学·发明对与错》,丁三东译,上海译文出版社 2007 年版。

[59] [英] 约翰·穆勒:《论自由论》,孟凡礼译,三联书店 2019 年版。

[60] [美] 约翰·塞尔:《心灵、语言和社会》,李步楼译,上海译文出版社 2006 年版。

[61] [英] 约瑟夫·拉兹:《公共领域中的伦理学》,葛四友主译,江苏人民出版社 2013 年版。

[62] 张庆熊:《社会科学的哲学·实证主义、诠释学和维特根斯坦的转型》,复旦大学出版社 2010 年版。

中文期刊

[1] 阿玛蒂亚·森:《什么样的平等?》,闲云译,《世界哲学》2002 年第 2 期。

[2] 陈晓旭:《阿玛蒂亚·森的正义观:一个批评性考察》,《政治与社会哲学评论》2013 年第 46 期。
[3] 段忠桥、常春雨:《G. A. 科恩论阿玛蒂亚森的“能力平等”》,《哲学动态》2014 年第 7 期。
[4] 方菲:《动机、意图与功利主义的阐释》,《道德与文明》2018 年第 4 期。
[5] 方时姣、肖权:《收入差距加剧还是抑制环境污染?》,《江汉论坛》2020 年第 4 期。
[6] 高景柱:《超越平等的资源主义与福利主义分析路径》,《人文杂志》2013 年第 1 期。
[7] 郝亿春:《快乐的本性及其在好生活中的位置——从德性伦理学的视域看》,《现代哲学》2012 年第 5 期。
[8] 黄秋萍:《后习俗社会道德规范的有效性证成》,《世界哲学》2019 年第 2 期。
[9] 黄勇:《当代西方美德伦理学的两个两难》,《中国社会科学报》2010 年第 4 期。
[10] 克利福德·G. 克里斯蒂安斯:《阿格妮丝·赫勒的社会伦理学》,刘欣宇译,《学术交流》2020 年第 1 期。
[11] 李长成、陈志心:《论后习俗社会视域下哈贝马斯共同体思想中的相互性问题》,《四川师范大学学报(社会科学版)》2020 年第 4 期。
[12] 刘佳宝:《功利主义与个人完整性是否相容——论威廉斯对功利主义的批评》,《华中科技大学学报》2018 年第 6 期。
[13] 刘科:《当代正义理论的两难》,《哲学分析》2020 年第 4 期。
[14] 刘科:《我们追求的幸福是什么?》,《当代外国哲学》,上海:上海三联出版社,2018 年。
[15] 刘科、赵思琪:《“后习俗视域下美德伦理的定位及创造性——从明智到商谈”》,《伦理学术》2021 年第 2 期。
[16] 龙静云:《“自我所有”的谬误与灼见——马克思和科亨对“自我所有”的双重镜鉴》,《马克思主义研究》2016 年第 12 期。
[17] 罗亚玲:《贡献与挑战:在当代哲学的语境中再思阿佩尔先验语用学》,

《复旦学报(社会科学版)》2020 年第 6 期。
[18] 马俊峰:《马克思主义公正观的基本向度及方法论原则》,《中国社会科学》2010 年第 6 期。
[19] 马俊峰:《推进和实现国家现代化的理念基础和关键环节》,《社会科学辑刊》2022 年第 1 期。
[20] 秦子忠:《以可行能力看待不正义》,《上海交通大学学报(哲学社会科学版)》2016 年第 3 期。
[21]《人类发展报告发布——在转型的世界中塑造未来》,《中国经济时报》2022 年第 9 期。
[22] 任俊:《正义研究能力进路主张能力平等吗? ——澄清关于能力进路的一个误解》,《天津社会科学》2018 年第 5 期。
[23] 谭安奎:《古今之间的哲学与政治——玛莎·纳斯鲍姆访谈录》,《开放时代》2010 年第 11 期。
[24] 王福玲:《"人的尊严与脆弱性"》,《道德与文明》2022 年第 4 期。
[25] 王球:《演化心理学与人生意义》,《现代外国哲学》,上海:上海三联书店 2020 年第 16 辑。
[26] 徐珍:《功利主义道德哲学的嬗变》,《湖南社会科学》2015 年第 6 期。
[27] 严宏:《从交往共同体到法律共同体——哈贝马斯对现代西方国家的演进式重构》,《华中科技大学学报(社会科学版)》2019 年第 3 期。
[28] 杨清望:《全面建成小康社会对人权"法理的新发展"》,《人权》2020 年第 5 期。
[29] 杨寓涵:《收入差距促进了环境污染吗? ——基于省级面板数据的实证检验》,《云南财经大学学报》2019 年第 5 期。
[30] 姚大志:《分析的马克思与当代自由主义》,《华中师范大学(人文社会科学版)》2018 年第 1 期。
[31] 占华:《收入差距对环境污染的影响研究——兼对"EKC"假说的再检验》,《经济评论》2018 年第 6 期。
[32] 张曦:《快乐主义与生活之善》,《世界哲学》2015 年第 5 期。
[33] 张曦:《"生活之善"与欲望的满足》,《世界哲学》2016 年第 4 期。

[34]《中国科学院兰州文献情报中心资源环境科学动态监测快报》2022年第20期。

英文文献

[1] Ackrill, L., "Aristotle on Eudaimonia", in Amelie Oksenberg Rorty (ed.), Essays on *Aristotle's Ethics*, University of California Press, 1980.

[2] Aristotle, *De anima*, trans. Polansky Ronald, Cambridge University Press, 2007.

[3] Atkinson, Anthony B., "The Strange Disappearance of Welfare Economics", *Kyklos*, 2001, 54 (2-3).

[4] Basu, Kaushik and Kanbur, Ravi, *Arguments for a Better World: Essays in Honor of Amartya Sen, Ethics, Welfare, and Measurement*, Volume 1, Oxford University Press, 2009.

[5] Beadle, Ron, MacIntyre and the amorality of management, *The Second International Conference of Critical Management Studies*, 2001, (07).

[6] Beitz, Charles R., "Amartya Sen's Resources, Values and Development", *Economics and Philosophy*, 1986, 2(2).

[7] Berthe, A., Elie, L., Mechanisms Explaining the Impact of Economic Inequality on Environmental Deterioration, *Ecological Economics*, 2015, 11, 6(4).

[8] Boonin-Vail, David, *Thomas Hobbes and the Science of Moral Virtue*, Cambridge University Press, 1994.

[9] Brandt, Richard B., *Ethical Theory*, Prentice-Hal., lnc., 1959.

[10] Chappell, Timothy, "Integrity and Demandingness", *Ethical Theory and Moral Practice*, July 2006, 10(3).

[11] Cohen, G. A., *Karl Marx's Theory of History: A Defence*, Clarendon press, 1978.

[12] Conly, Sarah, "Flourishing and the Failure of the Ethics of Virtue", in

Peter A. French et al eds., *Midwest Studies in Philosophy*, 1988, 13(1).

[13] Crisp, Roger, *Mill on Utilitarianism*, Routledge, 1997.

[14] Crisp, Roger, *Reason and the Good*, Oxford University Press, 2006.

[15] Crocker, David A., *Ethics of Global Development. Agency, Capability, and Deliberative Democracy*, Cambridge University Press, 2008.

[16] Crocker, David A., Functioning and capability. The foundations of Sen's and Nussbaum's development ethic, *Political Theory*, 1992, 20(4).

[17] Darwall, Stephan, *Philosophical Ethics*, Westview Press, 1998.

[18] Darwall, Stephan., *Philosophical Ethics*, Westview Press, 1998.

[19] Deneulin, S., "Development and the limits of Amartya Sen's The Idea of Justice", *Third World Quarterly*, 2011, 32(4).

[20] Duncan, G., *Marx and Mill. Two Views of Social Conflict and Social Harmony*, Cambridge University Press, 2009.

[21] Egbekpalu, E. P., "Aristotelian Concept of Happiness (Eudaimonia) and its Conative Role in Human Existence: A Critical Evaluation", *Conatus - Journal of Philosophy*, 2021, 6(2).

[22] Elster, John, *Making Sense of Marx*, Cambridge University Press, 1985.

[23] Farina, Francesco, Hahn, Frank, and Vannucci, Stefano, ed., *Ethics, Rationality, and Economic Behaviour*, Clarendon Press, 1996.

[24] Fineman, Martha Albertson, "the Vulnerable Subject: Anchoring Equality in the Human Condition", *Yale Journal of Law and Feminism*, 2008, 20(1).

[25] Finnis, John, *Aquinas, Moral, Political, and Legal Theory*, Oxford University Press, 1998.

[26] Fraser, I. Sen, Marx and justice: a critique, *International Journal of Social Economics*, 2016, 43(12).

[27] G. A. Cohen, "On the Currency of Egalitarian Justice", *Ethics*, 99 (4), 1989; Thomas Pogge, "Can the capability approach be justified", *Philosophical Topics* 30(2), 2002.

[28] G. J. Warnock, *The Object of Morality*, London, 1971: 17.

[29] Geoffrey, Scarre, "Epicurus as a Forerunner of Utilitarianism," *Utilitas*, Cambridge University Press, 2009.

[30] Gray, John, Mill on Liberty, *A Defense*, London: Routledge and Kegan Paul, 1983.

[31] Griffin, James, *Well-Being, Its Meaning, Measurement, and Moral Importance*, Oxford University Press, 1986.

[32] Habermas, Jurgen, *Communication and the Evolution of Society*, Beacon Press, 1979.

[33] Hills, John, Julian Le Grand, and David Piachaud (eds.), *Understanding Social Exclusion*, Oxford University Press, 2002.

[34] Inwood, Brad, *Ethics and Human Action in Early Stoicism*, Clarendon Press, 1985.

[35] Jamieson, Dale, "When Utilitarianism Should Be Virtue Theorists", *Utilitas*, 2007, 19(2).

[36] John, Hills, *Inequality and the State*, Oxford University Press, 2004.

[37] Julia Driver, *Uneasy Virtue*, New York Press, 2001.

[38] Kagan, Shelly, *The Limit of Morality*, Oxford University Press, 1989.

[39] Kagan, Shelly, "The limits of Well-Being", in E. F. Paul, F. D. Miller, Jr, and J. Paul (eds.), *The Good Life and the Human Good*, Cambridge University Press, 1992.

[40] Kilcullen, John, Utilitarianism and Virtue, *Ethics*, 1983, 93(3).

[41] Layard, Richard, *Happiness: Lessons from a New Science*, Penguin UK, 2011.

[42] Louis Kaplow, "Primary Goods, Capabilities, ... or Well-Being?", *The Philosophical Review*, Vol. 116, No. 4.

[43] MacIntyre, Alasdair, *After Virtue*, University of Notre Dame Press, 1984.

[44] MacIntyre, Alasdair, *Ethics in The Conflicts of Modernity: An Essay on Desire, Practical Reasoning and Narrative*, Cambridge University Press, 2016.

[45] Mackenzie, Catriona, Wendy Rogers, and Susan Dodds (ed.), *Vulnerability: New Esays in Ethics and Feminist Philosophy*, Oxford University Press, 2014.

[46] Makie, L., *Hume's Moral Theory*, London: Routledge and Kegan Paul, 1980.

[47] Malpas, Jeff, *The Stanford Encyclopedia of Philosophy*, ed. Edward Zalta, Stanford: Scholarly Publishing and Academic Resources Coalition, Winter 2012, 24.

[48] Moore, Andrew, "Objective Human Goods", In Roger Crisp and Brad Hooker (ed.), *Well-Being and Morality: Essays in Honour of James Griffin*, Clarendon Press, 2000.

[49] Murphy, Liam B., *Moral Demands in Nonideal Theory*, Oxford University Press, 2000.

[50] Nussbaum, M.C., Aristotle, politics, and human capabilities a response to Antony, Arneson, Charlesworth, and Mulgan, *Ethics*, 2000(111).

[51] Nussbaum, Martha C., "The Stoics on the Extirpation of the Passions", *Apeiron*, 1987, 20(2).

[52] Parfit, Derek, *Reason and Person*, Oxford University Press, 1986.

[53] Paul, Formosa, Catriona, Mackenzie, Nussbaum, Kant and the Capabilities Approach to Dignity, *Ethic Theory Moral Practice*, 2014(17).

[54] Prinz, Jesse J., *Gut Reactions: A Perceptual Theory of Emotion*, Oxford University Press, 2004.

[55] Railton, Peter, *Facts, Values and Norms: Essays Toward a Morality of Consequence*, Cambridge University Press, 2003.

[56] Railton, Peter, "Taste and Value", in *Well-Being and Morality: Essays in Honour of James Griffin*, Clarendon Press, 2000.

[57] Rawls, John, *A Theory of Justice*, Harvard University Press, 1971.

[58] Rawls, John., *The Law of Peoples*, Harvard University Press, 1999.

[59] Richard Kraut, Two Conceptions of Happiness, *The Philosophical Review*, Apr., 1979, 88(2).

[60] Robeyn, Ingrid, *Wellbeing*, *Rreedom and Social Justice: Reexamined*, 2009.

[61] Robeyns, Ingrid, "The capability approach: a theoretical survey", *Journal of Human Development*, 2005, 6 (1).

[62] Roemer, J. (Ed.), *Analytical Marxism*, Cambridge University Press, 1989.

[63] Sayre-McCord, Geoffrey, "Hume and Bauhaus Theory of Ethics", in Rachel Cohon (ed.) *Hume*, *Moral and Political Philosophy*, Ashgate, 2001.

[64] Scheffler, Samuel, *The Rejection of Consequentianism*, Oxford University Press, 1982.

[65] Scruggs, L. A. , Political and Economic Inequality and the Environment, *Ecological Economics*, 1998, 26(3).

[66] Sen, Amartya, *Development as Freedom*, Knopf, 2000.

[67] Sen, Amartya, *Inequality Reexamined*, Oxford University Press, 1992.

[68] Sen, Amartya, *On Ethics and Economics*, Blackwell, 1987.

[69] Sen, Amartya, Rights and Agency, *Philosophy and Public Affairs*, 1982, (11).

[70] Sen, Amartya, Well-being, Agency and Freedom. The Dewey Lectures, *The Journal of Philosophy*, 1985, 82(4).

[71] Smart, J. C., and Williams, Bernard, *Utilitarianism*, *For and Against*, Cambridge University Press, 1973.

[72] Sumner, Leonard W., "Something in Between", In Roger Crisp and Brad Hooker (ed.), *Well-Being and Morality: Essays in Honour of*

James Griffin, Clarendon Press, 2000.

[73] Swanton, Christine, "The Problem of Moral Demandingness", *New Philosophical Essays*, ed., Timothy Chappell, Macmillan Inc., 2009.

[74] Thomas Pogge, "Can the capability approach be justified". Philip Pettit, "Capability and freedom: a defense of Sen", *Economics and Philosophy*, 1991(17).

[75] Thompson, Macheal, J., Ed., *Constructing Marxist Ethics: Critique, Normativity, Praxis*, Brill, 2015.

[76] Wilkinson, Richard, Mind the Gap: Hierarchy, Health and Human Evolution, Weidenfeld and Nicolson, 2001.

[77] Wilkinson, Richard, "Social Corrosion, Inequality and Health", in Giddens, Anthony and Patrick Diamond (eds.), *The New Egalitarianism*, Cambridge: Polity, 2005.

[78] Wolde-Rufael, Y., Idowu, S., Income Distribution and CO_2 Emission, A Comparative Analysis for China and India, *Renewable and Sustainable Energy Reviews*, 2017, 74(6).

[79] Wolff, Jonathan, Beyond Poverty, Dimensions of Poverty. Measurement, Epistemic Injustices, Activism, *Philosophy and Poverty* (book series volume 2), 2020.

[80] Wolff, Jonathan, De-shalit, Avner, *Disadvantage*, Oxford university press, 2007.

[81] Wolff, Jonathan, "Beyond Poverty, Dimensions of Poverty: Measurement, Epistemic Injustices, Activism", *Philosophy and Poverty*, 2020(book series volume 2).

[82] Wolff, Jonathan, "Public Reflective Disequilibrium", *Australasian Philosophical Review*, Volume 4, 2020.

[83] Wood, Allen, "The Marxian Critique of Justice", *Philosophy and Public Affairs*, 1972, 1(3).

后　　记

2017年我在牛津大学访学期间，春季学期有一门《功利主义及当代发展》的课，我和国内学友一起去旁听。想听听他们如何介绍功利主义这一传统伦理学流派的当代发展。授课的是一位青年教师，他曾是牛津哲学伦理学教授罗杰·克里斯普的博士生，因为学术成果卓然留校任教。课程虽浅显，但越讲却越让人感到耳目一新，他对快乐的讲法糅杂了近些年来神经心理学的结论，经济学福利主义的新发展，以及功利主义现实应用的实践细节，其中就包括几位青年学者在伦敦推动的一个提升贫民福利的公益组织的思路。与我一同听课的国内学友曾专攻功利主义，在回去路上的讨论中他连连感慨功利主义这些年的变化之大，大呼完全可以重新做起来。

事实上，我多年来关注的一直是阿玛蒂亚·森的能力理论，以及森著名的同道中人玛莎·纳斯鲍姆关于尊严的讨论。一直以来，我自认为自己的理论路向是倾向于亚里士多德或康德主义的，毕竟上述两位当代巨擘一个自称赞同罗尔斯的正义原则，另一个则认为能力方法的源流本自亚里士多德的德性与潜能。在此之前，受眼界局限，我根本想不到能力方法会同功利主义有什么关节，直至听到功利主义当代发展的这门课时，才发现作为经济学家的森或许从根本上就有着同功利主义千丝万缕的联系，以功利主义理论为基础的福利经济学的核心就是福利与发展，怎样界定福利，谁的福利，怎样才算发展，是森重新审视福利经济学的出发点。循着这一认知，我才知道从20世纪晚期到21世纪的前10年在西方学界有一场对森的理论归属的争论，竟然是从森是不是一个经济学福利主义者的话题展开的。李奥纳多·塞姆纳、丹尼尔·卡纳曼、乔恩·埃尔斯特和约翰·罗默都参与了这场讨论。这场争论的焦点是，森究竟是一个康德式的自由主义者还是一个密尔式的自由主义者。当然很多经济学家更愿意认可森作为福利主义者更倾向密尔的一面，而最终塞姆纳给出了一个评价，认为森只算是“半个福利主义者”。我曾问我在牛津的导师罗杰·克里斯普教授，他承认这个评价是比较中肯的，也坦言森与其说是排斥功利主义，不如说是作为福利主义者在为他的功利主义传统找补一个更真实有效的自由原则。

这场关于森的论争把我从原先关注康德道德自律的自主性引向了自由的另一维度，就是自由与现实意义上美好生活的密切关联。功利主义冥冥之中还是进入了我的视野，森作为福利主义者的事实打破了我惯有的对于经验主义的成见，让我既看到了实质自由的哲学趣味，也感受到了自主能力在真实生活中的迫切性，“贫困与饥荒”“自由与发展”的话题是思想者有感而发、循迹而动的时代之思。我在过去三年参与了我先生主导翻译的克里斯普教授的《密尔论功利主义》一书，算是对密尔以及当代后果主义的脉络有一定了解；此外，我之前研究森和纳斯鲍姆的能力理论，是将能力成果看作亚里士多德主义当代复兴后的理论现象。至此，我才发现原本看似没有关联的两条线在美好生活的现实问题上竟然能够交汇。一则功利主义理论用“福利”“效用”的结果阐释幸福生活，但同时它们承认自由对获取幸福很重要；另一则是亚里士多德用个人品德谈论幸福，但也指出自主自愿是成为有德之人的根本。尽管在自由主义传统讨论中，自主性较少直接被用来论证幸福，但是在当代以生活质量而谈论幸福的时候，很难说没有自主性的幸福是一种美好生活。于是我想从美好生活问题出发对这两条线进行梳理，搞清楚近二十年来学界对自主性不同角度的诠释，在何种意义上影响了功利主义对美好生活的重新建构，这种建构方式的价值转型能否激发传统自由主义思考幸福，更进一步，这种转型在理论与现实中意味着什么。

2019 年我申报上海哲学社会科学项目“当代西方幸福理论的两种路径及其融合研究”获批，在 2020 年获得了上海市马克思主义理论教学研究中青年拔尖人才的项目经费支持。我花了三年时间从事这项工作的梳理并对这种可能性进行论证。这一过程中，我发现学界对自主性的回答是清晰贯穿在两条理路中的，围绕自主性展开的概念、关系、语境以及维度的探索，事实上就是一条当代西方功利主义同自由主义精神气质相融的运动轨迹。思索之下，遂将研究报告做了接下来的改进，成为现在呈现的书名——《主体性与美好生活——当代西方伦理学中的两种幸福路径研究》，这本书与其说是探索当代西方幸福理论的两种路径，不如说是从本质上回溯近二十年来当代西方伦理学界从亚里士多德传统的复兴开始引发的方法论转型，反应在美好生活的诠释上不仅包含功利主义对福利的改良与扩充，也包含对美好人生完整性与代际延展性的综合考量。当然在论述过程中，这一思想轨迹也印证了当代西方伦理思潮中确实有一种功利主义兼容自由主义的趋势，追求美好生活不能放弃对自主性与发展能力的高度重视。森的能力方法可以说是这一趋势发展的必然结果，他也由此探索出一种创新和超越功利主义的现实之路，从而为当代社会学、政治学等社会科学方法论的应用研究打开了新局面。这一点我颇有感触，唯有如此似乎才能让伦理学思考摆脱被威廉姆斯称为抽象的无用的境地。

通过对上述脉络的梳理，我更意识到自己对无论是能力理论，还是当代功利主义理论的研究都仍是初步的，毕竟这些宏观问题之下还有更多细节值得探究。但我发现，这种融合式的研究对社会科学自身的应用是有意义的。因为社会科学在工具和方法论上的运用上通常是不追问价值前提的，而哲学的讨论也并不在乎理论在应用场景中的变体与方法细节，这也许是我的思考能够发挥作用的地方。我用哲学的思路探究了社会科学应用在近些年逐渐转型的价值前提，了解这些我们才能更好地理解“高质量发展”的含义，才能在社会科学应用中为“高质量”列举出更具体且能量化的价值清单。在此，我向詹姆斯·格里芬教授与罗杰·克里斯普教授表示感谢。格里芬教授年近九旬，但依然对自由、人权在现实境遇中的细节有着清醒的哲学思辨，克里斯普教授是他的学生，我曾询问森的自由问题是否弥补了密尔理论的内在冲突，他不仅向我耐心解释密尔而且还推荐给我更多森的研究者。

本书的写作在过去三年中时断时续地进行，其间也充满着我自己对复杂的时代之变的迷思与焦虑，然而有幸通过此项研究发现，越以古典思想反观当代问题越能看到全新的时间流正在开启。在此感谢引我入门的博导张传有教授，以及多年来给予我指导和帮助的甘绍平教授、张庆熊教授、邓安庆教授。本书的出版得到了上海社会科学院出版社的大力支持，特别感谢董汉玲老师对本书出版所做的贡献。感谢马兆东同学、韩双霜同学、朱宜俊同学、禹睿琪同学，他们的问题以及引发的讨论促使本研究得以不断完善。

2023 年 11 月于上海清水苑

图书在版编目(CIP)数据

主体性与美好生活 ：当代西方伦理学中的两种幸福路径研究 / 刘科著 .— 上海 ：上海社会科学院出版社，2023

ISBN 978-7-5520-4282-5

Ⅰ. ①主… Ⅱ. ①刘… Ⅲ. ①伦理学史—西方国家 Ⅳ. ①B82-091.956

中国国家版本馆 CIP 数据核字(2023)第 249915 号

主体性与美好生活

——当代西方伦理学中的两种幸福路径研究

著　　者：刘　科
责任编辑：董汉玲
封面设计：杨晨安
出版发行：上海社会科学院出版社
　　　　　上海顺昌路 622 号　邮编 200025
　　　　　电话总机 021-63315947　销售热线 021-53063735
　　　　　http://www.sassp.cn　E-mail:sassp@sassp.cn
排　　版：南京展望文化发展有限公司
印　　刷：上海万卷印刷股份有限公司
开　　本：710 毫米×1010 毫米　1/16
印　　张：17.25
字　　数：272 千
版　　次：2023 年 12 月第 1 版　　2023 年 12 月第 1 次印刷

ISBN 978-7-5520-4282-5/B・344　　定价：88.00 元